"十四五"职业教育国家规划教材

中等职业教育农业农村部"十三五"规划教材

动物防疫与检疫技术

DONGWU FANGYI YU JIANYI JISHU

第四版

朱俊平 ◎主编

中国农业出版社

北　京

内容简介

本教材是中等职业教育农业农村部"十三五"规划教材,根据现代畜牧兽医行业发展的需要和毕业生工作岗位的能力要求而编写。包括动物疫情调查、动物疫病监测、动物疫病防控、重大动物疫情的处置、共患疫病的检疫、猪疫病的检疫、禽疫病的检疫、牛羊疫病的检疫、兔疫病的检疫、产地检疫、屠宰检疫、动物及动物产品检疫监督等 12 个项目,每个项目后附有练习题。在结构、层次、形式和内容等方面,适合项目教学、案例教学、模块化教学和理实一体化教学,任务实施与动物防疫与检疫岗位工作任务一致。本教材的难点和部分实践操作配套了视频资料,有助于学生理解和掌握。

本教材既可供中等职业学校畜牧兽医类、养殖类、动物医学类专业教学使用,也可供养殖场、屠宰场技术人员以及村级防疫员、农民养殖户和企业员工学习和培训使用。

第四版编审人员

主　　编　朱俊平

副 主 编　阎晓红　葛爱民　孙荣钊

编　　者（以姓氏笔画为序）

王建华　宁自林　朱俊平

任　婧　孙荣钊　郝娟娟

阎晓红　葛爱民　臧建金

企业指导　孙荣钊　臧建金　王建华

审　　稿　李汝春　郭洪梅

第一版编审人员

主　编　刘　健（山西省畜牧兽医学校）

参　编（以姓氏笔画为序）

王　喆（黑龙江省畜牧兽医学校）

刘　健（山西省畜牧兽医学校）

樊立超（山西省家畜疫病防治站）

薛信民（甘肃省畜牧兽医学校）

审　稿　彭德旺（江苏省泰州市畜牧兽医站）

第二版编审人员

主　编　潘　洁（山西省畜牧兽医学校）

副主编　李顺才（吉林省长春市农业学校）

尹小平（贵州省畜牧兽医学校）

参　编（以姓氏笔画为序）

马志强（内蒙古赤峰市动物防疫监督检验所）

尹小平（贵州省畜牧兽医学校）

李顺才（吉林省长春市农业学校）

张春红（广西柳州畜牧兽医学校）

宝力朝鲁（内蒙古扎兰屯农牧学校）

饶珠阳（广西百色农业学校）

潘　洁（山西省畜牧兽医学校）

审　稿　刘　健（山西省畜牧兽医学校）

李玉冰（北京农业职业学院）

第三版编审人员

主　编　潘　洁

副主编　敬淑燕　尹小平

编　者（以姓名笔画为序）

马志强（内蒙古赤峰市动物卫生监督所）

尹小平（贵州省畜牧兽医学校）

刘旭鹏（山西省农产品质量安全中心）

张春红（广西柳州畜牧兽医学校）

郭升伟（福建省龙岩市农业学校）

敬淑燕（甘肃农业职业技术学院）

潘　洁（山西省畜牧兽医学校）

审　稿　郑明学（山西农业大学）

第四版前言

本教材第四版根据《国家职业教育改革实施方案》《教育部关于职业院校专业人才培养方案制订与实施工作的指导意见》等文件的精神，依据中等职业学校动物防疫与检疫技术教学基本要求，引入企业典型生产案例和职业标准，由学校骨干教师与企业、行业技术骨干合作编写。

本教材按照真实工作任务及工作过程整合内容，构建了"项目导向、任务驱动"的教材内容，共设计了12个项目，65个典型工作任务。教材内容纳入了动物防疫及检疫方面的新技术、新规范和新资源，注重科学性、先进性和应用性；教材结构适合项目教学、案例教学和模块化教学。教材融文字、图片、动画等于一体，适应"互联网＋职业教育"的需求，便于推广翻转课堂、参与式教学、探究式教学等新型教学模式。

本教材由朱俊平（山东畜牧兽医职业学院）任主编，阎晓红（山西省畜牧兽医学校）、葛爱民（山东畜牧兽医职业学院）、孙荣钊（中国动物卫生与流行病学中心）任副主编。具体分工如下：朱俊平编写绪论、项目三和项目十，并负责撰写提纲和统稿；阎晓红编写项目八和项目九，参与撰写提纲；葛爱民编写项目六和项目十一，参与撰写提纲并负责校稿；孙荣钊编写项目二，参与校稿；郝娟娟（山西省畜牧兽医学校）编写项目一；王建华（山东省寿光市农业农村局）编写项目四；任婧（广西柳州畜牧兽医学校）编写项目五；宁自林（云南省曲靖农业学校）编写项目七；臧建金（山东省诸城市舜王畜牧兽医站）编写项目十二；教材动画由山东畜牧兽医职业学院的朱俊平、葛爱民、隋兆峰、潘柳婷负责设计。全书承蒙山东畜牧兽医职业学院李汝春教授和郭洪梅副教授审稿。

本书在编写过程中，得到了山东畜牧兽医职业学院隋兆峰、潘柳婷和夏庆祥等教师的指导，王斯锋（青岛九联养殖有限公司）、张侃吉（东亚畜牧现货产品交易所有限公司）提供了编写材料并帮助校正了部分文稿，在此一并致谢。

由于编者水平所限，书中疏漏和不妥之处在所难免，敬请广大师生和读者批评指正。

编　者

2019 年 6 月

第一版前言

本教材是根据教育部 2001 年颁发的《中等职业学校畜牧兽医专业〈动物防疫与检疫技术〉教学大纲》编写的，供畜牧兽医专业使用。

按照教育部关于"职业教育要培养具备综合职业能力和全面素质的，直接在生产、服务、技术和管理第一线工作的应用型人才"的培养目标，在编写过程中，本着以必需、适用、实用为原则，理论联系实际，注重技能的培养；文字表述力求通顺、流畅；内容实用性强，体现了动物防疫与检疫的规范性和强制性。通过完成每章后的复习思考题，使学生掌握本教材的知识点、技能点。本教材安排了 14 个实验实训，加大了实践教学内容（理论教学与实践教学的比例接近 1:1）。在教材中还增加了图表，以方便教学。

本书由山西省畜牧兽医学校刘健主编，并承担第 1 章、第 4 章的编写；甘肃省畜牧兽医学校薛信民承担第 2 章的编写；黑龙江省畜牧兽医学校王喆承担第 3 章的编写；山西省家畜疫病防治站樊立超承担第 5 章的编写。全书由江苏省泰州市畜牧兽医站高级兽医师彭德旺站长审定，在此表示衷心的感谢！

由于编写时间仓促，编者水平有限，错误之处在所难免，敬请广大读者不吝指正。

编　者

2001 年 9 月

CONTENTS / 目 录

绪　论

　　动物疫病是制约畜牧业发展的重要因素，在长期与疫病斗争过程中，人们越来越清楚地认识到疫病预防的重要性，并提出了许多疫病防控的原则。"未病先防，既病防变"是春秋战国时期，我国传统医学提出的防病思想。"检疫"作为疫病预防的重要措施之一，起源于14世纪的欧洲，主要用于防止人类疫病的流行与传播，后来"检疫"措施扩展到对动物及动物产品的管理。我国的动物检疫始于20世纪初，随着中华人民共和国的成立，特别是改革开放后，动物检疫工作发展迅速，已形成了较为完善的动物防疫检疫体系，为推动我国畜牧业发展、保障人民健康发挥了重大作用。

一、动物疫病

　　1. 动物疫病的概念　动物疫病是指由病原体（细菌、病毒等微生物和寄生虫）感染引起的，具有传染性的动物疾病，即动物传染病，包括寄生虫病。

　　2. 动物疫病的特征　动物疫病虽然因病原体的不同以及动物的差异，在临诊上表现各种各样，但同时也具有一些共性，主要有下列特点。

　　（1）由病原体作用于机体引起。动物疫病都是由病原体引起的，如狂犬病由狂犬病病毒引起，猪瘟由猪瘟病毒引起，鸡球虫病由艾美耳球虫引起等。

　　（2）具有传染性和流行性。从患病动物体内排出的病原体，侵入其他动物体内，引起其他动物感染，这就是传染性。个别动物的发病造成了群体性的发病，这就是流行性。

　　（3）感染的动物机体发生特异性免疫反应。几乎所有的病原体都具有抗原性，病原体侵入动物体内一般会激发动物体的特异性免疫应答。

　　（4）耐过动物能获得特异性免疫。当患疫病的动物耐过后，动物体内产生了一定量的特异性免疫效应物质（如抗体、细胞因子等），并能在动物体内存留一定的时间。在这段时间内，这些效应物质可以保护动物机体不受同种病原体的侵害。每种疫病耐过保护的时间长短不一，有的几个月，有的几年，也有终身免疫的。

　　（5）具有特征性的症状和病变。由于一种病原体侵入易感动物体内，侵害的部位相对来说是一致的，所以出现的临诊症状也基本相同，显现的病理变化也基本相似。

二、动物防疫

　　1. 动物防疫的概念　动物防疫是指动物疫病的预防、控制、诊疗、净化、消灭和动物、动物产品的检疫，以及病死动物、病害动物产品的无害化处理。就是指采取各种措施，将动物疫病排除于动物群之外，根据疫病发生发展的规律，采取包括消毒、免疫接种、药物预防、检疫、隔离、封锁、畜群淘汰等措施，消除或减少疫病的发生。

2. 动物防疫工作的基本原则

（1）建立和健全各级动物疫病防控机构。重视基层动物疫病防控机构建设，构建立体式动物疫病防控机构。动物防疫工作是一项与农业、商业、卫生、交通等部门都有密切关系的重要工作。只有各有关部门密切配合、紧密合作，从全局出发，统一部署，全面安排，才能把动物防疫工作做好。

（2）贯彻"预防为主，预防与控制、净化、消灭相结合"的方针。搞好防疫卫生、饲养管理、消毒、免疫接种、检疫、隔离、封锁等综合性防疫措施，提高动物健康水平和抗病能力，控制和杜绝动物疫病的传播蔓延，降低发病率和病死率。

（3）贯彻执行防疫法规。《中华人民共和国动物防疫法》对动物防疫工作的方针政策和基本原则做出了明确而具体的规定，是我国目前执行的主要动物防疫法规。

三、动物检疫

1. 动物检疫的概念　　动物检疫是指为了预防、控制、净化、消灭动物疫病，保障动物及动物产品安全，保护畜牧业生产和人民身体健康，由法定的机构和法定的人员，依照法定的检疫项目、对象、标准和方法，对动物及动物产品进行检疫、定性和处理的带有强制性的技术行政措施。

动物检疫不同于一般的兽医诊断，虽然都是采用兽医诊断技术对动物进行疫病诊断，但二者在目的、对象、范围和处理等方面有很大的不同。

2. 动物检疫的特点　　动物检疫的性质决定了其不同于一般的动物疫病诊断和监测工作，在各方面都有严格的要求，有其固有的特点。

（1）强制性。动物检疫是政府的强制性行政行为，受法律保护。动物卫生监督机构依法对动物、动物产品实施检疫，任何单位和个人都必须服从并协助做好检疫工作。凡不按照规定或拒绝、阻挠、抗拒动物检疫的，都属于违法行为，将受到法律制裁。

（2）法定的机构和人员。法定的检疫机构是指按照《中华人民共和国动物防疫法》规定，在规定的区域或范围内行使动物检疫职权的单位，即动物检疫主体，包括县级以上人民政府所属的动物卫生监督机构和国家进出口检验检疫机构。

官方兽医具体实施动物、动物产品检疫。动物卫生监督机构的官方兽医应当具备国务院农业农村主管部门规定的条件，由省、自治区、直辖市人民政府农业农村主管部门按照程序确认，由所在地县级以上人民政府农业农村主管部门任命；海关的官方兽医应当具备规定的条件，由海关总署任命。

（3）法定的检疫项目和检疫对象。实施检疫时，从动物饲养到运输、屠宰、加工、贮藏乃至产品运输、市场出售的各个环节所进行的各方面的检查事项，称为动物检疫项目。我国法律、法规对各环节的检疫项目，分别作了不同规定。动物卫生监督机构和检疫人员必须按规定的项目实施检疫，否则所出具的检疫证明将会失去法律效力。

检疫对象是指动物疫病，而法定检疫对象是指由国家或地方根据不同动物疫病的流行情况、分布区域及危害大小，以法律的形式规定的某些重要动物疫病。

（4）法定的检疫标准和方法。检疫的方法以准确、迅速、方便、灵敏、特异、先进等指标为标准，在若干检疫方法中进行选择，将最先进的方法作为法定的检疫方法，以确保动物检疫的科学性和准确性。动物检疫必须采用法律、法规统一规定的检疫方法和判定标准。

（5）法定的处理方法。动物检疫人员必须按照规定方法对动物及其产品实施检疫，对检疫后的处理，必须执行统一的标准，不得任意设定。根据检疫结果，即合格与不合格两种情况，分别做出相应的处理。

（6）法定的检疫证明。国务院农业农村主管部门依法制定的检疫证明称为法定的检疫证明。国家对其格式、电子出证系统的管理等方面均有统一规定，并以法律的形式加以固定。动物检疫人员必须按照规定出具法定的检疫证明。

3. 动物检疫的作用　动物检疫是消灭疫病、保障人类健康的重要手段，其主要的作用体现在下列几个方面。

（1）监督作用。动物检疫人员通过索证、验证，发现和纠正违反《中华人民共和国动物防疫法》的行为。通过监督检查促使动物饲养者自觉开展预防接种等防疫工作，达到以检促防的目的；同时可促进动物及其产品经营者主动接受检疫，合法经营；另外还可促进产地检疫顺利进行，控制不合格的动物及其产品不进入流通环节。

（2）保护畜牧业生产。通过动物检疫，可以及时发现动物疫情，及时采取防控措施，防止动物疫病散播。

（3）保护人体健康。动物及动物产品与人类生活紧密相关，许多疾病可以通过动物或动物产品传染给人。在 200 多种动物疫病，70% 以上可以传染给人，75% 的人类新疫病来源于动物或动物源性食品，如布鲁氏菌病、炭疽、结核病、猪囊尾蚴病等。通过动物检疫，检出患病动物或带菌（毒）动物，以及带菌（毒）动物产品，保证进入流通领域的动物及其产品的卫生质量，防止人畜共患病的传播，保护消费者的健康。

（4）促进经济贸易发展。随着全球经济一体化，动物及其产品贸易量也越来越大。通过对进口动物及动物产品的检疫，及时发现有患病动物或染疫产品，御疫病于国门之外，同时可依照有关法律及协议进行索赔，使国家免受损失。例如 2014—2016 年，我国检疫进口奶牛 535 367 头，因疫病淘汰 64 856 头，避免直接经济损失近 9 亿元。另外，通过对出口动物及动物产品的检疫，可保证畜产品质量，维护我国对外贸易信誉，提高国际市场竞争力，促进畜牧业发展。

四、我国动物防疫与检疫工作的概况

中华人民共和国成立以前，我国兽医事业的基础非常薄弱，动物防疫与检疫机构残缺不全，从业人员稀缺。牛瘟、猪瘟、猪肺疫、炭疽及新城疫等动物疫病在我国猖獗流行，严重地影响了畜牧业的发展和人民的身体健康。

（一）我国动物防疫与检疫工作取得的主要成就

1. 建立了动物防疫、检疫的法律法规　建立健全了动物防疫与检疫的法律法规，使动物防疫与检疫工作走向法治轨道，做到有法可依，是动物防疫与检疫工作正常进行并充分发挥作用的根本保证。

目前涉及动物防疫检疫方面的法律法规有：《中华人民共和国动物防疫法》（以下简称《动物防疫法》）、《中华人民共和国进出境动植物检疫法》（以下简称《进出境动植物检疫法》）、《中华人

进境活动物的
检疫流程

进境动物产品的
检疫流程

出境活动物的
检疫流程

出境动物产品的
检疫流程

民共和国进出境动植物检疫法实施条例》（以下简称《进出境动植物检疫法实施条例》）、《中华人民共和国进出口商品检验法》（以下简称《进出口商品检验法》）、《中华人民共和国进出口商品检验法实施条例》（以下简称《进出口商品检验法实施条例》）、《中华人民共和国畜牧法》（以下简称《畜牧法》）、《兽药管理条例》《生猪屠宰管理条例》以及有关的配套法规。特别是《动物防疫法》，是对新时期动物防疫工作的进一步完善，也是社会主义法制建设的重要成果。

动物检疫分类

2. 统一了组织管理，建立了较为完善的动物防疫管理网络　2013年，生猪屠宰监管由商务部划入农业部主管，打通了从养殖到屠宰卫生质量风险控制与监管链条，把养殖、屠宰两个环节紧密联系，动物产地检疫和屠宰检疫更加规范。

农业农村部主管全国的动物防疫工作，县级以上地方人民政府农业农村主管部门主管本行政区域内的动物防疫工作，县级以上地方人民政府设立的动物卫生监督机构负责动物、动物产品的检疫工作。隶属于海关总署的出入境检验检疫机构负责进出境动物、动物产品的检疫。

除专门防疫检疫机构外，县级以上人民政府对动物防疫工作进行统一领导，加强了基层动物防疫队伍的建设，建立健全了动物防疫体系，根据统筹规划、合理布局、综合设置的原则建立动物疫病预防控制机构，承担动物疫病的监测、检测、诊断、流行病学调查、疫情报告以及其他预防、控制等技术工作，承担动物疫病净化、消灭的技术工作。乡级人民政府、城市街道办事处组织群众，协助做好辖区内的动物疫病预防控制工作。

3. 培养了专业人才，建立了专业队伍　建设和完善动物防疫与检疫队伍，是提高动物疫病防控能力，实现畜牧业持续稳定健康发展的重要前提条件，也是保障动物性食品安全和公共卫生安全的要求。

全国高等院校、国家相关畜牧兽医研究院所，培养了大批的高素质动物防疫与检疫人才。"十二五"期间，全国共认定官方兽医11.05万人，7.67万人获得执业兽医资格。随着国家对动物防疫经费投入的不断增加，县级和乡级人民政府采取招聘、培训等有效措施，加强了村级防疫员队伍的建设。

4. 加强了世界合作，完成了国际接轨　改革开放近40年来，我国畜牧业发展迅速，已成为世界畜牧生产和消费大国。创新跨境动物疫病联防联控机制，促进周边国家和地区动物卫生风险管理能力共同提升，有效降低动物疫病传入风险。加强世界合作，完成国际接轨，畜产品按照国际规范的卫生标准生产，使其顺利跨出国门，这对促进畜牧业由数量型向质量型转变、开拓国际市场、提高人民生活质量和保障人民健康等都具有十分重要的意义。

我国政府先后与世界多个国家或地区签署了动物防疫和动物卫生合作协定、双边输出输入动物及产品单项检疫议定书。2007年5月25日，第75届世界动物卫生组织（OIE）国际委员会大会恢复了中华人民共和国在OIE的合法权利和义务，中国作为主权国家加入OIE。

5. 控制和消灭了主要动物疫病　自1949年以来，我国十分重视动物疫病的防控和研究工作，积极组织力量，于1949—1955年仅在6年时间内，即在全国范围内消灭了猖獗流行、蔓延成灾的牛瘟；1996年又消灭了牛肺疫。炭疽、猪肺疫、气肿疽、羊痘、猪丹毒、兔病毒性出血病等重要动物疫病已得到基本控制；基本消灭了马鼻疽、马传染性贫血；高致病性禽流感、口蹄疫等重大动物疫病流行强度逐年下降、发病范围显著缩小、发病频次明显下降，全国连续多年未发生亚洲Ⅰ型口蹄疫疫情；对布鲁氏菌病、结核病、狂犬病等人畜共患病的防控也取得了很好的效果。

(二) 我国动物防疫与检疫工作的发展方向

1. 进一步完善法规体系　根据我国动物防疫与检疫工作的实际，以《动物防疫法》为依据，将动物防疫与检疫工作纳入法制化轨道，健全法律法规配套标准，完善技术规程和标准体系，建立较为严格完善的动物防疫法律法规体系。

2. 构建综合执法体系　建立省市级畜牧兽医行政执法与综合执法协调机制，加强对县级畜牧兽医综合执法的业务指导。整合畜牧兽医执法队伍，统一行使动物防疫检疫、种畜禽、饲料、兽药、畜禽屠宰、生鲜乳、兽医实验室生物安全、动物诊疗机构和兽医从业人员监督执法等职责，逐步实现执法人员统一管理，执法力量统一调度。

3. 推行官方兽医制度和执业兽医制度　官方兽医负责实施动物、动物产品检疫和出具检疫证明。我国实行官方兽医制度，有利于与国际接轨，有利于贯彻落实动物卫生法律规范，有利于造就公正、廉洁、高效的兽医执法队伍，有利于控制动物疫病，提高动物产品质量。

执业兽医制度，是指国家对从事动物疫病诊断、治疗和动物保健等经营活动的兽医人员实行执业资格认可的制度。实行执业兽医制度是国际通行做法，是实现全面防疫、群防群控的基本保证，也是兽医职业化发展、行业化管理的具体要求。鼓励具备从业条件的兽医人员申请执业兽医资格，创办兽医诊疗机构。各地通过建立兽医行业协会等方式，加强对执业兽医的管理，实行行业自律，规范从业行为，提高服务水平。

4. 加强基层动物防疫检疫队伍建设　高水平的基层动物防疫检疫队伍是畜牧业健康发展的有力保障，如何确保基层动物防疫检疫队伍的稳定和发展，提高基层动物防疫检疫人员专业技术水平和素质，是一个十分紧迫的任务。鼓励养殖和兽药生产经营企业、动物诊疗机构及其他市场主体成立动物防疫服务队、合作社等多种形式的服务机构，规范整合村级防疫员资源。

我国最新的动物检疫标准和规范中，仅屠宰检疫当中的检疫对象就达到了 40 个以上，这要求检疫人员具有较强的专业素质和实践经验。国家一方面在加大对基层防疫工作的资金投入，改善检疫设备，提高监测水平；另一方面，也在加强对基层防疫工作人员的培训，提高其思想素质和专业素质。

5. 加强技术研究及技术成果的推广应用　我国动物疫病研究虽已取得了很大成就，但还远不能适应畜牧业快速发展的需要。由于没有充分掌握某些疫病的流行规律、病原体的变异情况及变异规律，没有掌握同一疫病的不同来源病原在毒力、血清型、抗原性、免疫原性等方面的差异，导致了防控工作的盲目性和低水平。因此，在将来的一段时间内，对一些重要的动物疫病需进行病原学、流行病学及致病与免疫机制研究，为疫病防控提供科学依据；改进传统疫苗，进行新型疫苗的研制，完善疫病的监测预报，解决动物疫病防控中的关键技术问题。

 练习题

一、名词解释
动物疫病　动物防疫　动物检疫

二、单项选择

1. 以下动物疾病中不属于疫病的是（　　）。

A. 猪囊尾蚴病　　　　B. 非洲猪瘟　　　　　C. 炭疽　　　　　D. 瘤胃积食

2. 承担动物疫病的监测、检测、诊断、流行病学调查、疫情报告以及其他预防、控制等技术工作的机构是（　　　）。

A. 动物卫生监督机构　　B. 动物疫病预防控制机构　　C. 农业农村主管部门

3. 负责动物、动物产品检疫工作的机构是（　　　）。

A. 动物卫生监督机构　　B. 动物疫病预防控制机构　　C. 农业农村主管部门

4.《中华人民共和国动物防疫法》规定，实施动物现场检疫的人员是（　　　）。

A. 执业兽医　　　　　B. 官方兽医　　　　　C. 乡村兽医

5. 官方兽医应当具备国务院农业农村主管部门规定的条件，由所在地县级以上人民政府（　　　）任命。

A. 动物卫生监督机构　　B. 动物疫病预防控制机构　　C. 农业农村主管部门

三、判断题

（　　　）1. 患疫病的动物耐过后，动物体内产生的特异性抗体可以保护动物机体永远不再受同种病原体的侵害。

（　　　）2. 动物检疫和消毒、免疫接种、隔离、封锁等一样都是动物防疫措施。

（　　　）3. 动物防疫工作必须贯彻"预防为主，预防与控制、净化、消灭相结合"的方针。

（　　　）4. 国内动物检疫由农业农村部主管。

（　　　）5. 目前我国针对亚洲Ⅰ型口蹄疫，不再进行免疫预防，实施以检测扑杀为主的综合防控措施。

四、简答题

1. 动物疫病的特征有哪些？

2. 动物检疫的特点有哪些？

3. 我国动物防疫与检疫工作取得了哪些重要成就？

绪论练习题答案

动物疫情调查

项目指南

本项目的应用：用于动物疫病发生流行情况的调查，通过分析疫情调查资料，明确动物疫病的发生流行规律，为制定和评价疫病防控措施提供依据。

完成本项目所需知识点：感染；疫病发生的条件及发展的四个阶段；疫病流行过程的三个基本环节；疫病流行过程的特征；疫病调查分析的方法。

完成本项目所需技能点：进行疫情调查分析。

项目导入

2018 年 6 月动物疫情月报显示，全国多个省份共报告布鲁氏菌病发病动物数为 2 314，扑杀动物数为 2 423。

布鲁氏菌病为什么是自然疫源性疫病？为什么说布鲁氏菌病患病动物的流产物是"装满细菌的口袋"？布鲁氏菌病的传播途径有哪些？家畜感染布鲁氏菌病的潜伏期有多长？发生布鲁氏菌病为什么要追踪溯源？

认知与解读

任务一 动物疫病发生的调查

一、感　染

1. 感染的概念　病原体侵入动物机体，并在一定的部位定居、生长繁殖，引起动物机体产生一系列病理反应的过程，称为感染，亦可称传染。病原体对动物的感染不仅取决于病原体本身的特性，而且与动物的易感性、免疫状态以及环境因素有关。

2. 感染的类型　病原体与动物机体抵抗力之间的关系错综复杂，影响因素较多，造成了感染过程的表现形式多样化，从不同角度可分为不同的类型。

（1）外源性感染和内源性感染。病原体从外界侵入动物机体引起的感染过程，称为外源性感染，大多数疫病都属此类。如果病原体是寄居在动物体内的条件性病原体，由于动物机体抵抗力的降低而引起的感染，称为内源性感染。

（2）单纯感染和混合感染、原发感染和继发感染。由单一病原体引起的感染，称为单纯感染；由两种以上的病原体同时参与的感染称为混合感染。动物感染了一种病原体后，随着动物抵抗力下降，又有新的病原体侵入或原先寄居在动物体内的条件性病原体引起的感染，称为继发感染；最先侵入动物体内引起的感染，称为原发感染。

继发感染

（3）显性感染和隐性感染。动物感染病原体后表现出明显的临诊症状称显性感染；症状不明显或不表现任何症状称为隐性感染。

（4）良性感染和恶性感染。一般以患病动物的病死率作为标准。病死率高者称为恶性感染，病死率低的则为良性感染。

（5）最急性、急性、亚急性和慢性感染。常把病程较短，一般在24h内，没有典型症状和病变的感染称为最急性感染。急性感染的病程一般在几天到2周不等，常伴有明显的症状，这有利于临诊诊断。亚急性感染的动物临诊症状一般相对缓和，也可由急性感染发展而来，病程一般在2周到1个月不等。慢性感染病程长，在1个月以上，如布鲁氏菌病、结核病等。

显性感染

（6）典型感染和非典型感染。在感染过程中表现出该病的特征性临诊症状，称为典型感染。而非典型感染则表现或轻或重，与特征性临诊症状不同。

（7）局部感染和全身感染。病原体侵入动物机体后，能向全身多部位扩散或其代谢产物被吸收，从而引起全身性症状，称为全身感染，其表现形式有菌（病毒）血症、毒血症、败血症和脓毒败血症等。如果侵入动物体内的病原体毒力较弱或数量不多，常被限制在一定的部位生长繁殖，并引起局部病变的感染，称为局部感染，如葡萄球菌、链球菌引起的化脓创等。

（8）病毒的持续性感染和慢病毒感染。有些病毒可以长期存活于动物机体内，感染的动物有的持续有症状，有的间断出现症状，有的不出现症状，这称为病毒的持续性感染。疱疹病毒常诱发持续性感染。

慢病毒感染是指某些病毒或类病毒感染后呈慢性经过，潜伏期长达几年至数十年，临诊上早期多没有症状，后期出现症状后多以死亡结束，如牛海绵状脑病等。

二、动物疫病发生的条件

动物疫病的发生需要一定的条件，其中病原体是引起传染过程发生的首要条件，动物的易感性和坏境因素也是疫病发生的必要条件。

1. 病原体的毒力、数量与侵入门户　毒力是病原体致病能力强弱的反映，人们常把病原体分为强毒株、中等毒力株、弱毒株、无毒株等。病原体的毒力不同，与机体相互作用的结果也不同。病原体须有较强的毒力才能突破机体的防御屏障引起传染，导致疫病的发生。

病原体引起感染，除必须有一定毒力外，还必须有足够的数量。一般来说病原体毒力越强，引起感染所需数量就越少；反之需要数量就越多。

具有较强的毒力和足够数量的病原体，还需经适宜的途径侵入易感动物体内，才可引发传染。有些病原体只有经过特定的侵入门户，并在特定部位定居繁殖，才能造成感染。例如，伤寒沙门菌须经口进入机体，破伤风梭菌侵入深部创伤才有可能引起破伤风，日本脑炎病毒由蚊子为媒介叮咬皮肤后经血流传染。但也有些病原体的侵入途径是多种的，例如炭疽杆菌、布鲁氏菌可以通过皮肤和消化道、生殖道黏膜等多种途径侵入宿主。

2. 易感动物　对病原体具有感受性的动物称为易感动物。易感性主要由动物遗传特征决定，如猪对猪瘟病毒易感，而牛、羊不易感；人、草食动物对炭疽杆菌易感，而鸡不易感。

　　另外，动物的易感性还受年龄、性别、营养状况等因素的影响，其中以年龄因素影响较大。例如，雏鹅易感染小鹅瘟病毒，成鹅感染但不发病；猪霍乱沙门菌容易感染 1～4 月龄的猪。

　　3. 外界环境因素　外界环境因素包括气候、温度、湿度、地理环境、生物因素（如传播媒介、储存宿主）、饲养管理及使役情况等，它们对于传染的发生是不可忽视的条件，是传染发生相当重要的诱因。环境因素改变时，一方面可以影响病原体的生长、繁殖和传播；另一方面可使动物机体抵抗力、易感性发生变化。如冬季气候寒冷，有利于病毒的生存，易发生病毒性传染病；夏季高温炎热、温暖潮湿，适宜细菌的生长繁殖，易发生细菌性传染病；寒冷的冬季能降低易感动物呼吸道黏膜抵抗力，易发生呼吸道传染病。另外，在某些特定环境条件下，存在着一些疫病的传播媒介，影响疫病的发生和传播。如流行性乙型脑炎（日本脑炎）、蓝舌病等疫病以昆虫为媒介，故在昆虫繁殖的夏季和秋季容易发生和传播。

三、动物疫病的发展阶段

动物疫病的
发展阶段

　　为了更好地理解动物疫病的发生、发展规律，人们将疫病的发展分为四个阶段，虽然各阶段有一定的划分依据，但有的界限不是非常严格。

　　1. 潜伏期　从病原体侵入机体开始繁殖，到动物出现最初症状为止的一段时间称为潜伏期。

　　不同疫病的潜伏期不同，就是同一种疫病也不一定相同。潜伏期一般与病原体的毒力、数量、侵入途径和动物机体的易感性有关，但一般来说，还是相对稳定的，如猪瘟的潜伏期为 2～20d，多数为 5～8d。总的来说，急性疫病的潜伏期比较一致，慢性疫病的潜伏期差异较大，较难把握。动物处于潜伏期时没有临诊表现，难以被发现，对健康动物威胁大。因此，了解疫病的潜伏期对于预防和控制疫病也有极其重要的意义。

　　2. 前驱期　是指动物从出现最初症状到出现特征性症状的一段时间。这段时间一般较短，仅表现疾病的一般症状，如食欲下降、发热等，此时进行疫病确诊是非常困难的。

　　3. 明显期　是疫病特征性症状的表现时期，是疫病诊断最容易的时期。这一阶段患病动物排出体外的病原体最多、传染性最强。

　　4. 转归期　是指明显期进一步发展到动物死亡或恢复健康的一段时间。如果动物机体不能控制或杀灭病原体，则以动物死亡为转归；如果动物机体的抵抗力得到加强，病原体得到有效控制或杀灭，症状就会逐步缓解，病理变化慢慢恢复，生理机能逐步正常。在病愈后一段时间内，动物体内的病原体不会马上消失，会出现带毒（菌、虫）现象，各种病原体的保留时间不相同。

任务二　动物疫病流行过程的调查

　　动物疫病的流行过程（简称流行）是指疫病在动物群体中发生、发展和终止的过程，也就是从动物个体发病到群体发病的过程。

　　动物疫病的流行必须同时具备三个基本环节，即传染源、传播途径和易感动物群。这三个环节同时存在并互相联系时，就会导致疫病的流行，如果其中任何环节受到控制，疫病的流行就会终止。所以在预防和扑灭动物疫病时，都要紧紧围绕三个基本环节来开展工作。

一、流行过程的三个基本环节

传染源

（一）传染源

传染源是指某种疫病的病原体能够在其中定居、生长、繁殖，并能够将病原体排出体外的动物机体。包括患病动物和病原携带者。

1. 患病动物 患病动物是最重要的传染源。动物在明显期和前驱期能排出大量毒力强的病原体，传染的可能性也就大。

患病动物能排出病原体的整个时期称为传染期。不同动物疫病的传染期不同，为控制传染源隔离患病动物时，应隔离至传染期结束。

2. 病原携带者 是指外表无症状但携带并排出病原体的动物。由于很难发现，平时常常和健康动物生活在一起，所以对其他动物影响较大，是更危险的传染源。主要有以下几类：

（1）潜伏期病原携带者。大多数传染病在潜伏期不排出病原体，少数疫病（狂犬病、口蹄疫、猪瘟等）在潜伏期的后期能排出病原体，传播疫病。

（2）恢复期病原携带者。是指病症消失后仍然排出病原体的动物。部分疫病（布鲁氏菌病、猪瘟、鸡白痢、猪弓形虫病等）康复后仍能长期排出病原体。对于这类病原携带者，应进行反复的实验室检查才能查明。

（3）健康病原携带者。是指动物本身没有患过某种疫病，但体内存在且能排出病原体。一般认为这是隐性感染的结果，如巴氏杆菌病、沙门菌病、猪丹毒等疫病的健康病原携带者是重要的传染源。

病原携带者存在间歇排毒现象，只有反复多次检查均为阴性时，才能排除病原携带状态。

被病原体污染的各种外界环境因素，不适于病原体长期的寄居、生长繁殖，也不能排出。因此不能认为是传染源，而应称为传播媒介。

（二）传播途径

病原体从传染源排出后，通过一定的途径侵入其他动物体内的方式称为传播途径。掌握疫病传播途径的重要性在于人们能有效地将其切断，保护易感动物的安全。传播途径可分为水平传播和垂直传播两大类。

1. 水平传播 是指疫病在群体之间或个体之间以水平形式横向平行传播，可分为直接接触传播和间接接触传播。

（1）直接接触传播。在没有任何外界因素的参与下，病原体通过传染源与易感动物直接接触（交配、舐、咬等）而引起的传播方式。最具代表性的是狂犬病，大多数患者是被狂犬病患病动物咬伤而感染的。其流行特点是一个接一个地发生，形成明显的链锁状，一般不会造成大面积流行。以直接接触传播为主要传播方式的疫病较少。

（2）间接接触传播。在外界因素的参与下，病原体通过传播媒介使易感动物发生传染的方式。

①经污染的饲料和饮水传播。传染源的分泌物、排泄物等污染了饲料、饮水而传给易感动物，如以消化道为主要侵入门户的疫病猪瘟、口蹄疫、结核病、炭疽、犬细小病毒病、球虫病等，其传播媒介主要是污染的饲料和饮水。因此，在防疫中要特别注意做好饲料和饮水

的卫生消毒工作。

②经污染的空气（飞沫、尘埃）传播。空气并不适合于病原体的生存，但病原体可以短时间内存留在空气中。病原体主要依附于空气中的飞沫和尘埃，并通过其进行传播。几乎所有的呼吸道传染病都主要通过飞沫进行传播，如流行性感冒、结核病、鸡传染性支气管炎、猪气喘病等。一般冬春季节、动物密度大、通风不良的环境，有利于通过空气进行传播。

疫病经飞沫传播

③经污染的土壤传播。炭疽、破伤风、猪丹毒等疫病的病原体对外界抵抗力强，随传染源的分泌物、排泄物和尸体一起落入土壤而能生存很久，可以感染其他易感动物。

④经活的媒介物传播。

节肢动物：主要有蚊、蝇、蠓、虻类和蜱等。传播主要是机械性的，通过在患病动物和健康动物之间的刺螫、吸血而传播病原体。可以传播马传染性贫血、流行性乙型脑炎、炭疽、鸡住白细胞虫病、梨形虫病等。

疫病经蚊虫传播

野生动物：野生动物的传播可分为两类。一类是本身对病原体具有易感性，在感染后再传给其他易感动物，如飞鸟传播禽流感，狼、狐传播狂犬病等；另一类是本身对病原体并不具有感受性，但能机械性传播病原微生物，如鼠类传播猪瘟和口蹄疫等。

人：人类可将某些人畜共患病传染给动物，如结核病。另外，饲养人员和兽医可通过衣帽、鞋底机械性传播病原体。

⑤经体温计、注射针头等用具传播。体温计、注射针头、手术器械等，用后消毒不严，可能会传播动物疫病。

2. 垂直传播　一般是指疫病从母体到子代两代之间的传播，包括以下几种方式。

（1）经胎盘传播。受感染的动物能通过胎盘血液循环将病原体传给胎儿，如猪瘟、伪狂犬病、猪圆环病毒病、布鲁氏菌病等。

疫病经卵传播

（2）经卵传播。由带有病原体的卵细胞发育而使胚胎感染，如鸡白痢、鸡传染性贫血、禽白血病等。

（3）经产道传播。病原体通过子宫口到达绒毛膜或胎盘引起的传播，如大肠杆菌病、葡萄球菌病、链球菌病、疱疹病毒感染等。

（三）易感动物群

易感动物群是指一定数量的有易感性的动物群体。动物易感性的高低虽与病原体的种类和毒力强弱有关，但主要还是由动物的种属、年龄和特异性免疫状态决定的。动物通过获取母源抗体和接触抗原获得特异性免疫，就可提高特异性免疫力，如果动物群体中70%～80%的动物具有较高免疫水平，就不会引发大规模的流行。

动物疫病的流行必须有传染源、传播途径和易感动物群三个基本环节同时存在。因此，动物疫病的防控措施必须紧紧围绕这三个基本环节进行，施行消灭和控制传染源、切断传播途径及增强易感动物的抵抗力的措施，是疫病防控的根本。

二、疫　源　地

具有传染源及其排出的病原体所存在的地区称为疫源地。疫源地比传染源含义广泛，它除包括传染源之外，还包括被污染的物体、房舍、牧地、活动场所，以及这个范围内的可疑动物群。防疫方面，对于传染源采取的措施包括隔离、扑杀或治疗，对疫源地还包括环境消毒等。

疫源地的范围大小一般根据传染源的分布和病原体的污染范围的具体情况确定。它可能是个别动物的生活场所，也可能是一个小区或村庄。人们通常将范围较小的疫源地或单个传染源构成的疫源地称为疫点，而将较大范围的疫源地称为疫区。疫区划分时应注意考虑当地的饲养环境、天然屏障（如河流、山脉）和交通等因素。通常疫点和疫区并没有严格的界限，而应从防疫工作的实际出发，切实做好疫病的防控工作。

疫源地的存在具有一定的时间性，时间的长短由多方面因素决定。一般而言，只有当所有的传染源死亡或离开疫区，康复动物体内不带有病原体，经一个最长潜伏期没有出现新的病例，并对疫源地进行彻底消毒，才能认为该疫源地不再存在。

三、流行过程的特征

（一）疫病流行过程的表现形式

在动物疫病的流行过程中，根据在一定时间内发病动物的多少和波及范围的大小，大致分为以下四种表现形式。

1. 散发 是指在一段较长的时间内，一个区域的动物群体中仅出现零星的病例，且无规律性随机发生。形成散发的主要原因：动物群体对某病的免疫水平较高，仅极少数没有免疫或免疫水平不高的动物发病，如猪瘟；某病的隐性感染比例较大，如流行性乙型脑炎；有些疫病的传播条件非常苛刻，如破伤风。

2. 地方流行性 在一定的地区和动物群体中，发病动物数量较多，常局限于一个较小的范围内流行。它一方面表明了本地区内某病的发生频率，另一方面说明此类疫病带有局限性传播特征，如炭疽、猪丹毒。

3. 流行性 是指在一定时间内一定动物群发病率较高，发病数量较多，波及的范围也较广。流行性疫病往往传播速度快，如果采取的防控措施不力，可很快波及很大的范围。

"暴发"是指在一定的地区和动物群体中，短时间内（该病的最长潜伏期内）突然出现很多病例。

4. 大流行 是指传播范围广，常波及整个国家或几个国家，发病率高的流行过程。如流感和口蹄疫都曾出现过大流行。

（二）动物疫病流行的季节性和周期性

1. 季节性 某些动物疫病常发生于一定的季节，或在一定的季节出现发病率显著上升，这称为动物疫病的季节性。造成季节性的原因较多，主要有以下几方面。

（1）季节对病原体的影响。病原体在外界环境中存在时，受季节因素的影响。如口蹄疫病毒在夏天阳光曝晒下很快失活，因而口蹄疫在夏季较少流行。

（2）季节对活的媒介物的影响。如鸡住白细胞虫病、流行性乙型脑炎主要通过蚊子传播，所以这些疫病主要发生在蚊虫活跃季节。

动物疫病流行的季节性

（3）季节对动物抵抗力的影响。季节的变化，主要是气温和饲料的变化，对动物的抵抗力也会产生一定的影响。冬季动物呼吸道抵抗力差，呼吸系统疫病较易发生；夏季由于饲料的原因消化系统疫病较多。

了解动物疫病的季节性，对人们防控疫病具有十分重要的意义，它可以帮助我们提前做好此类疫病的预防。

2. 周期性 某些动物疫病在一次流行以后，常常间隔一段时间（常以数年计）后再次发生流行，这种现象称为动物疫病的周期性。如口蹄疫和牛流行热等易发生周期性流行。

四、影响流行过程的因素

动物疫病的发生和流行主要取决于传染源、传播途径和易感动物群三个基本环节，而这三个环节往往受到很多因素的影响，归纳起来主要是自然因素和社会因素两大方面。

1. 自然因素 对动物疫病的流行起影响作用的自然因素主要有气候、气温、湿度、光照、雨量、地形、地理环境等，它们对疫病的流行都起到大小不一的作用。江、河、湖等水域是天然的隔离带，对传染源的移动进行限制，形成了一道坚固的屏障。对于生物传播媒介而言，自然因素的影响更加重要，因为媒介者本身也受到环境的影响。同时，自然因素也会影响动物的抗病能力，动物抗病力的降低或者易感性的增加，都会增加疫病流行的机会。所以在动物养殖过程中，一定要根据天气、季节等各种因素的变化，切实做好动物的饲养和管理工作，以防动物疫病的发生和流行。

2. 社会因素 影响动物疫病流行的社会因素包括社会制度、生产力、经济、文化、科学技术水平等多种因素，其中重要的是动物防疫法规是否健全和得到充分执行。各地有关动物饲养的规定正不断完善，动物疫病的预防工作正得到不断加强，这与国家的政策保障，各地政府及职能部门的重视是分不开的。同时，动物疫病的有效防控需要充足的经济保障和完善的防疫体制，我国的举国体制起到了非常重要的作用。

五、流行病学调查的方法

流行病学调查的目的是研究动物疫病在动物群中发生、发展和分布的规律，制定并评价防控措施，达到预防和消灭疫病的目的。

1. 询问调查 这是流行病学调查中最常用的方法。通过询问座谈，对动物的饲养者、主人、动物医生以及其他相关人员进行调查，查明传染源、传播方式及传播媒介等。

2. 现场调查 重点调查疫区的兽医卫生状况、地理地形、气候条件等，同时疫区的动物存在状况、动物的饲养管理情况等也应重点观察。在现场观察时应根据疫病的不同，选择观察的重点。如发生消化道传染病时，应特别注意动物的饲料来源和质量，水源卫生情况，粪便处理情况等；如发生节肢动物传播的传染病时，应注意调查当地节肢动物的种类、分布、生态习性和感染情况等。

3. 实验室检查 为了在调查中进一步落实致病因子，常常对疫区的各类动物进行实验室检查。检查的内容常有病原检查、抗体检查、毒物检查、寄生虫及虫卵检查等。另外，也可检查动物的排泄物、呕吐物，动物的饲料、饮水等。

六、流行病学的统计分析

将流行病学调查所取得的材料，去伪存真，综合分析，找到动物疫病流行过程的规律，可为人们找到有效的防控措施提供重要的帮助。

流行病学统计分析中常用的指标有以下几个：

1. 发病率 是指一定时期内动物群体中发生某病新病例的百分比。发病率能全面反映传染病的流行速度，但往往不能说明整个过程，有时常有动物呈隐性感染。

$$发病率=\frac{一定时期内某动物群中某病的新病例数}{同期内该群动物的平均数}\times100\%$$

2. 感染率 是指用临诊检查方法和各种实验室检查法（微生物学、血清学等）检查出的所有感染某种疫病的动物总数占被检查动物总数的百分比。统计感染率可以比较深入地提示流行过程的基本情况，特别是在发生慢性动物疫病时有非常重要的意义。

$$感染率=\frac{感染某疫病的动物总数}{被检查的动物总数}\times100\%$$

3. 患病率 是指在某一指定时间动物群中存在某病的病例数的比例，病例数包括该时间内新老病例，但不包括此时间前已死亡和痊愈者。

$$患病率=\frac{在某一指定时间动物群中存在的病例数}{在同一指定时间该群动物总数}\times100\%$$

4. 死亡率 是指因某病死亡的动物数占该群动物总数的百分比。它能较好地表示该病在动物群体中发生的频率，但不能说明动物疫病的发展特性。

$$死亡率=\frac{某动物群在一定时期内因某病死亡数}{同期内该群动物平均数}\times100\%$$

5. 病死率 是指因某病死亡的动物数占该群动物中患该病动物数的百分比。它反映动物疫病在临诊上的严重程度。

$$病死率=\frac{某时期内因某病死亡动物数}{同期内患该病动物数}\times100\%$$

 操作与体验

技能 畜禽养殖场疫情调查方案的制订

（一）教学目标

（1）通过实训，明确疫情调查的内容，了解动物疫病的流行规律。

（2）学会疫情调查方法，并能进行疫情调查资料分析。

（二）材料设备

动物疫情调查表、消毒服、胶靴、口罩、养殖户动物疫情资料、交通工具。

（三）方法步骤

1. 确定调查内容与项目 疫病的发生，往往与多种因素有关，在进行动物疫情调查时，应尽量将可能影响动物发病的各种因素考虑进来。

（1）被调查养殖场的基本情况。包括该场的名称、地址，地理地形特点，气象资料，饲养动物的种类、数量、用途，饲养方式等。

（2）饲养场卫生特征。饲养场及其邻近地区的卫生状况，饲料来源、品质、调配及保藏情况，饲喂方法，放牧场地和水源卫生状况，周围及圈舍内昆虫、啮齿类动物活动情况，粪便、污水处理方法，消毒及免疫接种情况，动物流通情况，病死动物的处理方法等。

（3）疫病发生与流行情况。首例病例发生时间，发病及死亡动物的种类、数量、性别、年龄，临诊主要表现，疫病经过的特征，采用的诊断方法及结果，动物疫病的流行强度，所

采取的措施及效果等。

（4）疫区既往发病情况。曾发生过何种疫病及发生时间，流行概况，所采取的措施，疫病间隔期限，是否呈周期性等。

2. 设计调查表　根据所调查地区或养殖场具体情况，确定调查项目，并依据所要调查的内容自行设计疫情调查表。

表 1 - 1　养殖场动物疫情调查表

养殖场名称			启用时间			负责人	
联系地址			邮　　编			联系电话	
养殖场 基本情况	1. 地理特点：□山地　□平原　□河谷　□盆地　□其他＿＿＿＿＿ 2. 近期气候是否异常：□否　□是＿＿＿＿＿＿＿＿＿＿＿＿＿＿ 3. 交通情况：距交通干线＿＿＿＿＿ km；距居民区＿＿＿＿＿ km 4. 场区面积＿＿＿＿＿；圈舍栋数＿＿＿＿＿；每栋圈舍面积＿＿＿＿＿ 5. 周边有无河流、湖泊：□无　□有＿＿＿＿＿＿＿＿＿＿＿＿＿＿＿ 　　附近有无养殖场污水排出：□无　□有＿＿＿＿＿＿＿＿＿＿＿＿＿ 6. 周围有无野生动物（野兽、野鸟）：□无　□有＿＿＿＿＿＿＿＿＿ 7. 隔离野鸟、防鼠、防虫等设施设备：□无　□有＿＿＿＿＿＿＿＿＿ 8. 畜禽群构成：□种畜禽　□商品畜禽（□肉用　□蛋用　□乳用　□皮毛用）　□混合 9. 饲养量：发病前存栏数＿＿＿＿＿头/只；年出栏数＿＿＿＿＿头/只 10. 饲养方式：□全进全出　□连续饲养 11. 防疫设施：□进场洗澡更衣　□进生产区换胶靴　□场舍门口消毒设施　□畜禽场粪便污水处理 　　　　　　□动物尸体无害化处理　□供料与出粪道分离						
养殖场 基本情况	12. 畜禽场卫生状况：□好　□一般　□差 13. 饲料：□全价饲料　□配合饲料　□其他＿＿＿＿＿＿ 14. 饲养员居住情况：□住场　□不住场（□家中饲养畜禽　□家中没有饲养畜禽）						
发 病 情 况	临诊 表现	动物种类		发病年龄		发病时间	死亡时间
		发病数：＿＿＿＿＿头/只，幼龄畜禽＿＿＿＿＿头/只；青年畜禽＿＿＿＿＿头/只， 　　　　成年畜禽＿＿＿＿＿头/只，种畜禽＿＿＿＿＿头/只；发病率＿＿＿＿＿% 死亡数：＿＿＿＿＿头/只，幼龄畜禽＿＿＿＿＿头/只；青年畜禽＿＿＿＿＿头/只， 　　　　成年畜禽＿＿＿＿＿头/只，种畜禽＿＿＿＿＿头/只；死亡率＿＿＿＿＿% 主要临诊症状： 主要病理变化： 					
发病后 防控 情况	治疗情况	药物治疗情况：					
	紧急接种	□无　□有＿＿＿＿＿＿＿＿＿＿＿＿＿＿＿＿＿＿＿＿					
	消　　毒	消毒时间＿＿＿＿＿，消毒次数＿＿＿＿＿，消毒剂＿＿＿＿＿					
	其他措施						
周边疫情	□无　□有＿＿＿＿＿＿＿＿＿＿＿＿＿＿＿＿＿＿＿＿＿＿＿＿＿＿＿＿＿＿＿＿＿＿＿＿						

（续）

免疫情况	免疫程序： 免疫效果监测：□无 □有 _____
疫病史	过去类似疫情：□无 □有：发生时间 _____ 诊断单位 _____ 诊断结论 _____ 发病情况 _____
水源情况	饮用水：□自来水 □自备井水 □河水 □池塘水 □水库水 □其他 _____ 冲洗水：□自来水 □自备井水 □河水 □池塘水 □水库水 □其他 _____
畜禽来源	种畜禽来源： _____ 禽苗/仔畜来源： _____
最近30d购入畜禽情况	来源：□种畜禽场 □交易市场 □畜禽商贩 □其他 _____ 购进时间 _____；购进数量 _____；购进地名 _____ 进场前是否检疫：□无 □有；有无异常：□无 □有 _____ 混群前是否隔离：□否 □是
最近购进饲料情况	来源：□饲料厂 □交易市场 □饲料经销商 □其他 _____ 购进时间 _____；购进数量 _____；购进地名 _____ 用相同饲料的其他养殖场是否有同样疫情：□无 □有

发病前30d场外有关业务人员入场情况	姓名	职业	入场日期	来自何地	是否疫区

初诊结论	
采样送样情况	血清： _____份；抗凝血： _____份；其他液体样品（_____）： _____份 拭子（□口咽 □鼻 □肛 □肠 □其他）： _____份；死胎： _____份 脏器（□心 □肝 □脾 □肾 □淋巴结 □肺 □脑 □其他___）： _____份
结论	
防控措施	

被调查人情况	姓名	学历	工作年限	职务及岗位	联系电话

调查人员情况	组长： _____；联系电话： _____ 组员： _____；联系电话： _____ 组员： _____；联系电话： _____

3. 调查方法 可采取直接询问、现场调查、实验室检查和查阅资料等方法。

4. 资料分析 将调查资料进行统计分析，以明确被调查养殖场疫病流行的类型、特点、发生原因，疫病传播来源和途径等，并提出具体防控措施。

（四）考核标准（以 100 分制计算）

序号	考核内容	考核要点	分值	评分标准
1	确定调查内容与项目（30分）	调查养殖场的基本情况	5	全面、准确
		饲养场卫生特征	10	全面、准确
		疫病发生与流行情况	10	准确、全面
		疫区既往发病情况	5	准确、全面
2	设计调查表（20分）	内容项目	15	准确、全面
		表格结构	5	合理、美观
3	调查方法（20分）	查阅资料	5	通过网络、图书馆查阅所需资料
		直接询问	8	与人沟通自然、顺畅
		现场调查	7	内容准确
4	资料分析（30分）	明确疫情	10	确定该调查养殖场的疫情
		提出防控措施	10	提出的动物疫病防控措施正确
		协作意识	5	具备团队协作精神，积极与小组成员配合，共同完成任务
		安全意识	5	正确穿戴消毒服、胶靴、口罩，注重生物安全
	总分		100	

知识拓展

自然疫源性疾病

1. 自然疫源性疾病的概念 有些疫病的病原体在自然情况下，即使没有人类的参与，也可以通过传播媒介感染动物造成流行，并长期在自然界循环延续后代，这些疫病称为自然疫源性疾病。存在自然疫源性疾病的地区，称为自然疫源地。

2. 自然疫源性疾病的种类 已知的自然疫源性疾病达一百多种，包括鼠疫、森林脑炎、流行性出血热、蜱传回归热、钩端螺旋体病、流行性乙型脑炎、炭疽、狂犬病、莱姆病、野兔热、鹦鹉热、布鲁氏菌病等，随着人类对生态环境的破坏，新的自然疫源性疾病又不断被发现。

3. 自然疫源性疾病的流行特点 自然疫源性疾病具有明显的地区性和季节性，并受人类活动影响改变生态系统。

4. 自然疫源性疾病对人类的危害 从本质上，自然疫源性疾病是野生动物间流行的疾病，引起野生动物带毒或发病。人类涉足自然疫源地、接触或食用野生动物也会感染发病。人类一般对自然疫源性疾病缺乏特异性抵抗力，感染后难以控制，容易出现扩散蔓延，近年来感染人造成重大公共卫生安全事件的传染病，如严重急性呼吸综合征（SARS）、中东呼吸综合征（MERS），病原体均被证实来自于野生动物，给人类社会造成了极大的恐慌和重大的经济损失。

思政园地

　　钟南山院士有句名言："科研既要顶天，也要立地。顶天就是抓住国际前沿、国家急需项目，立地就是要解决老百姓的实际问题。顶天的研究不能立地，不能缓解患者的痛苦，意义就会打折扣。"新冠肺炎发生初期，钟南山研究团队从全国552家医院提取了1099例确诊新冠肺炎患者的临床信息。经研究发现，多数病例潜伏期是2～7d，重度、非重度组新冠肺炎患者各有1例潜伏期达24d，潜伏期大于14d的共13例（12.7%），潜伏期大于18d有8例（7.3%）。这些数据的获得，对我国实施的新冠肺炎疫情精准防控方案提供了重要的依据，为我国迅速控制新冠肺炎疫情做出来重大贡献。

　　思考：钟南山团队研究新冠肺炎潜伏期长短有哪些意义？党的二十大报告指出，教育、科技、人才是全面建设社会主义现代化国家的基础性、战略性支撑。培养造就大批德才兼备的高素质人才，是国家和民族长远发展大计。以钟南山院士为例，如何理解"德才兼备的高素质人才"对国家发展的重要性？

一、名词解释

　　感染　隐性感染　潜伏期　传染源　病原携带者　垂直传播　疫源地　散发　感染率死亡率

二、单项选择

1. 良性感染和恶性感染，一般以患病动物的（　　）高低作为区分标准。
　　A. 发病率　　　　B. 感染率　　　　　　C. 患病率　　　　　　D. 病死率

2. 病程一般在几天到2周不等，常伴有明显的症状，这种感染类型是（　　）。
　　A. 最急性型　　　B. 急性型　　　　　　C. 亚急性型　　　　　D. 慢性型

3. 从病原体侵入机体开始繁殖，到动物出现最初症状为止的这段时间称为（　　）。
　　A. 潜伏期　　　　B. 前驱期　　　　　　C. 明显期　　　　　　D. 转归期

4. 下列不属于传染源的是（　　）。
　　A. 患病动物　　　B. 潜伏期病原携带者　C. 健康病原携带者　D. 带病毒蚊虫

5. 下列传播方式，属于直接接触传播的是（　　）。
　　A. 经咬伤传播　　B. 经空气传播　　　　C. 经卵传播　　　　　D. 经污染的饲料传播

6. 下列传播方式，属于间接接触传播的是（　　）。
　　A. 经咬伤传播　　B. 通过交配传播　　　C. 经胎盘传播　　　　D. 经污染的饲料传播

7. 以下属于垂直传播的是（　　）。
　　A. 经咬伤传播　　B. 经空气传播　　　　C. 经卵传播　　　　　D. 经污染的饲料传播

8. 在一定的地区和动物群体中，发病动物数量较多，常局限于一个较小的范围内流行的疫病流行形式是（　　）。
　　A. 散发　　　　　B. 地方流行性　　　　C. 流行性　　　　　　D. 大流行

9. 一定时期内动物群体中发生某病新病例的百分比是（　　）。

A. 发病率　　　　　B. 患病率　　　　　C. 死亡率　　　　　D. 病死率

10. 因某病死亡的动物数占该群动物中患该病动物数的百分比是（　　　）。

A. 发病率　　　　　B. 患病率　　　　　C. 死亡率　　　　　D. 病死率

三、判断题

（　　）1. 病原体必须有较强的毒力才能突破机体的防御屏障引起感染，导致疫病的发生。

（　　）2. 动物在病愈后，体内的病原体会马上消失。

（　　）3. 被病原体污染的各种外界环境因素也是传染源。

（　　）4. 具有传染源及其排出的病原体所存在的地区称为疫源地。

（　　）5. 疫区划分时应注意考虑当地的饲养环境、天然屏障（如河流、山脉）和交通等因素。

四、简答题

1. 针对动物疫病发生所需的条件，制订防止疫病发生的基本措施。

2. 针对动物疫病流行过程所需的三个基本环节，制订防控疫病流行过程的措施。

3. 为什么动物疫病流行会出现季节性的特征？

项目一练习题答案

动物疫病监测

 项目指南

　　本项目的应用：动物疫病预防控制中心人员按照国家动物疫病监测计划，完成监测任务；村级防疫员、养殖场兽医人员进行样品采集；门诊兽医对动物进行临诊检查、样品采集和实验室检查；规模化养殖场通过疫病监测，评估疫病防控措施。

　　完成本项目所需知识点：临诊检查的方法；病理学检查的方法；动物疫病检测样品采集的方法；病原学检测的方法；免疫学检测的方法。

　　完成本项目所需技能点：动物临诊检查；病死畜禽的病理学检查；动物血液样品的采集、保存和运送；禽流感、口蹄疫、猪瘟等重大疫病检测样品的采集。

 项目导入

　　2017 年 12 月，全国动物 H7N9 流感监测情况显示，216 186 份血清样品中抗体合格样品数为 186 665 份，抗体合格率为 86.34%；83 211 份病原学监测样品共检出来自福建省、湖南省和西藏自治区的 11 份阳性样品，包括鸡阳性样品 8 份、鸭阳性样品 1 份、鹌鹑阳性样品 1 份和环境阳性样品 1 份。

　　为什么要在全国开展动物 H7N9 流感的常规监测工作？如何进行动物 H7N9 流感的免疫血清学监测和病原学监测？实验室检测禽流感、口蹄疫、非洲猪瘟如何采集样品？

 认知与解读

　　疫病监测是指通过系统、完整、连续和规则地观察疫病在一地或多地的分布动态，调查其影响因子，以便及时采取正确的防控措施。通过疫病监测，全面掌握和分析动物疫病病原分布和流行规律，对评估重大动物疫病免疫效果，及时掌握疫情动态，消除疫情隐患，发布预警预报，科学开展防控工作等具有重要意义。

　　国家每年制订实施动物疫病监测计划，遵循主动监测与被动监测、病原监测与抗体监测、常规监测与紧急监测、疫病监测与净化评估等相结合的监测原则。

　　中国动物疫病预防控制中心、中国兽医药品监察所、中国动物卫生与流行病学中心、国家兽医参考实验室、专业实验室和相关检测机构按照职责分工，密切配合，共同完成农业农村部部署的动物疫病监测任务。

任务一 动物临诊检查

临诊检查就是利用人的感觉器官或借助最简单的器械（体温计、听诊器等）直接对发病动物进行检查，包括问诊、视诊、触诊、听诊、叩诊，有时也包括血、粪、尿的常规检查和X射线透视及摄影、超声波检查和心电图描记等。

临诊检查的基本方法简单、方便、易行，适合在任何场所实施。但在多数情况下，临诊检查只能提出可疑疫病的范围，必须结合其他诊断方法才能确诊。

一、视　诊

（一）检查精神状态

主要观察动物的神态，根据动物面部表情、眼、耳的活动及其对外界刺激的各种反应、举动而判定。

1. 正常状态　表现为两眼有神，反应敏捷，动作灵活，行为正常。

2. 病理状态　可表现为精神抑制或精神兴奋。

（1）精神抑制。轻的表现为沉郁，呆立不动，反应迟钝；重的表现为昏睡，只对强烈刺激才产生反应，甚至昏迷，倒地躺卧，意识丧失，对强烈刺激也无反应。见于各种热性病或侵害神经系统的疾病。

（2）精神兴奋。轻度兴奋的动物表现为惊恐不安，呼吸和心率加快，对轻微的外界刺激产生强烈反应，如刨地挣缰、烦躁不安、嚎叫反抗等，多见于脑膜炎等。重度兴奋的动物表现狂躁不驯，乱冲乱撞，甚至攻击人畜，多见于侵害中枢神经系统的疫病（如狂犬病、李氏杆菌病等）。

（二）检查营养状况

主要根据肌肉的丰满度、皮下脂肪的蓄积量及被毛的状态和光泽判断营养状况。

1. 营养良好的动物　表现为肌肉丰满，皮下脂肪丰富，轮廓丰圆，骨突不显露，被毛有光泽，皮肤富有弹性。

2. 营养不良的动物　表现为消瘦，骨突明显，被毛粗乱无光泽，皮肤缺乏弹性。多见于慢性消耗性疫病（如结核病、片形吸虫病等）。

（三）检查姿势与步态

1. 健康状态　健康动物姿势自然，动作灵活而协调，步态稳健。

2. 病理状态　病理状态由中枢神经系统机能失常，骨骼、肌肉或内脏器官病痛及外周神经麻痹等原因引起。例如，破伤风患病动物全身僵直，鸡马立克病病鸡呈"劈叉"姿势，新城疫病鸡头颈扭转，中枢神经系统疾病或中毒病表现四肢运步不协调、蹒跚、跛跟等。

（四）检查被毛和皮肤

1. 鼻盘、鼻镜及鸡冠的检查

（1）健康动物。健康牛、猪的鼻镜、鼻盘湿润，并附有少许小而密集的水珠，触之凉感。鸡冠和肉髯的颜色为鲜红色，触之温感。

（2）患病动物。牛鼻镜干燥甚至龟裂，多见于热性疾病等。鸡冠和肉髯呈蓝紫色，可见于高致病性禽流感、新城疫等；颜色苍白，可见于鸡白痢、鸡住白细胞虫病；出现痘疹，多为鸡痘。

2. 被毛的检查

（1）健康动物。健康动物的被毛整洁、平顺而富有光泽。

（2）患病动物。被毛蓬松粗乱、失去光泽、易脱落或换毛季节推迟，多是营养不良或慢性消耗性疾病的表现。局部被毛脱落，多见于湿疹、毛癣、疥螨等病。

检查被毛时，还要注意被毛的污染情况，尤其注意污染的部位。当患病动物腹泻时，肛门附近、尾部及后肢等可被粪便污染。

3. 皮肤的检查

（1）健康动物。皮肤颜色正常，无肿胀、溃烂、出血等。

（2）患病动物。患病动物的皮肤出现颜色改变、出血、肿胀、疱疹等。例如，猪瘟病猪的四肢、腹部等部位皮肤有指压不褪色的小点状出血；亚急性猪丹毒病猪在胸、背侧等处呈现方形、菱形疹块；口蹄疫患病动物在唇、蹄等处形成水疱或溃疡。

（五）检查呼吸和反刍

主要检查呼吸运动（呼吸频率、节律、强度和呼吸方式），看有无呼吸困难，同时检查反刍情况。

1. 健康动物 呼吸均匀、深长。健康反刍动物，一般于采食后经 0.5～1h 即开始反刍，每次反刍持续时间在 0.25～1h，每昼夜进行反刍 4～8 次；每次返回的食团再咀嚼 40～60 次；牛反刍时多喜伏卧。

2. 患病动物 呼吸急促、喘息，呈腹式呼吸等表现。患病反刍动物，反刍的间隔时间延长，次数减少，每次反刍的时间缩短，严重者反刍停止。

（六）检查可视黏膜

主要检查眼结膜、口腔黏膜和鼻黏膜颜色，同时检查黏膜有无充血、出血、溃烂及天然孔有无分泌物等。

1. 健康动物 马的黏膜呈淡红色；牛的黏膜的颜色较马的稍淡，呈淡粉红色（水牛的较深）；猪、羊黏膜颜色较马的稍深，呈粉红色；犬的黏膜为淡红色。

2. 患病动物 黏膜的病理变化可反映全身的病变情况。黏膜苍白见于各型贫血和慢性消耗性疫病，如马传染性贫血；黏膜潮红，表示毛细血管充血，除局部炎症外，多为全身性血液循环障碍的表现；弥漫性潮红见于各种热性病和广泛性炎症；树枝状充血见于心机能不全的疫病等；黏膜发绀见于呼吸系统和循环系统障碍；黄染是血液中胆红素含量增高所致，见于肝病、胆道阻塞及溶血性疾病；黏膜出血，见于有出血性素质的疫病，如马传染性贫血、梨形虫病等；口腔黏膜有水疱或烂斑，可提示口蹄疫或猪传染性水疱病；马鼻黏膜的冰花样斑痕则是马鼻疽的特征性病变。

（七）检查排泄动作及排泄物

注意排泄动作有无排泄困难及粪便颜色、硬度、气味、性状等有无异常。

1. 排泄动作

（1）正常状态。动物排粪时，背部微拱起，后肢稍开张并略前伸。犬排粪采取近似坐下的姿势。

（2）病理状态。腹泻见于各型肠炎，便秘见于热性病、慢性胃肠卡他或胃肠弛缓，排粪失禁见于荐部脊髓损伤或脑部疾病，里急后重见于直肠炎。

2. 粪便感官检查　注意检查粪便的数量、形状、颜色、混杂物及臭味等。

（1）正常状态。正常动物的排粪次数、排粪量和粪便性状与采食饲料的数量、质量及使役情况有密切关系。马每日排粪次数为8～11次，呈球形，落地后部分碎开；牛每日排粪次数为10～18次，质地软，落地形成叠层状粪盘；羊粪多呈小的干球状；猪粪因饲料的性状、组成不同而异。

（2）病理状态。一般腹泻时粪便量多而稀薄，便秘时粪便少而干硬。便秘时，粪便色深；肠道出血时，粪便呈红色或黑色；发生胃肠炎症时，粪便有酸臭味。

二、触　诊

触诊是通过人手或器材按触动物身体产生的感觉来进行疾病诊断的方法。

1. 触摸耳根、角根、鼻端、四肢末端　检查体表的温度和湿度。

2. 触摸皮肤　检查皮肤的弹性，检查有无水肿、气肿、脓肿、结节等病变。

3. 触摸体表淋巴结　检查其大小、形状、硬度、活动性、敏感性等，必要时可穿刺检查。

4. 触摸胸腹部　检查胸腹部的敏感性。患猪肺疫、牛肺疫的动物，胸部触诊敏感。

5. 触摸嗉囊　检查嗉囊内容物性状及有无积食、气体、液体。如鸡患新城疫时，嗉囊内常充满酸性气味的液体食糜。

三、听　诊

听诊是用耳直接听取或借助听诊器听取动物体内发出的声音。

1. 听叫声　判别动物的异常声音，如呻吟、嘶鸣、喘息等。如牛呻吟见于疼痛或病重期，鸡患新城疫时发出"咯咯"声。

2. 听咳嗽声　判别动物呼吸器官病变。干咳常见于上呼吸道炎症，如咽喉炎、慢性支气管炎；湿咳常见于支气管和肺部炎症，如牛肺疫、猪肺疫、猪肺丝虫病等。

3. 听心音、肺音、胃肠音　借助听诊器听心音、肺音、胃肠音，以判定心、肺、胃肠有无异常。

四、叩　诊

叩诊是对动物体表的某一部位进行叩击，根据所产生的音响的性质，来推断内部病理变化或某些器官的投影轮廓。叩诊心、肺、胃、肠、肝区的音响、位置和界限，胸、腹部敏感程度。

五、检查"三数"

"三数"即体温、脉搏、呼吸数，是动物生命活动的重要生理常数，其变化可提示许多疫病。

1. 体温测定　测体温时应考虑动物的年龄、性别、品种、营养状况、外界气候、使役、妊娠等情况，这些都可能引起一定程度的体温波动，但波动范围一般为0.5℃，最多不会超过1℃。测定体温多采用直肠测温。

动物体温的变化与疾病性质有密切的关系，体温升高程度与疫病性质关系见表2-1。体温过低则见于大失血、严重脑病、中毒病或热病濒死期。

表2-1　动物体温升高程度与疫病性质的一般关系

动物体温升高程度	比正常体温高/℃	常见疫病
微热	0.5～1.0	轻症疫病及局部炎症，如胃肠卡他、口炎
中热	1.0～2.0	亚急性或慢性传染病，如布鲁氏菌病、支气管炎
高热	2.0～3.0	急性传染病或广泛性炎症，如猪瘟、猪肺疫
极高热	3.0以上	严重的急性传染病，如传染性胸膜肺炎、猪链球菌病、炭疽、猪丹毒

2. 脉搏测定　在动物充分休息后测定。脉搏增多见于多数发热病、心脏病及伴心机能不全的其他疾病等；脉搏减少见于颅内压增高的脑病、有机磷中毒等。

3. 呼吸数测定　宜在安静状态下测定。呼吸数增加多见于肺部疾病、高热性疾病、疼痛性疾病等，呼吸数减少见于颅内压显著增高的疾病（如脑炎）、代谢病等。各种动物的正常体温、脉搏和呼吸数见表2-2。

表2-2　各种动物的正常体温、脉搏和呼吸数

动物种类	体温/℃	呼吸数/(次/min)	脉搏/(次/min)
猪	38.0～39.5	18～30	60～80
马	37.5～38.5	8～16	26～42
牛	37.5～39.5	10～30	40～80
水牛	36.5～38.5	10～50	30～50
牦牛	37.6～38.5	10～24	33～55
绵羊	38.5～40.5	12～30	70～80
山羊	38.5～40.5	12～30	70～80
骆驼	36.0～38.5	6～15	32～52
犬	37.5～39.0	10～30	70～150
猫	38.5～39.5	10～30	110～130
兔	38.0～39.5	50～60	120～140
鸡	40.5～42.0	15～30	140
鸭	41.0～43.0	16～30	120～200
鹅	40.0～41.0	12～20	120～200

任务二　病理剖检

选择病死动物尸体或有典型临诊症状的患病动物进行解剖检查。用肉眼或借助放大镜、量尺等器械，直接观察和检测器官、组织中的病变部位，根据病变部位大小、形态、颜色、质地、分布及切面性状，结合疫病特征性的病理变化，作出检查结论。

一、动物尸体剖检的要求

1. 剖检前检查　剖检前仔细检查尸体体表特征（卧位、尸僵情况、腹围大小）及天然孔有无异常，以排除炭疽等传染病。若怀疑动物死于炭疽，先采取耳尖血液涂片镜检，排除炭疽后方可剖检。

2. 剖检时间　尸体剖检应在患病动物死后越早越好，夏季不超过 6h，冬季不超过 24h。尸体放久后，容易腐败分解，尤其是在夏天，尸体腐败分解过程更快，这会影响对原有病变的观察和诊断。

3. 剖检地点　尸体剖检一般应在病理剖检室进行，以便消毒和防止病原扩散。如果条件不允许而在室外剖检时，应选择地势较高、环境较干燥，远离水源、道路、房舍和圈舍的地点进行。剖检前挖一深 2m 以上的坑，坑底撒生石灰，坑旁铺垫席，在垫席上进行操作。剖检完成后，将动物尸体连同垫席及周围污染的土层，一起投入坑内，撒生石灰或其他消毒液掩埋，并对周围环境进行消毒。

4. 剖检数量　在畜群发生群体死亡时，要剖检一定数量的病死动物。家禽应至少剖检 5 只；大中型动物至少剖检 3 头。只有找到共同的特征性病变，才有诊断意义。

5. 剖检术式　动物尸体的剖检，从卧位、剥皮到体内各器官的检查，按一定的术式和程序进行。牛采取左侧卧位；马采取右侧卧位；猪、羊等中小动物和家禽取背卧位。

6. 安全防护　做好有关工作人员的安全防护工作并防止环境污染。剖检结束后，要对手部和环境进行清洗和严格消毒。

7. 做好剖检记录　剖检记录是填写尸体病理剖检报告的主要依据，也是进行综合诊断的原始材料。剖检记录必须遵守系统、客观、准确的原则，对病变的形态、大小、重量、位置、色彩、硬度、性质、切面的结构变化等都要客观地描述和说明，应尽可能避免采用诊断术语或名词来代替。整个过程最好通过影像资料保存下来。记录应在检查过程中完成，而不是事后补记。

二、外部检查

对病死动物尸体，在剥皮之前要详细检查尸体外部状态，一是决定能否进行剖检，二要记录外部病变，大致区别是普通病还是疫病。

1. 检查尸体变化　动物死亡后受酶、细菌和外界环境因素的影响，会出现尸僵、尸斑、死后凝血、尸腐等变化。通过检查，正确辨认尸体变化，避免把某些死后变化误认为死前的病理变化。

（1）尸僵。动物死后尸体发生僵硬的状态，称为尸僵。尸僵是否发生可根据下颌骨的可动性和四肢能否屈伸来判断。一般死于败血症和中毒性疾病的动物，尸僵不明显。

（2）尸斑。即尸体倒卧侧皮肤的坠积性淤血现象，局部皮肤呈青紫色。家畜皮肤厚，且有色素和被毛遮盖，不易发现，要结合内部检查判断。

（3）尸腐。因消化道内微生物繁殖引起尸体腐败分解并产生气体所致。常表现尸体腹部膨胀，体表的部分皮肤、内脏（特别是与肠管接触的器官）呈现灰蓝色或绿色，血液带有泡沫，尸体散发出恶臭气味。

2. 检查皮肤　检查被毛的光泽度，皮肤的厚度、硬度及弹性，有无脱毛、褥疮、溃疡、脓肿、创伤、肿瘤、外寄生虫等，有无粪泥和其他病理产物的污染。此外，还要注意检查有无皮下水肿和气肿。

3. 检查天然孔　首先检查各天然孔的开闭状态，有无分泌物、排泄物及其性状、数量、颜色、气味和浓度；其次检查可视黏膜，着重检查黏膜色泽变化。

三、内部检查

1. 皮下检查　检查浅表淋巴结，皮下脂肪的厚度和性状，肌肉发育状况和病变。患炭疽时皮下呈出血性胶样浸润；患传染性法氏囊病时，腿肌、胸肌常有条状、斑点状出血。

2. 内脏器官的检查　先检查腹腔和腹腔器官，再检查胸腔和胸腔器官。各内脏器官多从尸体上取出后检查，亦可不取出进行检查。禽、兔等小动物和仔猪、羔羊等幼龄动物内脏器官常连带在尸体上进行检查。

先看脏器的大小、形态、颜色、表面性状（表面光滑或粗糙、凹或凸、有干酪样物或粉末状物）。再用手触摸、按压检查脏器质地（软硬度、弹性、脆性、颗粒状）。最后，切开脏器检查切面性状，看切面组织结构是否清晰，有无寄生虫、结节、出血及其他病变。

3. 口腔、鼻腔和颈部器官的检查　首先检查口腔、舌、扁桃体、咽喉和鼻腔，注意有无创伤、出血、溃疡、水疱、水肿变化及寄生虫存在。剪开食管和气管，主要看食管黏膜和管壁厚度、气管分泌物的性质（浆液性、黏液性、出血性）和黏膜病变。

口腔、鼻腔和颈部器官的检查，对以口腔、食道和上呼吸道变化为主要表现形式的疫病，如鸡传染性喉气管炎、禽痘、兔瘟、鸭瘟等有较大诊断价值。

除对上述器官的检查外，必要时对脑、脊髓、骨髓、关节、肌肉、生殖器官进行检查。

任务三　样品的采集

样品采集是进行动物疫病监测、诊断的一项重要的基础性工作，采样的时机是否适宜，样品是否具有代表性，样品处理、保存、运送是否合适及时，直接决定检测结果的准确性。

一、样品采集原则

1. 先排除后采样　急性死亡的动物，怀疑患有炭疽时，应先进行血液抹片镜检，确定不是炭疽后，方可解剖采样。

2. 无菌采样　无菌采样的目的是避免样品污染。样品采集全过程应无菌操作，尤其是供微生物学检查和血清学检查的样品。采样部位、用具、盛放样品的容器均需灭菌处理。

3. 适时采集　供检测用的材料因检测目的和项目不同，有一定的时间要求。若是分离病原体，应在动物生前发热初期或出现典型临诊症状时采集；死后应立即采集，夏季不超过6h，冬季不超过24h。若需制备血清，最好在动物空腹时采血。

4. 典型采样　典型采样要求样品具有代表性。

（1）选择典型动物。选择未经药物治疗，症状典型的动物。这对细菌性传染病的检查尤为重要。

（2）选择典型材料。采集病原体含量最高的组织或脏器，通常采集病变最明显、最典型的部位。因为不同疫病的病原体及其分泌物、排泄物在动物体内的分布、含量不同，即使同一种疫病，在疾病的不同时期、不同病型中，病原体在体内的分布也不同。在采取病料前，对动物可能患某种疫病做出初步诊断，侧重采集该病原体常侵害的部位。如呼吸道疫病生前可采集咽喉分泌物，消化道疫病采集粪便。

5. 合理采样 合理采样是指取样动物的数量和样品的数量合理。进行疫病诊断时，应采集1～5只（头）病死动物的器官组织和不少于此数量的血清和抗凝血；监测免疫效果时，存栏万头（只）以下的畜禽场按1%采样，存栏万头（只）以上的畜禽场按0.5%进行采样，但每次监测数量不少于30份；监测种群疫病净化时，要逐头采样；疫情监测或流行病学调查时，采集血清、拭子、体液、粪尿或皮毛等样品，可根据季节、周边疫情、动物年龄估算感染率，然后计算应采数量。

每一种样品应有足够的数量，除确保本次用量外，以备复检使用。对于畜产品，按规定采取足量样品。如皮张炭疽检疫时，在每张皮的腿部或腋下边缘部位取样，初检取1g，复检时在同部位取2g。

6. 安全采样 在采样过程中，采样人员要注意安全，防止感染，同时防止病原扩散而造成环境污染。

二、样品采集前准备

采集人员应具有相应专业知识和技术水平，在采样过程中做好采样记录，采集的样品标必须有清晰的唯一性标识。

刀、剪、镊子等用具煮沸消毒30min，使用前用酒精擦拭，并在火焰上烧灼消毒。器皿（玻璃、陶制等）在高压灭菌器内121.3℃ 30min或干烤箱内160℃ 2h灭菌。软木塞和橡皮塞置于0.5%石炭酸（苯酚）溶液中煮沸10min。载玻片应在1%～2%碳酸氢钠溶液中煮沸10～15min，水洗后，再用清洁纱布擦干，保存于酒精、乙醚等溶液中备用。采血器一般为一次性的。

三、血液样品的采集与处理

1. 采血部位 应根据动物种类确定采血部位。对大型哺乳动物，可选择颈静脉、耳静脉或尾静脉采血，也可采肱静脉和乳房静脉；毛皮动物少量采血可穿刺耳尖或耳壳外侧静脉，多量采血可在隐静脉采集，也可用尖刀划破趾垫至一定深度或剪断尾尖部采血；啮齿类动物可从尾尖采血，也可由眼窝内的血管丛采血。

通常，猪采用前腔静脉或耳静脉采血；羊采用颈静脉或前后肢皮下静脉采血；犬选择前肢隐静脉或颈静脉采集；兔从耳背静脉、颈静脉或心脏采血；禽类选择翅静脉或心脏采血。

2. 采血方法 应对动物采血部位的皮肤先剃毛（拔毛），用1%～2%的碘酊消毒后，再用75%的乙醇消毒，待干燥后采血。采血可用采血器或真空采血管，采集少量血可用三棱针穿刺，将血液滴到开口的试管内。

3. 采血种类

（1）全血样品。进行血液学分析，细菌、病毒或原虫培养，通常用全血样品，样品中加抗凝剂。抗凝剂可用0.1%肝素、阿氏液（阿氏液为红细胞保存液，1份血液加2份阿氏液）或枸橼酸钠（3.8%～4%的枸橼酸钠0.1mL，可用于1mL血液）。也可将血液放入装有玻璃珠的灭菌瓶内，震荡脱去纤维蛋白。若用于病毒检测的样品，可在1mL血样中可加入青霉素500～1 000 IU和链霉素500～1 000μg，以抑制血源性或在采血过程中污染的细菌。

（2）血清样品。进行血清学试验通常用血清样品。用于制备血清样品的血液中不加抗凝剂，将自然析出的血清或经离心分离出的血清吸出，按需要分装，再贴上标签冷藏保存备检。较长时间才检测的，应—20℃保存，但不能反复冻融，否则抗体效价下降。做血清学检验的血液，在采血、运送、分离血清过程中，应避免溶血，以免影响检验结果。采集双份血清检测比较抗体效价变化的，第一份血清采于发病的初期并作冻结保存，第二份血清采于第一份血清采集后 3～4 周。

（3）血浆的采集。采血试管内先加上抗凝剂，血液采完后，将试管颠倒几次，使血液与抗凝剂充分混合，然后静止，待细胞下沉后，上层即为血浆。

四、组织样品的采集与处理

组织样品一般由扑杀动物或病死动物尸体解剖采集。从尸体采样时，先剥去动物胸腹部皮肤，以无菌器械将体腔打开，根据检验目的和疫病的初步诊断，无菌采集不同的组织。

1. 病原检测样品的采集　用于微生物学检验的病料应新鲜，尽可能地减少污染。可用一套新消毒的器械切取所需器官的组织块，每个组织块应单独放在已消毒的容器内以防止组织间相互污染，容器壁上注明日期、组织或动物名称。用于细菌分离样品的采集，首先以烧红的刀片烫烙脏器表面，在烧烙部位切口，用灭菌后的铂金耳伸入切口内，取少量组织或液体，进行涂片镜检或划线接种于适宜的培养基上。

2. 组织病理学检查样品的采集　采集包括病灶及临近正常组织的组织块，组织块厚度不超过 0.5cm，长宽不超过 1.5cm×1.5cm，放入 10 倍于组织块体积的 10% 福尔马林溶液中固定。固定 3～4h 后修快，修切成厚度约 0.2cm、长宽约 1cm×1cm 大小（检查狂犬病需要较大的组织块）。组织块切忌挤压、刮擦和用水洗。如作冷冻切片用，则将组织块放在 0～4℃ 容器中，尽快送实验室检验。

五、分泌物和渗出液的采集与处理

1. 口腔、鼻腔、喉气管、泄殖腔及阴道分泌物　用灭菌的棉球蘸取，通常是将灭菌的棉拭子插入天然孔反复旋转以蘸取分泌物，然后将拭子浸入保存液中，密封低温保存。

2. 咽食道分泌物　采集前被检动物禁食 12h。大中型动物用食道探杯从已扩张的口腔伸入咽喉部、食道，反复刮取。

3. 乳汁　清洗乳房并消毒，弃去最初挤出的几把乳汁，收集后挤出的 10～20mL 于灭菌试管中。

4. 尿液　在动物排尿时，用洁净的容器直接接取。也可使用塑料袋，固定在雌性动物外阴部或雄性动物阴茎下接取尿液。采取尿液，宜早晨进行。取样量据检验目的而定，通常取 30～50mL。

5. 水疱液、水肿液、关节囊液、胸腹腔渗出液　用烫烙法消毒采样部位，用灭菌吸管、毛细吸管或注射器经烫烙部位插入，吸取内部液体材料，至少采取 1mL，然后将液体材料注入灭菌的试管中，塞好棉塞送检。也可用接种环经消毒的部位插入，提取病料直接接种在培养基上。

6. 脓汁　已破口的脓疱，用灭菌的棉球蘸取；未破口的，用烫烙法消毒采样部位，用注射器吸取。过于浓稠不好抽取时，可切开脓疱，用灭菌的棉球蘸取。

六、样品的包装与运送

1. 样品的包装　容器必须完整无损，密封不渗漏液体。不同的样品不能混样，每份样品应仔细分别包装，在样品袋或平皿外面贴上标签，标签注明样品名、样品编号、采样日期等。

（1）液体病料（黏液、渗出物、胆汁、血液等）样品。将样品收集在灭菌的小试管或青霉素瓶中，装载量不可超过总容量的80％。加盖后用胶布或封口膜固封，并在胶布或封口膜外用溶化石蜡加封。

（2）棉拭子样品。将蘸取鼻液、脓汁、粪便等样品的棉拭子插入加有一定保存液的灭菌小塑料离心管中，剪去露出部分，盖紧瓶盖，胶布或封口膜固封。常用的病毒保护液有：含抗生素的pH7.2～7.4磷酸盐缓冲液、50％甘油磷酸盐缓冲液、50％甘油生理盐水。常用的细菌保护液有：灭菌液状石蜡、30％甘油磷酸盐缓冲液、30％甘油生理盐水。病料与保存液的适宜比例为1：10。

（3）实质脏器、肠管、粪便样品。将样品放入灭菌玻璃容器（试管、平皿、三角烧瓶等）或塑料袋中。如果选用塑料袋作为容器，则用两层袋，分别用线结扎袋口，防止液体漏出或水进入袋中污染样品。

（4）镜检材料制成的涂片。涂片自然干燥后，使其涂面彼此相对，两端加以火柴杆或厚纸片，用线缠紧，用纸包好，放小盒内送检。

2. 样品的运送 样品应在特定温度下尽快运送到实验室。在24h内能送到实验室，可将样品放在4℃的容器中冷藏运输；若超过24h，要冷冻运输。

3. 样品的保存 样品应保持新鲜，避免污染、变质。样品到达实验室后，若暂时不处理，血清及病毒学检测样品应冷冻（−20℃以下）保存，不宜反复冻融。细菌学检测样品应冷藏，不宜冷冻，可置灭菌的保存液中冷藏保存。病理组织学样品放入10％福尔马林溶液或95％乙醇中固定保存，固定液的用量应为送检病料体积的10倍以上。

4. 样品的记录 每一份样品或每一批样品均要有采样单。采样单一式三份，第一联由采样单位保存，第二联跟随样品，第三联由被采样单位保存。采样单内容见表2-3。

表2-3 动物疫病检测样品采样单

采样单位名称					
采样地点					
联系人		联系电话		邮政编码	
动物名称		年　龄		采样日期	
采样方式	□总体随机　□分层随机　□系统随机　□整群　□分散　□其他				
样品名称		采样数量		样品编号	
样品保存条件					
动物来源	□自繁自养　□本县（市）　□外县（市）　□外省　□进口　□其他				
养殖模式	□散养　　□规模场				
临诊症状					
病理变化					
疑似疫病					
动物免疫状况					
送样要求		送样方式	□航空　□邮寄　□其他		
采样单位		采样人			

任务四　实验室检查

实验室检查的方法有病原学检测、免疫学检测、分子生物学检测和病理组织学检查等。在实际应用过程中，这些方法常常交叉使用，互相取长补短。

一、病原学检测

（一）形态学检查

1. 细菌性疫病　在细菌病的实验室诊断中，形态检查的应用有两个时机：一是将病料涂片染色镜检，它有助于对细菌的初步认识，也是决定是否进行细菌分离培养的重要依据，有时通过这一环节即可得到确诊。如禽霍乱和炭疽有时可通过病料组织触片、染色、镜检得到确诊。另一个时机是在细菌的分离培养之后，将细菌培养物涂片染色，观察细菌的形态、排列及染色特性，这是鉴定分离细菌的基本方法之一，也是进行生化鉴定、血清学鉴定的前提。

2. 病毒性疫病

（1）包含体检查。有些病毒（如狂犬病病毒、犬瘟热病毒）在细胞内增殖后，细胞内出现一种异常的斑块，这就是包含体。包含体用塞勒染色法染色（也可用姬姆萨染色），在普通光学显微镜下即可看到。包含体的形态、大小、位置等因病毒的种类不同而异，因此有助于病毒的鉴定。狂犬病病毒的包含体即尼氏小体，位于神经细胞的胞质内，用大脑的海马角、小脑或延脑触片，塞勒染色镜检，呈圆形、卵圆形，樱桃红色；而伪狂犬病病毒的包含体位于细胞核内，犬瘟热病毒的包含体可在细胞核和细胞质内同时存在。

（2）病毒形态学观察。将被检材料经处理浓缩和纯化，用 2％～4％磷钨酸钠染色，在电子显微镜下直接观察散在的病毒颗粒，依据病毒形态作出初步诊断。

3. 寄生虫性疫病

（1）虫卵检查法。虫卵检查主要诊断动物蠕虫病，尤其是寄生在动物消化道及其附属腺体中的寄生虫，被检材料多是动物粪便。

直接涂片镜检法检查虫卵

①直接涂片镜检。先在载玻片中央滴加 1～2 滴 50％甘油生理盐水或蒸馏水，再取少许粪便与之混匀，均匀涂布成适当大小的薄层，盖上盖玻片镜检。此法最为简便，但粪便中虫卵较少时，检出率不高。

②集卵法检查。集卵法是利用不同比重的液体对粪便进行处理，使粪中的虫卵下沉或上浮而被集中起来，再进行镜检，提高检出率。其方法有水洗沉淀法和饱和盐水漂浮法。

水洗沉淀法检查虫卵

a. 水洗沉淀法。取 5～10g 被检粪便放入烧杯或其他容器，捣碎，加常水 150mL 搅拌，过滤，滤液静置沉淀 30min，弃去上清液，保留沉渣。再加水，再沉淀，如此反复直到上清液透明，弃去上清液，取沉渣涂片镜检。此方法适合比重较大的吸虫卵和棘头虫卵的检查。

饱和盐水漂浮法检查寄生虫虫卵

b. 饱和盐水漂浮法。取 5～10g 被检粪便捣碎，加饱和食盐水（1 000mL 沸水中加入食盐 400g，充分搅拌溶解，待冷确，过滤备用）100mL 混合过滤，滤液静置 30～60min，取滤液表面的液膜镜检。此法适用于线虫卵和绦虫卵的检查。

（2）虫体检查法。

①蠕虫虫体检查法。

a. 成虫检查法。大多数蠕虫的成虫较大，通过肉眼观察其形态特征可作诊断。

b. 幼虫检查法。主要用于非消化道寄生虫和通过虫卵不易鉴定的寄生虫的检查，如旋毛虫可采用肌肉压片镜检或消化法检查。

②蜱螨类虫体检查法。

a. 蜱等昆虫的检查。采用肉眼检查法。

b. 螨虫的检查。将皮屑病料置于载玻片上，滴加 50％甘油溶液，上覆另一载玻片，用手搓压玻片使皮屑散开，镜检。

③原虫虫体检查法。原虫大多为单细胞寄生虫，肉眼不可见，必须借助于显微镜检查。

皮肤刮取物
检查螨虫

a. 血液原虫检查法。有血液涂片检查法（梨形虫的检查）、血液压滴标本检查法（伊氏锥虫的检查）、淋巴结穿刺涂片检查法（牛环形泰勒虫的检查）等。

b. 泌尿生殖器官原虫检查法。一是压滴标本检查，采集的病料立即放于载玻片，并防止材料干燥，高倍镜、暗视野镜检，能发现活动的虫体。二是染色标本检查，病料涂片，甲醇固定，姬姆萨染色，镜检。

c. 球虫卵囊检查法。动物粪便中球虫卵囊的检查，同蠕虫虫卵检查的方法，可直接涂片，亦可用饱和盐水漂浮。若尸体剖检，家兔可取肝脏坏死病灶涂片，鸡可用盲肠黏膜涂片，染色后镜检。

d. 弓形虫虫体检查法。活体检疫，可取腹水、血液或淋巴结穿刺液涂片，姬姆萨染液染色，镜检，观察细胞内外有无滋养体，包囊。尸体剖检，可取脑、肺、淋巴结等组织作触片，染色镜检，检查其中的包囊、滋养体。亦常取死亡动物的肺、肝、淋巴结或急性病例的腹水、血液作为病料，于小鼠腹腔接种，观察其临诊表现并分离虫体。

（二）分离培养

1. 细菌培养特性观察　根据所分离病原菌的特性，选择适当的培养基和培养条件进行培养。各类细菌都有其各自的培养生长特性，可作为鉴别细菌种属的重要依据。

（1）固体培养基上菌落性状的检查。细菌在固体培养基上经过培养，长出肉眼可见的细菌集团即菌落。不同细菌形成的菌落，其大小、形状、色泽等都有所差异。因此，菌落特征是鉴别细菌的重要依据。

（2）液体培养基中液体性状的观察。细菌在液体培养基中生长可使液体出现混浊、沉淀，液面形成菌膜以及液体变色、产气等现象。如在普通肉汤中，大肠杆菌生长旺盛使培养基均匀混浊，培养基表面形成菌膜，管底有黏液性沉淀，并常有特殊粪臭气味；而巴氏杆菌则使肉汤轻度混浊，管底有黏稠沉淀，形成菌环；铜绿假单胞菌肉汤呈草绿色混浊，液面形成很厚的菌膜。

2. 病毒培养特性观察　病毒分离培养常用的方法有鸡胚接种、动物组织培养和动物接种。病毒在活的细胞内培养增殖后，使易感动物、鸡胚、细胞发生病变或变化，能用肉眼或在普通光学显微镜下观察到，可供鉴别。像鸡新城疫病毒在鸡胚绒毛尿囊腔生长后，鸡胚全身皮肤有出血点，脑后尤其严重；鸡胚绒毛尿囊膜接种鸡痘病毒产生痘斑病变。细胞病变需在光学显微镜下观察，常见病变有：细胞变形皱缩，胞质内出现颗粒，核浓缩，核裂解或细胞裂解，出现空泡。根据培养性状，结合被检动物临诊表现可作出诊断。

（三）生化试验

生化试验是利用生物化学的方法，检测细菌在人工培养繁殖过程中所产生的某种新陈代谢产物是否存在，是一种定性检测。不同的细菌，新陈代谢产物各异，表现出不同的生化性状，这些性状对细菌种属鉴别有重要价值。生化试验的项目很多，可据检疫目的适当选择。常用的生化反应有糖发酵试验、靛基质试验、V-P试验、甲基红试验、硫化氢试验等。

（四）动物接种试验

动物接种试验除使用同种动物外，还可以根据病原体的生物学特性，选择对待检病原体敏感的实验动物，如家兔、小鼠、仓鼠、家禽、鸽子等。动物接种试验主要用于病原体致病力检测，就是将分离鉴定的病原体人工接种易感动物，然后根据对该动物的致病力、临诊症状和病理变化等现象判断其毒力。

（五）聚合酶链反应（PCR）

聚合酶链反应
（PCR）

属于分子生物学检测技术，从病原体中提取的模板 DNA 在体外高温（95℃左右）时变性而变成单链，低温（多为 55℃左右）时引物与单链按碱基互补配对的原则而结合，再调温度至 DNA 聚合酶最适反应温度（72℃左右），DNA 聚合酶沿着磷酸端到羟基端（$5'—3'$）的方向合成互补链。当这些步骤循环重复多次后即可引起目的 DNA 序列的大量扩增。由于 PCR 扩增的 DNA 片段呈几何指数增加，故经过 25～30 次循环后便可通过电泳方法检测到病原体的特异性基因片段。

二、免疫学检测

（一）血清学检测

血清学检测是检测动物疫病最常用和最重要的方法之一。由于抗原与抗体结合反应的高度特异性，可用已知抗原检测抗体，也可用已知抗体检测抗原。该方法特异性和敏感性都很高，且方法简易而快速，故在疫病的检测中被广泛应用。常用的有凝集试验、沉淀试验、标记抗体技术等方法。

1. 凝集试验　凝集试验用于测定血清中的抗体含量时，将血清倍比稀释后，加定量的抗原；测抗原含量时，将抗原倍比稀释后加定量的抗体。抗原抗体反应时，出现明显反应终点的抗血清或抗原制剂的最高稀释度称为效价或滴度。

凝集试验可根据抗原的性质、反应的方式分为直接凝集试验（简称凝集试验）、间接凝集试验、血凝抑制试验等。

2. 沉淀试验

（1）环状沉淀试验。反应在小试管中进行。当沉淀素与沉淀原发生特异性反应时，在两液面接触处出现致密、清晰明显的白环，即环状沉淀试验阳性。兽医临诊常用于炭疽的诊断和皮张炭疽的检疫。

（2）琼脂免疫扩散试验。简称琼脂扩散试验。在半固体琼脂凝胶板上按备好的图形打孔，一般由一个中心孔和 6 个周边孔组成一组，孔径 4～5mm，孔距 3mm。中心孔滴加已知抗原悬液，周围孔滴加标准阳性血清和被检血清。当抗原抗体向外自由扩散而相遇并发生特异性反应时，在相遇处形成一条或数条白色沉淀线，即琼脂扩散试验阳性。琼脂扩散试验是鸡马立克病、马传染性贫血等疫病常用的诊断方法。

此外，把琼脂扩散试验与电泳技术相结合建立的免疫电泳试验，使抗原抗体在琼脂凝胶中的扩散移动速度加快，并限制了扩散移动的方向，缩短了试验时间，增强了试验的敏感性。

3. 标记抗体技术　虽然抗原与抗体的结合反应是特异性的，但在抗原、抗体分子小，或抗原、抗体含量低的时候，抗原、抗体结合后所形成的复合物却不可见，给疫病诊断和检测带来困难。而有一些物质如酶、荧光素、放射性核素、化学发光剂等，即便在微量或超微量时也能用特殊的方法将其检测出来。因而，人们将这些物质标记到抗体分子上制成标记物，把标记物加入到抗原抗体反应体系中，结合到抗原抗体复合物上。通过检测标记物的有无及含量，间接显示抗原抗体复合物的存在，使疫病获得诊断。

免疫学检测中的标记抗体技术主要包括酶标记抗体技术、荧光标记抗体技术、胶体金免疫检测技术、同位素标记技术以及葡萄球菌 A 蛋白（SPA）免疫检测技术等。

酶联免疫吸附试验（ELISA）是目前生产中应用广、发展快的一种酶标记抗体检测技术，具有简便、快速、敏感、易于标准化，适合大批样品检测的优点，在动物检疫中被用于众多动物疫病的诊断检测。其基本原理是将抗原抗体反应的特异性和酶催化底物反应的高效性与专一性结合起来，以酶标记的抗体作为主要试剂，与吸附在固相载体上的抗原发生特异性结合。滴加底物溶液后，底物在酶的催化下发生化学反应，呈现颜色变化。用肉眼或酶标仪根据颜色深浅判定结果。

液相阻断 ELISA

（二）变态反应诊断

变态反应诊断是重要的免疫学诊断方法之一，是将变应原接种动物后，通过观察动物明显的局部或全身性反应进行判断。该方法主要应用于一些慢性传染病的检疫与监测，尤其适合群体检疫和畜群净化，是牛结核病检疫的常规方法。

间接 ELISA

操作与体验

技能一　动物血液样品的采集

（一）教学目标

（1）会采集鸡、猪、牛、羊的血液样品。

（2）会处理血液样品。

（3）会保存血液样品。

（二）材料设备

采样动物（鸡、猪、牛、羊）、毛剪、采样箱、保温箱、5～10mL 采血器、1.5mL 塑料离心管、10mL 离心管及易封口样品袋、0.1％肝素、乙二胺四乙酸（EDTA）、1％～2％碘酊棉球、75％酒精棉球、干棉球、载玻片、低速离心机、动物保定器或保定绳、记号笔、不干胶标签、采样登记表、口罩、一次性乳胶手套、防护服、防护帽、胶靴等。

（三）方法步骤

1. 采血部位　家禽从心脏或翅静脉采血，每只采血 3～5mL；仔猪或中等大小的猪从前腔静脉采血，大猪可从耳静脉采血，每头采血 5～10mL；牛从颈静脉或尾静脉采血，每头采血 5～10mL；羊从颈静脉或前后肢皮下静脉采血，每只采血 5～10mL。采血部位先用 1％～2％碘酊消毒后，再用 75％乙醇脱碘消毒。

2. 采血方法

（1）鸡的采血。

①翅静脉采血。侧卧保定，展开翅膀，拇指压迫翅静脉近心端，待血管怒张后，用采血器针头平行刺入静脉，放松对近心端的按压，缓缓抽取血液。

②心脏采血。

a. 雏鸡心脏采血。针头平行颈椎从胸腔前口插入，见有回血时，即把针芯向外拉使血液流入采血器。

b. 成年鸡心脏采血。取侧卧或仰卧保定。

Ⅰ. 侧卧保定采血。右侧卧保定，在触及心搏动明显处，或胸骨突前端至背部下凹处连线的 1/2 处，垂直或稍向前方刺入 2～3cm，见有回血时，即把针芯向外拉使血液流入采血器。

Ⅱ. 仰卧保定采血。胸骨朝上，用手指压迫嗉囊，露出胸前口，将针头沿其锁骨俯角刺入，顺着体中线方向水平刺入心脏，见有回血时，即把针芯向外拉使血液流入采血器。

（2）猪的采血。

①耳缘静脉采血。猪站立或横卧保定，用力捏压耳静脉近心端，或用酒精棉球反复涂擦耳静脉使血管怒张。使采血针头斜面朝上，与猪耳水平面呈 10°～15°角进针，如见回血再将针头顺血管向内送入约 1cm，松开捏压，缓慢抽取血液或接入真空采血管。

②前腔静脉采血。

a. 站立保定采血。将猪头颈向斜上方拉至与水平面呈 30°角以上，偏向一侧。采血针从颈部最低凹陷处，偏向气管约 15°角刺入，见有回血，即把针芯向外拉使血液流入采血器或接入真空采血管。

b. 仰卧保定采血。拉直两前肢，使与体中线垂直或使两前肢向后与体中线平行。针头斜向后内方与地面呈 60°角，向胸前窝（胸骨端旁 2cm 处的凹陷）刺入 2～3cm，见有回血，即把针芯向外拉使血液流入采血器或接入真空采血管。

（3）牛、羊的采血。

①颈静脉采血。牛、羊站立保定，使其头部稍前伸并稍微偏向对侧，在颈静脉沟上 1/3 与中 1/3 交界处稍下方压迫静脉血管，待血管怒张后，将采血器针头与皮肤呈 45°角刺入血管内，如见回血，将针头后端靠近皮肤，再伸入血管内 1～2cm，采集血液。采血结束，用干棉球轻按止血。

②牛尾静脉采血。将牛尾上提，将采血器针头在离尾根 10cm 左右（第 4、第 5 尾椎骨交界处）中点凹陷处垂直刺入约 1cm，见有回血，即把针芯向外拉使血液流入采血器或接入真空采血管。采血结束，用干棉球轻按止血。

③乳房静脉采血。奶牛、奶山羊可选乳房静脉采血。奶牛腹部可看到明显隆起的乳房静脉，针头在静脉隆起处向后肢方向快速刺入，见有血液回流，即把针芯向外拉使血液流入采血器或接入真空采血管。

3. 血液样品的处理

（1）抗凝血。采血前，在采血管或其他容器内按每 10mL 血液加入 0.1% 肝素 1mL 或乙二胺四乙酸（EDTA）20mg。血液注入容器后，立即轻轻摇动试管，使血液和抗凝剂混匀，这样的抗凝血即为全血。抗凝血经过静置或 1 500～2 000r/min 离心 10min 使血细胞下沉，其上清液则为血浆。

（2）血清。不加抗凝剂采血。血液在室温下倾斜放置 2～4h，待血液凝固自然析出血清；也可将血液室温静置半小时以上，1 000r/min 离心 10～15min，分离出血清。将血清移到另外的塑料离心管中，盖紧盖子，封口，贴标签。

（3）血片。取一滴末梢血、静脉血或心血，滴在载玻片一端，再取一块边缘光滑的载片做推片；将推片一端置于血滴前方，向后移动接触血滴，使血液均匀分散在推片与载片的接触处，然后使推片与载片呈 30°～40°角，向另一端平稳地推出（图 2-1）。涂片推好后，迅速在空气中摇动，使之自然干燥。

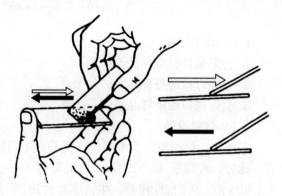

图 2-1　血片的制备方法

4. 血液样品的保存

（1）抗凝血。用于病毒检测的，－20℃以下保存；用于细菌检测的，4℃保存，不宜冷冻。

（2）血清。短时间检测，4℃冷藏。若需长时间保存，应－20℃以下冷冻，并避免反复冻融。

（3）血片。常温保存。

注意：一般情况，20～25℃条件下，血液样品的保存时间不超过 8h；4℃条件下，全血或血浆的保存时间不超过 48h，血清的保存不超过 1 周。

（四）考核标准

序号	考核内容	考核要点	分值	评分标准
1	采血 （65 分）	鸡翅静脉采血	10	采血规范，5min 内采血 3～5mL
		鸡心脏采血	10	采血规范，5min 内采血 3～5mL
		猪耳缘静脉采血	10	正确保定，采血规范，5min 内采血 3～5mL
		猪前腔静脉采血	10	正确保定，采血规范，5min 内采血 3～5mL
		牛颈静脉采血	15	正确保定，采血规范，5min 内采血 5～10mL
		羊颈静脉采血	10	正确保定，采血规范，5min 内采血 5～10mL
2	血液样品 处理 （20 分）	抗凝血制备	5	正确制备抗凝血
		血清制备	10	正确制备血清
		血片制备	5	正确制备血片
3	血液样品保存 （5 分）	抗凝血、血清、血片的保存条件	5	正确口述抗凝血、血清、血片的保存条件
4	职业素质评价 （10 分）	安全意识	5	注意个人防护，防止生物污染
		协作意识	5	听从安排，具备团队协作精神
	总分		100	

技能二 口蹄疫样品的采集

（一）教学目标

1. 会采集口蹄疫样品。

2. 会保存口蹄疫样品。

3. 会运送口蹄疫样品。

（二）材料设备

采样箱、保温箱、手术剪刀、镊子、灭菌注射器、食道探杯、样品保存管、10mL 离心管、冰袋、青霉素 1 000IU/mL、链霉素 1 000μg/mL、50%甘油-PBS 液、0.04mol/L pH 7.4 PBS 液、0.2%柠檬酸、牛（羊）食道-咽部分泌物（O-P 液）保存液、不干胶标签、签字笔、记号笔、口罩、一次性乳胶手套、防护服、防护帽、胶靴等。

（三）方法步骤

1. 样品的选择　用于病毒分离、病原鉴定的组织样品以临床发病动物（牛、羊、猪）未破裂的舌面或蹄部、鼻镜等部位的水疱皮和水疱液为最好。对临床健康但怀疑带毒的动物可在屠宰过程中采集淋巴结、脊髓、扁桃体、心脏等内脏组织作为检测材料。反刍动物在无临床症状的可疑情况下，可以用食道探杯采集 O-P 液样品进行病毒分离或者检测病毒核酸。

2. 组织样品的采集和保存

（1）发病病料的采集和保存。

①水疱液。对于典型临床发病动物水泡液，用灭菌注射器吸出至少 1mL，后装入样品保存管，并加青霉素 1 000IU/mL、链霉素 1 000μg/mL，不加保存液，加盖封口，冷冻保存。

②水疱皮。应采集成熟未破溃的水疱皮，2~5g 为宜。采集前，可用 0.04mol/L pH 7.4 PBS 清洗水疱表面。采集到的水疱皮，置于 50%甘油-PBS 保存液中，加盖封口，冷冻保存。

③破溃组织。若采集不到典型的水疱皮病料，应足量采集病灶周围破溃组织，置于 50%甘油-PBS 保存液中，加盖封口，冷冻保存。

（2）临床健康动物病原学样品采集。临床表现健康，但需做口蹄疫病原学检测的动物，可在屠宰时采集淋巴结、脊髓、扁桃体、心脏等内脏组织作为检测材料。对肉品进行口蹄疫病原学检测时，可采集骨骼肌。组织样品不少于 2g，装入样品保存管中，密封、低温保存。

（3）牛、羊食道-咽部分泌物（O-P 液）样品采集。

①样品采集。被检动物在采样前禁食（可饮水）12h，以免胃内容物严重污染 O-P 液。食道探杯在使用前经 0.2%柠檬酸或 2%氢氧化钠溶液浸泡 5min，再用洁净水冲洗干净。每采完一头（只）动物，探杯要进行消毒和清洗。采样时动物站立保定，将探杯随吞咽动作送入食道上部 10~15cm 处，轻轻来回移动 2~3 次，然后将探杯拉出。如采集的 O-P 液被胃内容物严重污染，要用洁净水冲洗口腔后重新采样。

②样品保存。在 10mL 离心管中加 3~5mL O-P 液保存液，将采集到的 O-P 液倒入离心管中，密封后充分摇匀，冷冻保存。

（4）血清。采集动物血液，每头不少于 5mL。无菌分离血清，装入样品保存管中，加盖密封后冷藏或冷冻保存。

3. 样品包装和运送 每份样品的包装瓶上均要贴上标签，写明采样地点、动物种类、编号、时间等。采集样品时要填写采样单。专用运输容器应隔热坚固，内装适当冷冻剂和防震材料。外包装上要加贴生物安全警示标志。

（四）考核标准

序号	考核内容	考核要点	分值	评分标准
1	样品的选择（10分）	选择采集样品	10	正确选择口蹄疫采集样品
2	发病病料的采集和保存（20分）	样品的采集	10	正确进行发病病料样品的采集
		样品的保存	10	正确保存发病病料样品
3	临床健康动物病原学样品采集（20分）	样品的采集	10	正确采集内脏组织样品
		样品的保存	10	正确保存内脏组织样品
4	牛、羊O-P液采集（25分）	采集前准备	5	正确进行牛、羊O-P液采集前准备
		样品采集	10	正确进行牛、羊O-P液的采集
		样品保存	10	正确保存牛、羊O-P液
5	样品包装和运送（15分）	样品包装	5	正确进行样品包装
		填写采样单	5	正确填写样品采样单
		样品运送	5	正确进行样品运送
6	职业素质评价（10分）	安全意识	5	防止病原污染，注意人身安全
		协作意识	5	听从安排，协作完成
	总分		100	

知识拓展

非洲猪瘟样品的采集、运输与保存

可采集发病动物或同群动物的血清学样品和病原学样品，病原学样品主要包括抗凝血、脾脏、扁桃体、淋巴结、肾和骨髓等。如环境中存在钝缘软蜱，也应一并采集。

样品的包装和运输应符合农业农村部《高致病性动物病原微生物菌（毒）种或者样本运输包装规范》规定。规范填写采样登记表，采集的样品应在冷藏和密封状态下运输到相关实验室。

（一）血清学样品

无菌采集5mL血液样品，室温放置12～24h，收集血清，冷藏运输。到达检测实验室后，冷冻保存。

（二）病原学样品

1. 抗凝血样品 无菌采集5mL抗凝血，冷藏运输。到达检测实验室后，－70℃冷冻保存。

2. 组织样品

（1）首选脾，其次为扁桃体、淋巴结、肾、骨髓等，冷藏运输。

（2）样品到达检测实验室后，—70℃保存。

3. 钝缘软蜱

（1）将收集的钝缘软蜱放入有螺旋盖的样品瓶/管中，放入少量土壤，盖内衬以纱布，常温保存运输。

（2）到达检测实验室后，—70℃冷冻保存或置于液氮中；如仅对样品进行形态学观察时，可以放入100%酒精中保存。

新冠肺炎疫情发生后，党和政府时刻将人民的身体健康和生命安全放在心上，放在所有工作的第一位，迅速完善了新冠肺炎疫情监测网络，公布了《关于加快推进新冠病毒核酸检测的实施意见》，实施重点人群"应检尽检"、其他人群"愿检尽检"，及早发现新冠肺炎患者和无症状感染者，迅速采取有效措施，有效控制了疫情的蔓延。

一、单选题

1. 在猪的临诊检查中，以下为病猪表现的是（　　）。

A. 站立平稳　　　B. 睡卧时侧卧，四肢伸展　C. 鼻盘干燥　　D. 反应敏捷

2. 在羊的临诊检查中，以下为病羊表现的是（　　）。

A. 独卧一隅　　　B. 反应敏捷　　　　　　　C. 合群不掉队　D. 呼吸平稳

3. 在鸡的临诊检查中，以下为病鸡表现的是（　　）。

A. 站时一肢高收　B. 羽毛蓬松　　　　　　　C. 啄食连续　　D. 卧时头叠于翅内

4. 动物眼结膜发绀由（　　）引起。

A. 大失血　　　　B. 亚硝酸盐中毒　　C. 缺氧　　　　D. 溶血性黄疸

5. 发热时高热持续数日不退，昼夜温差不超过1.0℃，这种热型称为（　　）。

A. 弛张热　　　　B. 稽留热　　　　　C. 间歇热　　　D. 不定型热

6. 猪瘟的病猪体温升高2.0～3.0℃，属于（　　）。

A. 微热　　　　　B. 中热　　　　　　C. 高热　　　　D. 极高热

7. 剖检动物尸体时要按一定的术式和程序进行，猪一般采取（　　）。

A. 右侧卧位　　　B. 左侧卧位　　　　C. 背卧位　　　D. 俯卧位

8. 下列病原体，可用环状沉淀试验进行检测的是（　　）。

A. 猪丹毒杆菌　　B. 炭疽杆菌　　　　C. 沙门氏菌　　D. 布鲁氏菌

9. 下述试验不属于血清学试验的是（　　）。

A. 补体结合试验　　　　　　　　　　B. 乳胶凝集试验

C. 聚合酶链式反应　　　　　　　　　D. 酶联免疫吸附试验

10. 结核病的检疫方法是（　　）。

A. 变态反应试验　　　　　　　　　　B. 沉淀试验

C. 平板凝集试验　　　　　　　　　　D. 酶联免疫吸附试验

二、判断题

（　　）1. 动物眼结膜不能反复检查，不断受压或摩擦易引起充血而误判。

（　　）2. 怀疑死于炭疽的动物尸体不能剖检。

（　　）3. 剖检动物尸体时病变部位的颜色记录，对于混合色，一般主色在前，次色在后，比如黄白色，黄色为主色，白色为次色。

（　　）4. 线虫卵可以通过水洗沉淀法进行集卵检查。

（　　）5. 较长时间才检测的血清样品，应－20℃保存，但不能反复冻融。

三、简答题

1. 对动物进行临诊检查时视诊有哪些内容？

2. 对动物进行体温测定时，体温升高的程度如何界定？

3. 进行动物疫病监测时采集样品应遵循哪些原则？

4. 进行动物疫病监测时，怀疑是细菌性传染病，采取哪些实验室检查方法？

项目二练习题答案

动物疫病防控

 项目指南

本项目的应用：养殖场动物疫病防控措施的制定和实施；兽医门诊、畜禽屠宰场、动物产品加工厂等场地卫生消毒措施的制定和实施；动物疫病可追溯管理体系的建立。

完成本项目所需知识点：消毒的对象和方法；消毒效果的检查；杀虫和灭鼠的方法；免疫接种的对象和方法；疫苗接种反应；免疫程序的制定；免疫失败的原因；畜禽标识和畜禽养殖档案的建立；预防用药的选择和使用。

完成本项目所需技能点：针对消毒对象选择消毒方法并实施；在养殖场实施杀虫和灭鼠；合理保存和运输疫苗；畜禽的免疫接种；为养殖场制订综合防疫措施。

 项目导入

在动物疫情调查中我们学习和掌握了动物疫病发生需要具备的条件及动物疫病流行过程的三个基本环节，也分析了针对动物疫病发生条件和流行环节需要采取的防疫措施。那么，如何才能行之有效地提高动物防疫效果呢？

2013年3月，上海发生黄浦江漂浮万余头死猪事件，造成了水体污染和病原散播，政府部门是如何确定死猪主要来自于浙江省嘉兴地区呢？

 认知与解读

任务一 消毒的实施

消毒是指运用物理、化学和生物的方法清除或杀灭环境中的各类病原体的措施，主要目的是消灭病原体，切断疫病的传播途径，阻止疫病的发生、流行，进而控制和消灭疫病。

一、消毒的种类

根据时机和目的不同，消毒分为预防消毒、随时消毒和终末消毒三类。

1. 预防消毒 也称平时消毒。为了预防疫病的发生，结合平时的饲养管理对圈舍、场地、用具和饮水等按计划进行的消毒。

2. 随时消毒 是指在发生疫病期间，为及时清除、杀灭患病动物排出的病原体而采取的消毒措施。如在隔离封锁期间，对患病动物的排泄物、分泌物污染的环境及一切用具、物

品、设施等进行反复、多次的消毒。

3. 终末消毒　在疫情结束之后，解除疫区封锁前，为了消灭疫区内可能残留的病原体而采取的全面、彻底的消毒。

二、消毒的方法

(一) 物理消毒法

物理消毒法是指应用物理因素杀灭或清除病原体的方法，包括机械清除、辐射消毒、高温消毒等。

1. 机械清除　即采用清扫、洗刷、通风、过滤的方法清除病原体，是最普通、最常用的方法。用这些方法清除污物的同时，大量病原体也被清除，但是机械清除达不到彻底消毒的目的，必须配合其他消毒方法进行。清除的污物要进行发酵、掩埋、焚烧或用消毒剂处理。

通风虽然不能杀灭病原体，但可以通过短期内使舍内空气交换，达到减少舍内病原体的目的。

2. 辐射消毒　主要有紫外线消毒和电离辐射消毒两类。

(1) 阳光、紫外线消毒。阳光光谱中的紫外线有较强的杀菌能力，紫外线对革兰阴性菌消毒效果好，对革兰阳性菌效果次之，对芽孢无效，许多病毒也对紫外线敏感。此外，阳光的灼热和蒸发水分引起的干燥也有杀菌作用。一般病毒和非芽孢细菌在阳光曝晒下几分钟至几小时就可被杀死，阳光消毒能力的强弱与季节、天气、时间、纬度等有关，要灵活掌握，并注意配合应用其他消毒方法。

紫外线杀菌作用最强的波段是 250~270nm。紫外线的消毒作用受很多因素的影响，表面光滑的物体才有较好的消毒效果，空气中的尘埃吸收大部分紫外线，因此消毒时，舍内和物体表面必须干净。用紫外线灯管消毒时，灯管距离消毒物品表面不超过 1m，灯管周围 1.5~2m 处为消毒有效范围，消毒时间一般为 30min。

(2) 电离辐射消毒。是指利用 γ 射线等电子辐射能穿透物品，杀死其中的微生物所进行的低温灭菌方法。由于不升高被照射物品的温度而达到消毒灭菌目的，非常适用于忌热物品的消毒灭菌，又称之为"冷"灭菌。由于电子辐射穿透力强，可以穿透到达被辐射物品的各个部位，不受物品包装、形态的限制，因此可以在密封包装下进行消毒。对医疗器材和生物医药制品进行电离辐射灭菌，在国际上已广泛应用。

3. 高温消毒　高温对微生物有明显的致死作用，是最彻底的消毒方法之一。

(1) 火焰灭菌。

①烧灼法。金属笼具、地面及墙壁等可以用火焰喷灯直接烧灼灭菌，实验室的接种针、接种环、试管口、玻璃片等耐热器材可在酒精灯火焰上进行烧灼灭菌。

②焚烧法。发生烈性疫病或由抵抗力强的病原体引起的疫病时（如炭疽），用于染疫动物尸体、垫草、病料以及污染的垃圾、废弃物等物品的消毒，可直接焚烧或用焚烧炉焚烧。

(2) 热空气灭菌。又称干热灭菌法，在电热干燥箱内进行。适用于烧杯、烧瓶、吸管、试管、离心管、培养皿、玻璃注射器等干燥的玻璃器皿及针头、滑石粉、凡士林、液状石蜡等的灭菌。灭菌时，将物品放入干燥箱内，温度上升至 160℃维持 2h，可达到完全灭菌的目的。

（3）煮沸消毒。常用于针头、金属器械、工作服和工作帽等物品的消毒。多数非芽孢病原微生物在100℃沸水中迅速死亡，多数芽孢在煮沸后15～30min内死亡，煮沸1～2h可以杀灭所有病原体。在水中加入1%～2%的小苏打，可增强消毒效果。煮沸消毒时，消毒时间应从水煮沸后开始计算。

（4）高压蒸汽灭菌。在1个大气压下，蒸汽的温度只能达到100℃，当在一个密闭的金属容器内，持续加热，由于蒸汽不断产生而加压，随压力的增高其沸点也升至100℃以上，以此提高灭菌的效果。高压蒸汽灭菌器就是根据这原理设计的。通常用0.105MPa（旧称每平方英寸15磅）的压力，在121.3℃下维持15～30min，即可杀死包括细菌芽孢在内的所有微生物，达到完全灭菌的目的。凡耐高温、不怕潮湿的物品，如各种培养基、溶液、玻璃器皿、金属器械、敷料、橡皮手套、工作服和小动物尸体等均可用这种方法灭菌。

（5）巴氏消毒。由巴斯德首创，以较低温度杀灭液态食品中的病原菌或特定微生物，又不致严重损害其营养成分和风味的消毒方法。目前主要用于葡萄酒、啤酒、果酒及牛乳等食品的消毒。

具体方法可分为三类：第一类为低温维持巴氏消毒法（LTH），在63～65℃维持30min；第二类为高温瞬时巴氏消毒法（HTST），在71～72℃保持15s；第三类为超高温巴氏消毒法（UHT），在132℃保持1～2s，加热消毒后将食品迅速冷却至10℃以下，故此法亦称冷击法，这样可促使细菌死亡，也有利于鲜乳等食品马上转入冷藏保存。

（二）生物热消毒法

生物热消毒法是利用微生物在分解污物（垫草、粪便、尸体等）中的有机物时产生的大量热能来杀死病原体的方法。该法主要用于粪污及动物尸体的无害化处理，嗜热细菌生长繁殖可使堆积物的温度达到60～75℃，经过一段时间便可杀死病毒、细菌繁殖体、寄生虫卵等病原体，但不能消灭芽孢。

（三）化学消毒法

化学消毒法是指用化学消毒剂杀灭病原体的方法。在疫病防控过程中，经常利用各种消毒剂对病原体污染的场所、物品等进行清洗、浸泡、喷洒、熏蒸等，以杀灭其中的病原体。不同的消毒剂对微生物的影响不同，即使是同一种消毒剂，由于其浓度、环境温度、作用时间及作用对象等的不同，也表现出不同的作用效果。因此，生产中要根据不同的消毒对象，选用不同的消毒剂。消毒剂除对病原体具有广泛的杀伤作用外，对动物、人的组织细胞也有损伤作用，使用过程中应加以注意。

三、常用的消毒剂

用于杀灭物品或环境中病原体的化学药物，称为消毒剂。常用的消毒剂品种很多，各类消毒剂的理化性质、作用机理不同，使用方法也不同。

（一）消毒剂的种类

根据结构的不同，消毒剂可分为以下几类。

1. 碱类消毒剂 碱类消毒剂的氢氧根离子可以水解蛋白质和核酸，使微生物结构和酶系统受到损害，同时可分解菌体中的糖类而杀灭细菌和病毒。

（1）氢氧化钠（苛性钠、火碱）。呈白色或微黄色的块状或棒状，易溶于水，易吸收空气中的二氧化碳和水而潮解，故需密闭保存。对细菌的繁殖体、芽孢、病毒及寄生虫虫卵等都有很强的杀灭作用。由于腐蚀性强，主要用于外部环境、圈舍地面的消毒。常用浓度为2%，杀灭芽孢所需浓度为5%～10%。

（2）石灰乳。石灰乳对一般病原体具有杀灭作用，但对芽孢和结核分枝杆菌无效。10%～20%的石灰乳主要用于圈舍墙壁、地面、粪渠、污水沟和外部环境消毒；也可用1kg生石灰加350mL水制成粉末，撒布在阴湿地面、粪池周围及污水沟等处进行消毒。由于石灰乳可吸收空气中的二氧化碳生成碳酸钙，在使用石灰乳时，应现用现配，以免失效浪费。

2. 酸类消毒剂 酸类消毒剂包括无机酸和有机酸。无机酸的杀菌作用取决于离解的氢离子。高浓度的氢离子可使菌体蛋白质变性、沉淀或水解，从而杀死繁殖型微生物与芽孢。有机酸的杀菌作用取决于不电离的分子透过细菌的细胞膜而对其起杀灭作用。

（1）硼酸。0.3%～0.5%的硼酸用于黏膜消毒。

（2）乳酸。20%的乳酸溶液在密闭室内加热蒸发30～90min，用于空气消毒。

（3）醋酸。醋酸与等量的水混合，按5～10mL/m³的用量加热蒸发，用于空气消毒；冲洗口腔时常用浓度是2%～3%。

3. 醇类消毒剂 能使菌体蛋白凝固和脱水，且能溶解细胞膜中的脂质。乙醇是应用最广泛的皮肤消毒剂，常用浓度为75%。乙醇可杀灭一般的病原体，但不能杀死芽孢，对病毒效果也差。

4. 酚类消毒剂 能损害菌体细胞膜，较高浓度时可使菌体蛋白变性。

（1）石炭酸（苯酚）。可杀灭细菌繁殖体，但对芽孢无效，对病毒效果差。主要用于环境地面、排泄物消毒，常用浓度为2%～5%。本品有特殊臭味，不适于肉、蛋的运输车辆及贮藏肉蛋的仓库消毒。

（2）来苏儿（煤酚皂液、甲酚皂液）。比苯酚抗菌作用强，能杀灭细菌的繁殖体，但对芽孢的作用差。主要用于外部环境、排泄物、物品消毒，常用浓度为3%～5%；若用于皮肤消毒，则浓度为2%～3%。由于本品有臭味，不能用于肉品、蛋品的消毒。

（3）复合酚（又名农乐，含酚41%～49%、醋酸22%～26%）。抗菌谱广，能杀灭细菌、真菌和病毒，对多种寄生虫卵亦有杀灭作用，稳定性好、安全性高。主要用于外部环境、排泄物、圈舍以及笼具等用品的消毒，常用浓度为0.5%～1%；若用于熏蒸消毒，则用量为2g/m³。

5. 氧化剂类消毒剂 遇到有机物释放出初生态氧，破坏菌体蛋白或细菌的酶系统，分解后产生的各种自由基能破坏微生物的通透性屏障，最终导致微生物的死亡。

（1）过氧乙酸（过醋酸）。对绝大多数病原体和芽孢均有杀灭作用。可用于环境、用品、空气及圈舍带动物消毒，但不能对金属和橡胶制品进行消毒。圈舍带动物喷雾消毒时的常用浓度为0.2%～0.3%，用量为20～30mL/m³；耐酸塑料、玻璃、搪瓷制品消毒时的常用浓度为0.2%；环境地面消毒时的常用浓度为0.5%；用品浸泡消毒时的常用浓度为0.2%。

过氧乙酸性质不稳定，需低温避光保存，要求现用现配。

（2）高锰酸钾。用于物品消毒时，常用浓度为0.1%；用于皮肤消毒时，常用浓度为0.1%；用于黏膜消毒时，常用浓度为0.01%；杀灭芽孢所需浓度为2%～3%。

（3）过氧化氢（双氧水）。过氧化氢在接触伤口创面时，分解迅速，产生大量初生态氧，形成大量气泡，可将创腔中的脓块和坏死组织排出。主要用于清洗化脓创伤，常用浓度为1%～3%，有时也用0.3%～1%的过氧化氢冲洗口腔黏膜。

6. 卤素类消毒剂 容易渗入细胞内，对蛋白产生卤化和氧化作用。

（1）漂白粉。主要成分为次氯酸钙，有效氯含量一般为 $25\%\sim32\%$，但有效氯易散失。本品应密闭保存，置于干燥、通风处。在妥善保存的条件下，有效氯每月损失 $1\%\sim3\%$，当有效氯低于 16% 时失去消毒作用。漂白粉遇水产生次氯酸，其不稳定，易离解产生氧原子和氯原子，对各类病原体均有杀灭作用。可用于环境、地面、排泄物、物品的消毒，常用浓度为 5%；将干粉剂与粪便以 $1:5$ 的比例均匀混合，可进行粪便消毒；杀灭芽孢所需浓度为 $10\%\sim20\%$。

次氯酸钙在酸性环境中杀灭力强，在碱性环境中杀灭力弱。

（2）84 消毒液。主要成分为次氯酸钠，有效氯含量 $5.5\%\sim6.5\%$，可杀灭各类病原体。用于用具、白色衣物、污染物的消毒时，常用浓度为 $0.3\%\sim0.5\%$；用于入孵种蛋消毒时，常用浓度为 0.0002%；圈舍带动物气雾消毒时的常用浓度为 0.3%，用量为 $50mL/m^3$。

（3）氯胺。含有效氯 $24\%\sim25\%$，性质较稳定，易溶于水且刺激性小。氯胺杀菌谱广，对各类病原体都有杀灭作用，用于饮水消毒时浓度为 0.0004%；用于物品消毒时浓度为 $0.5\%\sim1\%$；用于环境地面、排泄物消毒时浓度为 $3\%\sim5\%$。

（4）二氯异氰尿酸钠（优氯净、消毒灵）。本品为广谱高效安全消毒剂，遇水产生次氯酸，对各类病原体均有杀灭作用。用于饮水消毒时浓度为 0.0004%；用于物品浸泡消毒时浓度为 $0.5\%\sim1\%$；用于圈舍带动物气雾消毒时的常用浓度为 0.5%，用量为 $30mL/m^3$；用于环境、地面、排泄物消毒时浓度为 $3\%\sim5\%$；杀灭芽孢所需浓度为 $5\%\sim10\%$。

（5）二氧化氯（超氯、消毒王）。本品具有安全、高效、杀菌谱广、不易产生抗药性、无残留的特点，是新一代环保型消毒剂。适用于圈舍、空气、器具、饮水和带动物消毒。用于饮水消毒时浓度为 $0.0001\%\sim0.0002\%$；用于圈舍带动物气雾消毒时的浓度为 0.005%，用量为 $30mL/m^3$；用于环境、物品、圈舍地面消毒时浓度为 $0.025\%\sim0.05\%$。

（6）碘酊。用于皮肤消毒，常用浓度为含碘 $2\%\sim5\%$。

（7）碘甘油。用于黏膜消毒，常用浓度为含碘 1%。

（8）碘伏。是碘与表面活性剂的不定型络合物，主要剂型为聚乙烯吡咯烷酮碘和聚乙烯醇碘等，比碘杀菌作用强。用于皮肤消毒时，浓度为 0.5%；用于饮水消毒时，浓度为 $0.0012\%\sim0.0025\%$；用于物品浸泡消毒时，浓度为 0.05%。

7. 表面活性剂 季铵盐类消毒剂为最常用的阳离子表面活性剂，它吸附于细胞表面，溶解脂质，改变细胞膜的通透性，使菌体内的酶和中间代谢产物流失，造成病原体代谢过程受阻而呈现杀菌作用。

（1）苯扎溴铵（新洁尔灭）。单链季铵盐类阳离子表面活性消毒剂，不能与阴离子表面活性剂（肥皂、合成类洗涤剂）合用。本品对化脓菌、肠道菌及部分病毒有较好的杀灭作用，对分枝杆菌及真菌的效果较弱，对芽孢作用差，对革兰阳性菌的杀灭能力比革兰阴性菌强。用于黏膜、创面消毒时，浓度为 0.01%；用于手浸泡消毒时，浓度为 $0.05\%\sim0.1\%$；用于种蛋的浸泡消毒时，浓度为 0.1%。

（2）醋酸氯己定（洗必泰）。单链季铵盐类阳离子表面活性消毒剂，不能与阴离子表面活性剂（肥皂、合成类洗涤剂）合用。用于创面或黏膜消毒时，浓度为 $0.01\%\sim0.02\%$；用于手消毒时，浓度为 $0.02\%\sim0.05\%$。

（3）癸甲溴铵（百毒杀）。为双链季铵盐类表面活性剂。本品无臭、无刺激性，且性质稳定，不受环境因素及水质的影响，对细菌有强大杀灭作用，但对病毒的杀灭作用弱。0.002 5%～0.005%溶液用于饮水消毒和预防水塔、水管、饮水器污染；0.015%溶液可用于舍内、环境喷洒或设备器具浸泡消毒。

8. 挥发性烷化剂 本品能与菌体蛋白和核酸的氨基、羟基、巯基发生反应，使蛋白质变性、核酸功能改变，能杀死细菌及其芽孢、病毒和真菌。

(1) 环氧乙烷。本品有毒、易爆炸，主要用于皮毛、皮革的熏蒸消毒，按 $0.4～0.8kg/m^3$ 用量，维持 12～48h，环境空气相对湿度需在 30% 以上。

(2) 福尔马林。是 36%～40% 甲醛水溶液，具有很强的消毒作用，对一般病原体及芽孢均有杀灭作用，广泛用于防腐消毒。用于喷洒地面、墙壁时，常用浓度为 2%～4%；与高锰酸钾混合用作圈舍熏蒸消毒时，混合比例是 $14mL/m^3$ 福尔马林加入 $7g/m^3$ 高锰酸钾，如污染严重用量可加倍。本品对皮肤、黏膜刺激强烈，可引起支气管炎，甚至窒息，使用时要注意人和动物安全。

(3) 聚甲醛。为甲醛的聚合物，具有甲醛特臭的白色松散粉末，常温下可缓慢解聚释放甲醛，加热至 80～100℃ 时迅速产生大量的甲醛气体，呈现强大的杀菌作用。主要用于圈舍、孵化室、出雏室、出雏器等熏蒸消毒，用量为 $3～5g/m^3$，消毒时室温应在 18℃ 以上，空气相对湿度在 80%～90% 之间。

9. 染料类 本品刺激性小，一般治疗浓度对组织无损害，可分为碱性染料和酸性染料。碱性染料对革兰阳性菌有选择作用，在碱性环境中杀菌力强；酸性染料对革兰阴性菌有特殊亲和力，在酸性环境中杀菌效果好。一般来说碱性染料比酸性染料杀菌作用强。

(1) 甲紫（龙胆紫、结晶紫）。碱性染料，对革兰阳性菌杀菌力较强。用于皮肤或黏膜创面消毒时，浓度为 1%～2%；用于烧伤治疗时，浓度为 0.1%～1%。

(2) 乳酸依沙吖啶（利凡诺、雷佛奴尔）。碱性染料，对革兰阳性菌及少数革兰阴性菌有较强的杀灭作用，对球菌尤其是链球菌的杀菌作用较强。用于各种创伤、渗出、糜烂的感染性皮肤病及伤口冲洗，浓度为 0.1%～0.2%。

(二) 影响消毒剂作用的因素

消毒剂的杀菌作用不仅取决于药物的理化性质，还受许多相关因素的影响。

1. 消毒剂的浓度 一般说来，消毒剂的浓度和消毒效果成正比。也有的当浓度达到一定程度后，消毒药的效力就不再增高，如 75% 的乙醇杀菌效果要比 95% 的乙醇好。因此，在使用中应选择有效和安全的杀菌浓度。

2. 消毒剂的作用时间 一般情况下，消毒剂的效力与作用时间成正比，与病原体接触并作用的时间越长，其消毒效果就越好。

3. 病原体对消毒剂的敏感性 不同的病原体和处于不同状态的同一种病原体，对同一种消毒剂的敏感性不同。如病毒对碱类消毒剂很敏感，对酚类消毒剂有抵抗力；适当浓度的酚类消毒剂对繁殖型细菌杀灭效力强，对芽孢杀灭效力弱。

4. 温度、湿度 消毒剂的杀菌力与环境温度成正相关，温度增高，杀菌力增强；空气湿度对甲醛熏蒸消毒作用有明显的影响。

5. 酸碱度 环境或组织的 pH 对有些消毒剂的作用影响较大。如新洁尔灭、洗必泰等阳离子消毒剂，在碱性环境中杀菌作用强；石炭酸、来苏儿等阴离子消毒剂在酸性环境中的杀菌效果好；含氯消毒剂在 pH 达 5～6 时，杀菌活性最强。

6. 消毒物品表面的有机物 消毒物品表面的有机物与消毒剂结合形成不溶性化合物，或者将其吸附、发生化学反应或对微生物起机械性保护作用。因此消毒药物使用前，消毒场所应先进行充分的机械性清扫，消毒物品应先清除表面的有机物，需要处理的创伤应先清除脓汁。

7. 水质硬度 硬水中的 Ca^{2+} 和 Mg^{2+} 能与季铵盐类消毒剂、碘伏等结合成不溶性盐，从而降低消毒效力。

8. 消毒剂间的拮抗作用 有些消毒剂由于理化性质不同，二者合用时，可能产生拮抗作用，使药效降低。如阴离子表面活性剂肥皂与阳离子表面活性剂苯扎溴铵共用时，可发生化学反应而使消毒效果减弱，甚至完全消失。

（三）消毒剂的使用方法

在生产实践中，要获得良好的消毒效果，需要根据不同的消毒对象和消毒剂，选择不同的使用方法。

1. 浸洗法 选用杀菌谱广、腐蚀性弱、水溶性消毒剂，将器械、用具、衣物等物品完全浸没于消毒剂内，在标准的浓度和时间里达到消毒灭菌目的。物品浸泡前应洗涤干净，如器械、用具和衣物的浸泡消毒，养殖场通道口消毒池对靴鞋的消毒等。

2. 擦拭法 选用易溶于水、穿透性强、无显著刺激的消毒剂，擦拭物品表面或皮肤。如注射部位用酒精、碘酊棉球擦拭消毒。

3. 喷洒法 将消毒液全面均匀地喷洒到消毒物品表面。如用细眼喷壶喷洒对地面、墙壁和舍内固定设备等消毒，用喷雾器对地面消毒等。

4. 熏蒸法 消毒液通过挥发，散布于整个空间，达到消毒目的。常用福尔马林、过氧乙酸、复合酚等对密闭的圈舍和饲料仓库等进行消毒。此法简便、省力，消毒全面彻底。

5. 气雾法 消毒药倒入气雾发生器后，喷射出的雾状微粒飘移到圈舍的整个空间和所有空隙，是消灭空气中及动物体表面病原体的理想方法。如圈舍的带动物消毒可用 0.3% 的过氧乙酸喷雾消毒，用量为 20～30mL/m³。

6. 拌合法 将消毒剂与排泄物等拌和均匀，堆放一定时间，就能达到消毒目的。如将漂白粉与粪便按 1:5 混匀，可用于粪便的消毒。

7. 撒布法 将消毒药粉剂均匀地撒布在消毒对象表面。如用生石灰撒布在潮湿地面、粪池周围进行消毒。

四、不同对象的消毒

养殖场通道口
人员消毒

1. 养殖场通道口消毒 外来车辆、物品、人员可能带入病原体，由场外进入场区或由生活区进入生产区，要进行消毒。

（1）车辆消毒。场区及生产区入口必须设置与门同宽，长 4m、深 0.3m 以上的消毒池，其上方最好建有顶棚，防止雨淋日晒。池内放入 2%～4% 氢氧化钠溶液，每周定时更换，冬天可加 8%～10% 的食盐防止结冰。

有条件的在场区及生产区入口处设置喷雾装置，对车辆表面进行消毒。可用 0.1% 的百毒杀或 0.1% 的新洁尔灭。

（2）人员消毒。场区及生产区入口设置消毒室，室内安装紫外线灯，设置脚踏消毒池，内放 2%～4% 氢氧化钠溶液。入场人员要更换鞋靴、工作服等，如有条件安装淋浴设备，洗澡后再进入，效果更佳。每栋圈舍入口还需设脚踏消毒池，进舍工作人员的靴鞋需在消毒液中浸泡 1min，并进行洗手消毒方可进入圈舍。

2. 场区环境消毒 平时做好场区环境的卫生清扫工作，及时清除垃圾，定期使用高压水冲洗路面和其他硬化区域，每周用 0.2%～0.5%过氧乙酸或 2%～4%氢氧化钠溶液对场区进行 1～3 次环境消毒。

3. 污染地面、土壤的消毒 患病动物停留过的圈舍、运动场地面等被一般病原体污染时，用 0.2%～0.5%过氧乙酸、2%～4%氢氧化钠溶液或 3%～5%二氯异氰尿酸钠溶液喷洒消毒。被芽孢污染的土壤，需用 5%～10%氢氧化钠溶液或 5%～10%二氯异氰尿酸钠溶液喷洒地面。若为炭疽等芽孢杆菌污染时，铲除的表土与漂白粉按 1∶1 混合后深埋，地面以 5kg/m² 漂白粉撒布；若水泥地面被炭疽等芽孢杆菌污染，则用 10%氢氧化钠溶液喷洒。

4. 空圈舍消毒 动物出栏后，圈舍已经严重污染，再次饲养动物之前，必须空出一定时间（15d 或更长时间），进行全面彻底的消毒。

（1）机械清除。对顶棚、墙壁、地面进行彻底打扫，将垃圾、粪便、垫草和其他各种污物全部清除，焚烧或生物热消毒处理。

（2）净水冲洗。饲槽、饮水器、围栏、笼具、网床等设施用水洗刷干净；最后用高压水冲洗地面、粪槽、过道等，待晾干后用化学法消毒。

（3）药物喷洒。常用 0.2%～0.5%过氧乙酸、20%石灰乳、3%～5%二氯异氰尿酸钠溶液或 2%～4%氢氧化钠溶液等喷洒消毒。地面消毒液用量 800～1 000mL/m²，舍内其他设施 200～400mL/m²。为了提高消毒效果，应使用 2 种或以上不同类型的消毒药进行 2～3 次消毒。每次要等地面和物品干燥后进行下次消毒。必要时，对耐燃物品还可使用酒精或煤油喷灯进行火焰消毒。

（4）熏蒸消毒。常用福尔马林和高锰酸钾熏蒸。用量为每立方米空间 25mL 福尔马林、12.5mL 水和 12.5g 高锰酸钾，若污染严重用量可加倍。圈舍密闭 24h 后，通风换气，待无刺激性气味后，方可饲养动物。

5. 圈舍带动物消毒 圈舍带动物消毒除了对舍内环境的消毒，还包括动物体表的消毒。动物体表可携带多种病原体，尤其动物在换羽、脱毛期间，羽毛可成为一些疫病的传播媒介，定期对圈舍和动物体表进行消毒，对预防一般疫病的发生有一定作用，在疫病流行期间采取此项措施意义更大。消毒时应选用对皮肤、黏膜无刺激性或刺激性较小的消毒剂用喷雾法消毒，可杀灭动物体表和圈舍内多种病原体。常用消毒剂有 0.015%百毒杀、0.1%新洁尔灭、0.2%～0.3%过氧乙酸和 0.2%～0.3%次氯酸钠溶液等。

此外，每天要清除圈舍内的排泄物和其他污物，保持饲槽、水槽、用具清洁卫生，每天最少清洗消毒一次，可用 0.1%～0.2%过氧乙酸或 0.5%～1%二氯异氰尿酸钠溶液。

6. 动物产品外包装消毒 动物产品外包装物品和用具可将各种病原体带入场区，因此必须对其进行严格消毒。

（1）塑料包装制品消毒。先用自来水洗刷，除去表面污物，干燥后再放入 0.2%过氧乙酸或 1%～2%氢氧化钠溶液中浸泡 10～15min，取出用自来水冲洗，干燥后备用。也可在专用消毒房间用 5%过氧乙酸喷雾消毒，喷雾后密闭 1～2h。

（2）金属制品消毒。先用自来水刷洗干净，干燥后可用火焰消毒，或用 3%～5%二氯异氰尿酸钠溶液喷洒，对染疫制品要反复消毒 2～3 次。

（3）木箱、竹筐等的消毒。因其耐腐蚀性差，通常采用熏蒸消毒。用福尔马林 42mL/m³ 熏蒸 2～4h 或更长时间。染疫的此类制品，可焚烧处理。

7. 运载工具消毒　车、船、飞机等运载工具，活动范围广，接触病原体的机会多，受到污染的可能性大，是重要的传播媒介。运载工具装前和卸后必须进行消毒，先将污物清除，洗刷干净，然后用 0.5%～1% 二氯异氰尿酸钠溶液、2%～4% 氢氧化钠溶液、0.5% 过氧乙酸等喷洒消毒，消毒后用清水洗刷一次，用清洁抹布擦干。

车辆密封车厢和集装箱，可用福尔马林熏蒸消毒，其方法和要求同圈舍消毒。

五、消毒效果检查

生产实践中，消毒效果受到多种因素的影响，因此消毒后应及时进行消毒效果检查。

1. 清洁程度的检查　检查地面、墙壁、设备及圈舍的清扫情况，要求干净、无死角。

2. 消毒剂正确性的检查　查看消毒工作记录，了解选用消毒剂的种类、浓度、用法及用量。要求选用消毒剂符合消毒对象的要求，方法正确，浓度和用量适宜。

3. 实验室检查　消毒效果可以通过杀菌率判定。通过计算消毒前后的菌落数，得出杀菌率。一般杀菌率达到 99.9% 为消毒合格，有的以消毒后无致病菌为合格标准。

任务二　杀虫、灭鼠的实施

一、杀　虫

虻、蠓、蚊、蝇、蜱、虱、螨等节肢动物通过生物性方式（如叮、咬、吸血）或机械性方式传播多种疫病，是重要的传播媒介。

1. 物理杀虫法　指用物理方法杀虫，如机械拍打、捕捉、火焰烧灼或沸水烫煮。

2. 生物杀虫法　是利用昆虫的天敌或病菌以及雄虫绝育技术来控制昆虫繁殖等办法消灭昆虫。如用辐射使雄虫绝育；用过量激素抑制昆虫的变态或蜕皮；利用微生物感染昆虫，影响其生殖或使其死亡。

3. 药物杀虫法　主要是应用化学杀虫剂来杀虫，根据杀虫剂对节肢动物的毒杀作用可分为胃毒作用药剂（敌百虫）、触杀作用药剂（除虫菊）、熏蒸作用药剂（敌敌畏）和内吸作用药剂（倍硫磷）。

大多数杀虫剂主要以触杀作用为主，兼有胃毒或内吸作用。常用的杀虫剂有以下几种。

（1）拟除虫菊酯类杀虫剂。是模拟除虫菊花素、由人工合成的一类杀虫剂，具有广谱、高效、击倒快、残效短、毒性低、用量小等优点，是当前使用最多的杀虫剂。

①胺菊酯。对昆虫的击倒作用极快，舍内使用 0.3% 的胺菊酯油剂喷雾，按 0.1～0.2mL/m³ 用量，蚊、蝇在 15～20min 内全部被击倒，12h 全部死亡。

②氯菊酯。对蚊、蝇、蟑螂以及多种农业害虫均有极好的杀灭作用，对人畜几乎无毒，无刺激性。产品有乳油、粉剂、喷射剂、气雾剂等。5g/m³ 的空间喷雾，可杀灭蚊、蝇；0.25% 的喷雾剂、0.5% 的粉剂可灭蟑螂；0.5% 的粉剂、2% 的液剂可灭虱。

③溴氰菊酯。对昆虫有很强的触杀和胃毒作用，作用持续时间长。主要产品有 2.5% 的可湿性粉剂和 2.5% 的悬浮剂等。0.025g/m² 滞留喷洒可杀灭蚊、蝇、臭虫和螨；0.05% 溶液喷雾可杀灭蟑螂。

（2）氨基甲酸酯类杀虫剂。主要的作用机制是抑制胆碱酯酶的活性，阻断神经传导，引起整个生理生化过程的失调，使害虫死亡。具有低毒、速效、击倒快、残留量低的特点。常用的有噁虫威、残杀威，剂型有气雾剂、粉剂、悬浮剂等，可防治蚊、蝇、蚤、臭虫、蟑螂、蜱、螨等害虫。

（3）昆虫生长调节剂。可阻碍或干扰昆虫正常生长发育而致其死亡，不污染环境，对人畜无害。目前应用的有保幼激素和发育抑制剂，前者主要具有抑制幼虫化蛹和蛹羽化的作用，后者抑制表皮基丁化，阻碍表皮形成，导致虫体死亡。

（4）驱避剂。常用的有邻苯二甲酸甲酯、避蚊胺等。制成液体、膏剂或冷霜，直接涂布皮肤；制成浸染剂，浸染衣服、纺织品、家畜耳标和项圈、防护网等；制成乳剂，喷涂门窗表面。

二、灭　鼠

鼠类是很多人和动物疫病的传播媒介和传染源，它可以传播的疫病有炭疽、鼠疫、布鲁氏菌病、结核病、野兔热、李氏杆菌病、钩端螺旋体病、伪狂犬病、口蹄疫、猪瘟、猪丹毒、巴氏杆菌病、衣原体病和立克次体病等。因此，灭鼠在防控人和动物疫病方面具有很重要的意义。

1. 器械灭鼠法　利用物理原理制成各种灭鼠工具杀灭鼠类，如关、笼、夹、压、箭、扣、套、粘、堵（洞）、挖（洞）、灌（洞）、翻（草堆）以及现代的多种电子、智能捕鼠器等。

2. 药物灭鼠法　利用化学毒剂杀灭鼠类，灭鼠药物包括杀鼠剂、绝育剂和驱鼠剂等，以杀鼠剂（杀鼠灵、安妥、敌鼠钠盐、氟乙酸钠）使用最多。应用此法灭鼠时一定注意不要使畜禽接触到灭鼠药物，防止误食而发生中毒。

3. 生态灭鼠法　利用鼠类天敌捕食鼠类，如利用猫捕鼠，但应该注意猫也会传播一些疫病，不适合进入圈舍。

任务三　免疫接种的实施

免疫接种是通过给动物接种疫苗、类毒素或免疫血清等生物制品，激发动物机体产生特异性抵抗力，使易感动物转化为非易感动物的一种手段。在防控疫病的诸多措施中，免疫接种是一种经济、方便、有效的手段，是贯彻"预防为主，预防与控制、净化、消灭相结合"方针的重要措施。

一、免疫接种的分类

根据免疫接种的时机和目的不同，其可分为预防免疫接种、紧急免疫接种和临时免疫接种。

1. 预防免疫接种　为预防疫病的发生和流行，平时有计划地给健康动物进行的免疫接种，称为预防接种。

预防接种要有针对性，除国家强制免疫的疫病，养殖场要根据本地区及本场的实际情况拟定合理的预防接种计划。

2. 紧急免疫接种　在发生疫病时，为了迅速控制和扑灭疫情，而对疫区和受威胁区内尚未发病的动物进行应急性免疫接种，称为紧急免疫接种。其目的是建立"免疫带"以包围疫区，阻止疫病向外传播扩散。

有些疫病（如口蹄疫、猪瘟、鸡新城疫、鸭瘟、猪繁殖与呼吸综合征等）使用疫苗紧急接种，也可取得较好的效果。用疫苗紧急接种时仅用于尚未发病的动物，对发病动物及可能感染的处于潜伏期的动物，应该在严格消毒的情况下隔离，不能接种疫苗。

3. 临时免疫接种 临时为避免某些疫病发生而进行的免疫接种，称为临时免疫接种。如引进、外调、运输动物时，为避免途中或到达目的地后发生某些疫病而临时进行的免疫接种。又如动物手术前、受伤后，为防止发生破伤风，而进行的临时免疫接种。

二、疫苗的类型

疫苗是利用病原微生物、寄生虫及其组分或代谢产物制成的，用于人工主动免疫的生物制品。已有的疫苗概括起来分为活疫苗、灭活疫苗、代谢产物和亚单位疫苗以及生物技术疫苗。

（一）活疫苗

活疫苗简称活苗，有弱毒苗和异源苗两种。

1. 弱毒苗 是指通过人工诱变使病原微生物毒力减弱，但仍保持良好的免疫原性而制成的疫苗，或筛选自然弱毒株，扩大培养后制成的疫苗。是目前使用最广泛的疫苗，如鸡新城疫Ⅱ系、Ⅳ系弱毒苗。

弱毒苗的优点：能在动物体内有一定程度的增殖，免疫剂量小，接种途径多样化；可刺激机体产生一定的全身免疫和局部免疫应答，免疫保护期长；不需要使用佐剂，应用成本低；有些弱毒苗可刺激机体细胞产生干扰素，对抵抗其他强毒的感染有一定意义。

弱毒苗的缺点：可能出现毒力增强、返祖现象，有散毒的可能；不易制成联苗；运输保存条件要求高，现多制成冻干苗。

2. 异源苗 是用具有共同保护性抗原的不同种病毒制成的疫苗。例如用火鸡疱疹病毒（HVT）疫苗预防鸡马立克病，用鸽痘病毒疫苗预防鸡痘等。

（二）灭活疫苗

灭活疫苗简称灭活苗，是选用免疫原性强的病原微生物经人工培养后，用理化方法将其灭活而保留免疫原性所制成的疫苗。

灭活苗的优点：研制周期短，使用安全，容易制成联苗或多价苗。

灭活苗的缺点：不能在动物体内增殖，使用剂量大；不产生局部免疫，引起细胞介导免疫的能力弱；免疫力产生较迟，不适于紧急免疫接种；需加佐剂以增强免疫效果，只能注射免疫。

（三）代谢产物疫苗

代谢产物疫苗是利用细菌的代谢产物如毒素、酶等制成的疫苗。破伤风毒素、白喉毒素、肉毒毒素经甲醛灭活后制成的类毒素有良好的免疫原性，可作为主动免疫制剂。另外，致病性大肠杆菌肠毒素、多杀性巴氏杆菌的攻击素和链球菌的扩散因子等都可用作代谢产物疫苗。

（四）亚单位疫苗

亚单位疫苗是微生物经物理和化学方法处理后，提取其保护性抗原成分制备的疫苗。微生物保护性抗原包括大多数细菌的荚膜多糖、菌毛黏附素、多数病毒的囊膜、衣壳蛋白等，以上成分经提取后即可制备不同的亚单位疫苗。此类疫苗由于去除了病原体中与激发保护性免疫无关的成分，没有微生物的遗传物质，因而无不良反应，使用安全，效果较好。口蹄疫、伪狂犬病、狂犬病等病毒亚单位疫苗及大肠杆菌菌毛疫苗、沙门氏菌共同抗原疫苗已有成功的应用报道。亚单位疫苗的不足之处是制备困难、价格昂贵。

（五）生物技术疫苗

生物技术疫苗是利用生物技术制备的分子水平的疫苗，包括基因工程亚单位疫苗、合成肽疫苗、抗独特型疫苗、DNA疫苗以及基因工程活苗。

（六）多价苗和联苗

多价疫苗简称多价苗，是指将细菌（或病毒）的不同血清型混合制成的疫苗，如巴氏杆菌多价苗、大肠杆菌多价苗。联合疫苗简称联苗，是指由两种或两种以上的细菌或病毒联合制成的疫苗，一次免疫可达到预防几种疾病的目的。如犬瘟热-犬传染性肝炎-犬细小病毒感染三联苗、猪瘟-猪丹毒-猪肺疫三联苗、鸡新城疫-产蛋下降综合征-传染性支气管炎三联苗等。

给机体接种联苗可分别刺激机体产生多种抗体，它们可能彼此无关，也可能彼此影响。影响的结果，可能彼此促进，有利于抗体产生，也可能彼此抑制，阻碍抗体产生。同时，还要注意给机体接种联苗可能引起严重的接种反应，影响机体产生抗体。因此，究竟哪些疫苗可以同时接种，哪些不能，要通过试验来证明。

联苗或多价苗的应用，可减少接种次数和接种动物的应激反应，因而利于动物生产管理。

三、疫苗的运输和保存

疫苗必须按规定的条件保存和运输，否则会使其质量明显下降而影响免疫效果，甚至会造成免疫失败。一般来说，灭活苗要保存于2～15℃的阴暗环境中，非经冻干的活菌苗（湿苗）要保存于4～8℃的冰箱中，这两种疫苗都不应冻结保存。冻干的弱毒苗，一般都要求低温冷冻-15℃以下保存，并且保存温度越低，疫苗病毒（或细菌）死亡越少。如猪瘟兔化弱毒冻干苗在-15℃可保存1年，0～8℃保存6个月，25℃约保存10d。有些国家的冻干苗因使用耐热保护剂而保存于4～6℃。所有疫苗的保存温度均应保持稳定，温度高低波动大，尤其是反复冻融，疫苗病毒（或细菌）会迅速大量死亡。马立克病疫苗有一种细胞结合型疫苗，必须于液氮罐中保存和运输。

疫苗运输的理想温度应与保存的温度一致，在运输疫苗时通常都达不到理想的低温要求，因此运输时间越长，疫苗中病毒（或细菌）的死亡率越高，如果中途转运多次，影响就更大，生产中要注意此环节。

四、免疫接种的方法

动物免疫接种的方法很多，有皮下注射、皮内注射、肌内注射、皮肤刺种、口服、气雾、点眼、滴鼻、涂肛等多种。在临诊实践中，应根据疫苗的类型、疫病特点及免疫程序来选择适合的接种途径。

1. 皮下注射　选择皮薄、被毛少、皮肤松弛、皮下血管少的部位。马、牛等大家畜宜在颈侧中1/3部位，猪宜在耳后或股外侧，羊、犬宜在颈侧中1/3部位或股内侧，家禽在颈背部下1/3处。

此法的优点是操作简单，接种剂量准确，免疫效果确实，灭活苗和弱毒苗均可采用本法；缺点是逐只进行，费工费力，应激大。

2. 皮内注射　目前主要用于羊痘弱毒疫苗的免疫，注射部位多在尾根腹侧。

通过黏膜免疫
接种的方法

3. 肌内注射　应选择肌肉丰满、血管少、远离神经干的部位，牛、马、羊在颈侧中部上 1/3 处或臀部注射；猪通常在耳根后或股部注射；犬、兔宜在颈部；禽类在胸部、大腿外侧或翅膀基部注射，一般多在胸部接种。

此法的优点是免疫剂量准确，效果确实，免疫迅速，灭活苗和弱毒苗均可采用本法；缺点是局部刺激大，费工费力。

4. 胸腔注射　目前主要用于猪气喘病弱毒苗的免疫，注射部位在右侧胸腔倒数第 6 肋骨至肩胛骨后缘 3～6cm 处进针，注进胸腔内。此法能很快产生局部免疫，但是免疫刺激大，技术要求高。

5. 饮水免疫　是将可供口服的疫苗混于水中，动物通过饮水而获得免疫。此法的优点是操作方便、省时省力，能使动物群体在同一时间内进行接种，对群体的应激反应小。缺点是动物的饮水量不一，进入每一动物体内的疫苗量也不同，免疫后动物的抗体水平不均匀，免疫效果不确实，且饮水免疫必须是弱毒苗。

6. 皮肤刺种　主要用于禽痘疫苗的接种，刺种部位在翅膀内侧翼膜下的无血管处。

7. 滴鼻、点眼　用乳头滴管吸取疫苗滴于鼻孔内或眼内。多用于雏鸡新城疫 IV 系疫苗和传染性支气管炎疫苗的接种。

此法的优点是可避免疫苗被母源抗体中和，并能保证每只鸡得到免疫，且剂量一致；缺点是费时费力，对呼吸道应激大。

点眼免疫

8. 气雾免疫法　此法是用压缩空气通过气雾发生器将稀释疫苗喷射出去，使疫苗形成直径 $1～10\mu m$ 的雾化粒子，均匀地浮游在空气之中，通过呼吸道吸入肺内，以达到免疫目的。气雾免疫对某些与呼吸道有亲嗜性的疫苗效果好，如新城疫弱毒苗、传染性支气管炎弱毒苗等。

此法的优点是省时省力，全群动物可在同一短暂时间内获得同步免疫，尤其适于大群动物的免疫，免疫效果确实；缺点是需要的疫苗数量较多，呼吸道应激较大。

9. 涂肛免疫　主要用于传染性喉气管炎强毒型疫苗的接种。将鸡倒提使肛门黏膜翻出，用接种刷蘸取疫苗涂刷肛门黏膜。

五、免疫接种反应

（一）免疫接种反应的类型

对动物机体来说，疫苗是外源性物质，接种后会出现一些不良反应，其性质和强度因疫苗及动物机体的不同也有所不同。对生产实践有影响的是不应有的不良反应或剧烈反应，按照免疫接种反应的强度和性质可将其分为三个类型。

1. 正常反应　是由疫苗本身的特性引起的反应。某些疫苗本身有一定毒性，接种后引起机体一定反应；某些活疫苗，接种实际是一次轻度感染，也引起机体一定反应。这些疫苗接种后，常常出现一过性的精神沉郁、食欲下降、注射部位的短时轻度炎症等局部性或全身性异常表现。如果这种反应的动物数量少、反应程度轻、维持时间短暂，属于正常反应，一般不用处理。

2. 严重反应　是指反应性质与正常反应相似，但反应程度严重或出现反应的动物数量多。出现严重反应的原因通常是由于疫苗质量低劣或毒（菌）株的毒力偏强、使用剂量过大、接种方法错误或接种对象不正确等引起。通过提高疫苗质量，按说明正确操作，常可避免或减少严重反应的发生。

3. 过敏反应　动物接种后出现黏膜发绀、缺氧、呼吸困难、呕吐、腹泻、虚脱或惊厥等全身性反应和过敏性休克症状。过敏反应主要与疫苗本身性质和培养液中的过敏原有关，也与动物本身体质有关。

（二）免疫接种反应的急救措施

1. 全身反应　轻度全身反应，一般不需做任何处理，可让接种动物适当休息，饲喂营养丰富、易消化的饲料，供给清洁、充足的饮水，保持圈舍内温度、湿度、光照适宜和通风良好等，避免继发其他疾病。全身反应严重者，采用抗休克、抗炎、抗感染、强心补液、镇静解痉等急救措施。

2. 局部反应　轻度的局部反应，一般不需做任何处理；较重的局部反应，可用干净毛巾热敷或对症治疗。

3. 过敏反应　接种动物发生过敏反应时，必须立即进行急救，采取肌内注射 0.1% 盐酸肾上腺素或地塞米松磷酸钠、盐酸异丙嗪等抗过敏药和其他对症治疗措施。

六、免疫程序的制定

免疫程序就是根据一定地区或养殖场内不同疫病的流行情况及疫苗特性为特定动物制定的免疫接种计划，主要包括疫苗名称、类型，接种次序、次数、途径及间隔时间。

免疫接种必须按合理的免疫程序进行，制定免疫程序时，要统筹考虑下列因素。

1. 当地疫病的流行情况及严重程度　免疫程序的制定首先要考虑当地疫病的流行情况及严重程度，据此才能决定需要接种什么种类的疫苗，达到什么样的免疫水平。

2. 疫苗特性　疫苗的种类、接种途径、产生免疫力所需的时间、免疫有效期等因素均会影响免疫效果，因此在制定免疫程序时，应进行充分的调查、分析和研究。

3. 动物免疫状况　畜禽体内的抗体水平与免疫效果有直接关系，抗体水平低的要早接种，抗体水平高的推迟接种，免疫效果才会好。畜禽体内的抗体有两大类，一是母源抗体，二是通过后天免疫产生的抗体。制定免疫程序时必须考虑抗体水平的变化规律，免疫应选在抗体水平到达临界线前进行较合理。有条件的养殖场通过抗体监测确定抗体水平，没有条件的可通过疫苗的使用情况及该疫苗产生抗体的规律经验进行估计。

4. 生产需要　畜禽的用途、饲养时期不同，免疫程序也不同。例如肉用家禽与蛋用家禽免疫程序就不同。蛋用家禽的生产周期长，需要进行多次免疫，且还应考虑到接种对产蛋率、孵化率及母源抗体的影响；而肉用禽生产周期短，免疫疫苗种类及次数就大大减少。

5. 养殖场综合防疫能力　免疫接种是养殖场众多防疫措施之一，养殖场其他防疫措施严密得力，就可减少免疫疫苗种类及次数。

6. 动物机体的免疫应答能力　动物日龄不同，动物免疫器官的发育程度不同，动物机体的免疫应答能力也不同；饲养管理水平不同，动物机体的免疫应答能力就不同。制定免疫程序时，要充分考虑动物机体的免疫应答能力。

不同地区、不同养殖场可能发生的疫病不同，用来预防这些疫病的疫苗的性质也不尽相同，不同养殖场的综合防疫能力相差较大。因此，不同养殖场没有可供统一使用的免疫程序，应根据本地和本场的实际情况制定合理的免疫程序。

七、免疫效果的评价

免疫接种的目的是降低动物的易感性，将易感动物群转变为非易感动物群，从而预防疫病的发生与流行。因此，判定动物群是否达到了预期的免疫效果，需要定期对免疫动物群的发病率和抗体水平进行监测和分析，评价免疫方案是否合理，找出可能存在的问题，以期取得好的免疫效果。

（一）免疫效果评价的方法

1. 流行病学评价方法　通过免疫动物群和非免疫动物群的发病率、死亡率等流行病学指标，来比较和评价不同疫苗或免疫方案的保护效果。常用的指标有效果指数和保护率。

$$效果指数 = \frac{对照组发病率}{免疫组发病率}$$

$$保护率 = \frac{对照组发病率 - 免疫组发病率}{免疫组发病率} \times 100\%$$

当效果指数<2或保护率<50%时，可判定该疫苗或免疫程序无效。

2. 血清学评价　血清学评价是以测定抗体的转化率和几何滴度为依据的，但多用血清抗体的几何滴度来进行评价，通过比较接种前后滴度升高的幅度及其持续时间来评价疫苗的免疫效果。如果接种后的平均抗体滴度比接种前升高4倍以上，即认为免疫效果良好；如果小于4倍，则认为免疫效果不佳或需要重新进行免疫接种。

3. 人工攻毒试验　通过对免疫动物的人工攻毒试验，可确定疫苗的免疫保护率、安全性、开始产生免疫力的时间、免疫持续期和保护性抗体临界值等指标。

（二）影响免疫效果的因素

动物免疫接种后，在免疫有效期内不能抵抗相应病原体的侵袭，仍发生了该种疫病，或效力检查不合格，均可认为是免疫接种失败。出现免疫接种失败的原因很多，大体可归纳为疫苗因素、动物因素和人为因素三方面。

1. 疫苗因素　主要有疫苗本身的保护性差；疫苗毒（菌）株与流行毒（菌）株血清型或亚型不一致；疫苗运输、保存不当；疫苗稀释后未在规定时间内使用；不同疫苗之间的干扰作用等。

2. 动物因素　主要有动物母源抗体的水平或上一次免疫接种引起的残余抗体水平过高；动物接种时已处于潜伏期感染；动物患免疫抑制性疾病等。

3. 人为因素　主要有免疫程序不合理；疫苗稀释错误，疫苗用量不足；接种有遗漏，接种途径错误；免疫接种前后使用了影响疫苗活性或免疫抑制性药物等。

母源抗体对免疫效果的影响

任务四　药物预防的实施

在平时正常的饲养管理状态下，给动物投服药物以预防疫病的发生，称为药物预防。

动物疫病种类繁多，除部分疫病可用疫苗预防外，有相当多的疫病没有疫苗，或虽有疫苗但应用效果不佳。因此，通过在饲料或饮水中加入抗微生物药、抗寄生虫药及微生态制剂，来预防疫病的发生有十分重要的意义。

一、预防用药的选择

临诊应用的抗微生物药、抗寄生虫药种类繁多，选择预防用药时应遵循以下原则。

1. 病原体对药物的敏感性　进行药物预防时，应先确定某种或某几种疫病作为预防的对象。针对不同的病原体选择敏感、广谱的药物。为防止产生耐药性，应适时更换药物。为达到最好的预防效果，在使用药物前，应进行药物敏感性试验，选择高度敏感的药物用于预防。

2. 动物对药物的敏感性　不同种属的动物对药物的敏感性不同，同种动物但年龄、性别不同对药物的敏感性也有差异，因此在做药物预防时应区别对待。例如：可按每千克饲料 3mg 的剂量用速丹拌料来预防鸡的球虫病，但对鸭、鹅均有毒性，甚至会引起死亡。

3. 药物安全性　使用药物预防应以不影响动物产品的品质和消费者的健康为前提，具体使用时应符合《饲料药物添加剂使用规范》和《食品动物禁用的兽药及其它化合物清单》《禁止在饲料和动物饮水中使用的物质》及《在食品动物中停止使用洛美沙星、培氟沙星、氧氟沙星、诺氟沙星4种兽药的决定》要求，不用禁用药物。给待出售的动物进行药物预防时，应注意休药期，以免药物残留。

4. 有效剂量　药物必须达到最低有效剂量，才能收到应有的预防效果。因此，要按规定的剂量，均匀地拌入饲料或完全溶解于饮水中。有些药物的有效剂量与中毒剂量之间距离太近（如马杜拉霉素），掌握不好就会引起中毒。

5. 注意配伍禁忌　两种或两种以上药物配合使用时，有的会产生理化性质改变，使药物产生沉淀或分解、失效甚至产生毒性。如硫酸新霉素、庆大霉素与替米考星、罗红霉素、盐酸多西环素、氟苯尼考配伍时疗效会降低；维生素C与磺胺类配伍时会沉淀，分解失效。在进行药物预防时，一定要注意配伍禁忌。

6. 药物广谱性　最好是广谱抗微生物、抗寄生虫药，可用一种药物预防多种疫病。

7. 药物成本　在集约化养殖场中，预防药物用量大，若药物价格较高，则增加了生产成本。因此，应尽可能地使用价廉而又确有预防作用的药物。

二、预防用药的方法

不同的给药方法可以影响药物的吸收速度、利用程度、药效出现时间及维持时间。药物预防一般采用群体给药法，将药物添加在饲料中，或溶解到饮水中，让动物服用，有时也采用气雾给药法。

1. 拌料给药　就是将药物均匀地拌入饲料中，让动物在采食时摄入药物。该法简便易行，节省人力，应激小，适合长期预防性给药。

拌料给药时应注意：根据动物体重及采食量，准确掌握用药量；采用分级混合法，保证药物混合均匀；注意不良反应。

2. 饮水给药　就是将药物溶解到饮水中，药物通过饮水进入动物体内，是给家禽进行药物预防最常用、最方便的途径，适用于短期投药。

饮水给药所用的药物应是水溶性的。为保证动物在较短的时间内饮入足够剂量的药物，应停饮一段时间，以增加饮欲。例如，在夏季停饮 1～2h，然后供给加有药物的饮用水，使动物在较短的时间内充分喝到药水。另外，还应根据动物的品种、季节、圈舍内温湿度、饲养方法等因素，掌握动物群一次饮水量，然后按照药物浓度，准确计算用药剂量，以保证预防效果。

3. 气雾给药　是指利用喷雾器械，将药物雾化成一定直径的微粒，弥散到空间中，让畜禽通过呼吸作用吸入体内或作用于畜禽皮肤及黏膜的一种给药方法。这种方法，药物吸收快、作用迅速、节省人力，尤其适用于现代化大型养殖场。

能通过气雾途径给药的药物应该无刺激性，易溶于水。计算用药量时应按照圈舍空间和气雾设备准确计算。

4. 外用给药　主要是为杀死动物体外寄生虫或体外致病微生物所采用的给药方法，包括喷洒、熏蒸和药浴等。应注意掌握药物浓度和使用时间。

任务五　动物疫病可追溯管理体系的建立

动物疫病可追溯管理体系以畜禽标识（动物耳标、电子标签、脚环以及其他承载畜禽信息的标识物）、养殖档案和防疫档案为基础，在动物生命周期过程中，通过移动智能识读设备（计算机、手机等），在强制免疫、产地检疫、运输监督、屠宰检疫四大环节进行信息采集、网络传输、计算机分析处理和移动智能识读设备查询、输出等一系列功能操作，从而实现动物疫病可追溯监管的动物防疫信息系统。

自 2006 年 7 月 1 日起施行的《畜禽标识和养殖档案管理办法》，启动了动物标识及疫病可追溯体系建设工作；《动物防疫法》规定："国家对严重危害养殖业生产和人体健康的动物疫病实施强制免疫。""饲养动物的单位和个人应当履行动物疫病强制免疫义务，按照强制免疫计划和技术规范，对动物实施免疫接种，并按照国家有关规定建立免疫档案、加施畜禽标识，保证可追溯。"加速了追溯体系建设在全国范围内的全面展开。动物疫病可追溯管理体系必将在动物源性食品安全管理工作和重大动物疫病防控工作中发挥重大作用。

一、强制免疫

1. 强制免疫制度　强制免疫制度是指国家对严重危害养殖业生产和人体健康的动物疫病，采取制定强制免疫计划，确定免疫用生物制品和免疫程序，以及对免疫效果进行监测等一系列预防控制动物疫病的强制性措施，以达到有计划按步骤地预防、控制、净化和消灭动物疫病的目标的制度。这项制度是动物防疫法制化管理的重要标志，充分体现了《动物防疫法》第五条"动物防疫实行'预防为主，预防与控制、净化消灭相结合'的方针"。

2. 强制免疫的病种　实施强制免疫的病种是严重危害养殖业生产和人体健康的动物疫病。《动物防疫法》第十六条规定，由国务院农业农村主管部门确定强制免疫的动物疫病病种和区域，省、自治区、直辖市人民政府农业农村主管部门也可根据本行政区域内动物疫病流行情况增加实施强制免疫的动物疫病病种和区域，报本级人民政府批准后执行，并报国务院农业农村主管部门备案。

3. 免疫费用　实行强制免疫的疫苗经费由中央财政和地方财政共同按比例分担，饲养户不承担此项费用。

4. 强制免疫计划　省、自治区、直辖市人民政府农业农村主管部门制订本行政区域的强制免疫计划；县级以上地方人民政府农业农村主管部门组织实施动物疫病强制免疫计划。乡级人民政府、城市街道办事处应当组织本管辖区域内饲养动物的单位和个人做好强制免疫工作。

二、畜禽标识的建立

畜禽标识是指经农业农村部批准使用的耳标、电子标签、脚环以及其他承载畜禽信息的标识物。畜禽标识既是实行对强制免疫动物及动物产品全过程监管，建立强制免疫动物可追溯管理的基础，也是建立畜禽档案的基础。

新型畜禽标识采用二维码技术，采用移动智能识读器作为信息采集终端，实时地把饲养、产地检疫、运输、屠宰检疫四个环节的防疫、检疫和监督信息通过无线网络传送到中央数据中心，实现在发生重大动物疫病和动物产品安全事件时，利用畜禽唯一编码标识追溯原产地和同群畜禽，以实现快速、准确控制动物疫病的目的。为动物疫病的控制和消灭，提供了技术上的保障。

（一）畜禽标识的识别

畜禽标识最常见的是农业农村部规定全国统一使用的二维码家畜耳标，实行一畜一标。耳标由主标和辅标两部分组成，主标由主标耳标面、耳标颈、耳标头组成，辅标由辅标耳标面和耳标锁扣组成。

家畜耳标的核心部分是二维码和数字编码，具有唯一性。数字编码由1位畜禽种类代码（猪、牛、羊的种类代码分别为1、2、3），6位县级行政区域代码，8位标识顺序号共15位数字组成（图3-1）。

图3-1 畜禽标识的编码

猪耳标的主标耳标面和辅标耳标面为圆形，颜色为肉色，编码刻制在主标耳标面正面；牛耳标的主标耳标面为圆形，辅标耳标面为铲形，颜色为浅黄色，编码刻制在辅标耳标面正面；羊耳标的主标耳标面为圆形，辅标耳标面为带半圆弧的长方形，颜色为橘黄色，编码刻制在辅标耳标面正面。

（二）畜禽标识的管理

1. 畜禽标识的申购与发放 畜禽标识的申购与发放管理分为申请耳标、审核耳标、审批耳标、生成耳标、下载耳标、生产和签收耳标、发放耳标。

（1）耳标申请。县级管理机构根据本辖区耳标需求数量，通过网上申请该数量的耳标，申请以任务作为单位，申请任务的畜种和数量通过用户指定。

（2）耳标审核。市级耳标管理机构查看并对县级机构的耳标申请任务进行审核，审核意见作为上级耳标管理机构审批耳标的参考意见。

（3）耳标审批。省级（自治区、直辖市）耳标管理机构对提交的耳标申请任务进行审批，审批时指定耳标生产厂商。如果审批通过，由中央管理机构生成耳标的序列号码。如果审批未通过，则不能生成耳标的序列号码。

（4）耳标发放。乡镇或县耳标管理机构耳标管理员向防疫员发放耳标，并通过网上或移动设备将领用信息传至中央服务器。防疫员领用耳标后，可以完成为家畜佩戴耳标和其他的防疫工作。

2. 家畜耳标的佩戴、登记、回收与销毁

（1）耳标的佩戴。

①佩戴时间。新出生家畜，在出生后30d内佩戴；30d内离开饲养地的，在离开饲养地前佩戴；从国外引进家畜，在到达目的地10d内佩戴。家畜耳标严重磨损、破损、脱落后，应当及时佩戴新的耳标，并在养殖档案中记录新标识编码。

②佩戴位置。首次在左耳中部加施，需要再次加施的，在右耳中部加施。

（2）登记。防疫人员对家畜所佩戴的耳标信息进行登记。

（3）耳标的回收与销毁。猪、牛、羊加施的耳标在屠宰环节由屠宰企业剪断收回，交当地动物卫生监督机构。回收的耳标不得重复使用，由县级人民政府农业农村主管部门统一组织销毁，并做好销毁记录。

三、养殖档案的建立

《畜禽标识和养殖档案管理办法》规定畜禽养殖场应当建立养殖档案，养殖档案是追究责任的重要依据。

1. 养殖档案的内容

（1）畜禽的品种、数量、繁殖记录、标识情况、来源和进出场日期。

（2）饲料、饲料添加剂等投入品和兽药的来源、名称、使用对象、时间和用量等有关情况。

（3）检疫、免疫、监测、消毒情况。

（4）畜禽发病、诊疗、死亡和无害化处理情况。

（5）畜禽养殖代码。

（6）农业农村部规定的其他内容。

2. 畜禽防疫档案的内容　县级动物疫病预防控制机构应当建立畜禽防疫档案，载明以下内容。

（1）畜禽养殖场。名称、地址、畜禽种类、数量、免疫日期、疫苗名称、畜禽养殖代码、畜禽标识顺序号、免疫人员以及用药记录等。

（2）畜禽散养户。户主姓名、地址、畜禽种类、数量、免疫日期、疫苗名称、畜禽标识顺序号、免疫人员以及用药记录等。

3. 养殖档案的监督管理

（1）养殖档案的审批建立。畜禽养殖场、养殖小区依法向所在地县级人民政府农业农村主管部门备案，取得畜禽养殖代码。畜禽养殖代码由县级人民政府农业农村主管部门按照备案顺序统一编号，每个畜禽养殖场、养殖小区只有一个畜禽养殖代码。畜禽养殖代码由 6 位县级行政区域代码和 4 位顺序号组成，作为养殖档案编号。

饲养种畜要建立个体养殖档案，注明标识编码、性别、出生日期、父系和母系品种类型、母本的标识编码等信息。种畜调运时要在个体养殖档案上注明调出和调入地，个体养殖档案应当随同调运。

畜禽养殖场养殖档案及种畜个体养殖档案格式由农业农村部统一制定。

（2）养殖档案的保存。不同动物养殖档案保存时间不同，商品猪、禽养殖档案保存期为 2 年，牛为 20 年，羊为 10 年，种畜禽长期保存。

（3）养殖档案的更新。从事畜禽经营的销售者和购买者应当向所在地县级动物疫病预防控制机构报告更新养殖档案相关内容。销售者或购买者属于养殖场的，应及时在畜禽养殖档案中登记畜禽标识编码及相关信息变化情况。

操作与体验

技能一　养殖场进场人员及车辆的消毒

（一）教学目标

（1）学会常用药物的配制方法。

（2）学会车辆消毒池和消毒室的设置。

（3）能对养殖场进场人员及车辆进行消毒。

（二）材料设备

新洁尔灭、氢氧化钠、二氯异氰尿酸钠、量筒、玻璃棒、烧杯、天平或台秤、盆、桶、隔离服、口罩、胶靴、橡胶手套、车辆等。

（三）方法步骤

1. 预习　提前查阅资料，学习养殖场的车辆消毒池和消毒室设计图。熟悉人员及车辆进场消毒的设施。

2. 消毒液的配制　根据需要配制的消毒液浓度及用量，正确计算所需溶质、溶剂的用量。用天平或台秤称量固态消毒剂，用量筒量取液态消毒剂。称量后，先将消毒剂溶解在少量水中，使其充分溶解后再与足量的水混匀。

配制消毒液时，常需根据不同浓度计算用量。可按下式计算：

$$N_1V_1 = N_2V_2$$

式中，N_1 为原药液浓度；V_1 为原药液容量；N_2 为需配制药液的浓度；V_2 为需配制药液的容量。

实际消毒工作中常用百分浓度，即每单位质量（100g）或单位体积（100mL）药液中含某药品的质量（克数）或体积（毫升数）。

3. 进场车辆消毒　首先对进入车辆登记，内容包括姓名、单位、所运物品及是否来自疫区等；符合进场规定的车辆开进消毒通道，前后轮胎全部进入消毒池后，车辆停止；启动喷雾消毒装置，用 3% 二氯异氰尿酸钠溶液喷射成粒径 $30\sim100\mu m$ 的超微粒子，对车辆前、后、左、右、上、下六面喷射，喷射范围广，消毒均匀且彻底；喷雾消毒装置关闭，消毒完毕,车辆进入养殖场。

4. 进场人员消毒 首先对外来入场人员登记,内容包括姓名、单位、职业及来场原因等;符合进场规定的人员进入消毒室,在紫外线消毒区,脚踏盛有 4% 氢氧化钠溶液的消毒盘,闭眼消毒 15~20min;然后洗澡、更换工作服及鞋靴;消毒完毕,进入养殖场。

(四) 考核标准

序号	考核内容	考核要点	分值	评分标准
1	消毒液的配制 (20分)	消毒液的用量	10	正确计算溶质溶剂的用量
		量取所需溶质、溶剂	10	正确量取所需溶质溶剂
2	进场人员和车辆的登记(10分)	登记信息	10	登记信息全面
3	进场车辆消毒 (30分)	轮胎消毒	10	正确进行轮胎消毒
		车体消毒	10	正确进行车体消毒
		消毒池管理	10	及时更换消毒液
4	进场人员消毒 (20分)	消毒次序	10	进场人员消毒次序正确
		紫外线消毒	10	正确使用紫外线消毒
5	职业素质 (20分)	安全意识	10	服从安排,积极认真
		实训态度	10	注重生物安全和人身安全
	总分		100	

技能二 养殖场空圈舍的消毒

(一) 教学目标

(1) 学会配制常用的消毒剂。

(2) 学会熏蒸消毒法。

(3) 学会使用高压清洗机。

(4) 学会空圈舍消毒的程序。

(二) 材料设备

二氯异氰尿酸钠、氢氧化钠、福尔马林、高锰酸钾、量筒、天平或台秤、盆、桶、药匙、高压冲洗机、喷洒消毒机、隔离服、胶靴、口罩、手套、护目镜等。

(三) 方法步骤

1. 消毒液的配制 根据空圈舍消毒需要配制消毒液。

2. 机械清除 清扫前用清水或消毒剂喷洒圈舍,以免灰尘及微生物飞扬。然后对地面、饲槽等进行清扫,扫除粪便、垫草及残余的饲料等污物,扫除的污物投入化粪池处理。

3. 净水冲洗 饲槽、饮水器、围栏、笼具、网床等设施用水洗刷干净,最后用高压清洗机冲洗天花板、墙壁、地面、粪槽、过道等。注意不能将高压清洗机喷枪对着自己或他人。

4. 药物喷洒 按照"先里后外,先上后下"的顺序使用喷洒消毒机喷洒消毒药,天花板、墙壁、舍内设施选用 3% 二氯异氰尿酸钠,地面、粪槽、过道等处选用 4% 氢氧化钠。

地面用药量 600～800mL/m²，舍内其他设施 200～400mL/m²。为了提高消毒效果，应使用 2 种或以上不同类型的消毒药进行 2～3 次消毒。每次消毒后要等地面和物品干燥后进行下次消毒。

5. 熏蒸消毒 用福尔马林和高锰酸钾熏蒸，室温不低于 15～18℃，用量按照圈舍空间计算，每立方米空间 25mL 福尔马林、12.5mL 水和 12.5g 高锰酸钾，先将福尔马林和水混合，再放高锰酸钾。药物反应后，人员必须迅速离开圈舍，密闭 24h 后，通风换气，待无刺激气味后，方可再次饲养动物。

若急需使用圈舍，可用氨气中和甲醛，每立方米空间取氯化铵 5g，生石灰 2g，加入 75℃的水 7.5mL，混合液装于小桶内放入圈舍。也可用氨水代替，按每立方米空间用 25% 氨水 12.5mL，中和 20～30min，打开门窗通风 20～30min，即可再饲养动物。

(四) 考核标准

序号	考核内容	考核要点	分值	评分标准
1	机械清除（20分）	实训态度	10	服从教师和养殖场防疫员安排，不怕脏，不怕累
		扫除粪便、垫草及残余的饲料等污物	10	清除干净
2	净水冲洗（20分）	高压清洗机的使用	10	正确使用
		设施洗刷	10	设施用水洗刷干净
3	药物喷洒（30分）	选择消毒药	5	消毒药选择正确
		消毒药配制	5	消毒药配制准确
		喷洒消毒机的使用	10	正确使用
		喷洒消毒	10	均匀喷洒，用量准确，没有死角
4	熏蒸消毒（30分）	消毒药物量取	5	量取正确
		熏蒸过程	10	次序准确
		安全意识	10	注意人身安全，防止消毒损伤
		协作意识	5	具备团队协作精神，积极与小组成员配合，共同完成任务
总分			100	

技能三 家禽的免疫接种

(一) 教学目标

(1) 免疫接种器械的准备及人员防护。

(2) 学会疫苗检查和家禽免疫接种前检查。

(3) 学会疫苗的稀释方法。

(4) 学会鸡的免疫接种方法。

（二）材料设备

待免鸡、疫苗（新城疫弱毒苗、鸡痘疫苗、禽流感油剂灭活苗、稀释液）、5％碘酊、75％乙醇、3％来苏儿、高压蒸汽灭菌器、兽用连续注射器、针头（7号）、刺种针、疫苗滴瓶、量筒、气雾免疫器、隔离服、胶靴、口罩、手套、护目镜等。

（三）方法步骤

1. 免疫接种前的准备

（1）器械清洗消毒。气雾发生器、饮水器认真清洗；注射器、针头、刺种针等接种用具用清水冲洗干净，放入高压蒸汽灭菌锅灭菌。

（2）疫苗检查。免疫接种前，对所使用的疫苗进行仔细检查，有下列情况之一者不得使用：①没有瓶签或瓶签模糊不清；②过期失效；③疫苗的质量与说明书不符；④瓶塞松动或瓶壁破裂；⑤没有按规定方法保存。

（3）人员消毒和防护。免疫接种人员剪短手指甲，用肥皂、3％来苏儿洗手，再用75％乙醇消毒手指；穿工作服、胶靴，戴橡胶手套、口罩、帽等。

（4）待免动物检查。接种前对待免鸡群进行健康检查，疑似患病鸡不应接种疫苗。

2. 疫苗的稀释 各种疫苗使用的稀释液及用量都有明确规定，必须严格按生产厂家的使用说明书进行。

（1）注射用疫苗的稀释。疫苗必须用专用稀释液稀释，若没有专用稀释液，可用注射用水或生理盐水稀释。用镊子取下疫苗瓶及稀释液瓶的塑料瓶盖，用75％乙醇棉球消毒瓶塞。待乙醇完全挥发后，用灭菌注射器抽取少量稀释液注入疫苗瓶中，振荡，使其完全溶解，抽取溶解的疫苗注入稀释液瓶中，再用稀释液将疫苗瓶冲洗2～3次，将疫苗全部冲洗下来转入稀释液瓶中。

（2）饮水用疫苗的稀释。饮水免疫时，疫苗可用洁净的深井水稀释，不能用自来水，因为自来水中的消毒剂会把疫苗中活的微生物杀死。

（3）气雾用疫苗的稀释。气雾免疫时，疫苗最好用蒸馏水或无离子水稀释。

（4）滴鼻、点眼用疫苗的稀释。先计算稀释液的用量，每只鸡用两滴，根据总鸡只数算出稀释液的量。疫苗必须用专用稀释液稀释，若没有专用稀释液，可用蒸馏水或无离子水稀释。

3. 免疫接种的方法

（1）颈部皮下注射。左手握住幼禽，在颈背部下1/3处，用大拇指和食指捏住颈中线的皮肤并向上提起，使其形成一皱褶，针头从头部方向向后沿皱褶基部刺入皮下，推动注射器活塞，缓缓注入疫苗。

（2）肌内注射。部位在胸部、大腿部或翅膀基部，一般多用胸部。

胸肌注射时，一人保定鸡，胸部朝上；一人持注射器，针头与胸肌成30°～45°角，在胸部中1/3处向背部方向刺入胸部肌肉。腿部肌内注射时，助手一手抓住翅膀，另一手抓住一腿保定；操作者抓住另一侧腿，针头朝躯体方向刺入大腿外侧肌肉。翅膀基部肌内注射时，助手一手握住鸡的双腿，另一手握住一翅，同时托住背部，使其仰卧；操作者一手抓住另一翅，针头垂直刺入翅膀基部肌肉。

（3）饮水免疫法。将新城疫弱毒苗混于水中，鸡群通过饮水而获得免疫。

饮水免疫必须注意以下几个问题：①准确计算饮水量（参考表3-1）；②免疫前应限制饮水，夏季一般2h，冬季一般为4h；③稀释疫苗的饮水必须不含有任何灭活疫苗病毒或细菌的物质；④疫苗必须是高效价的，适当加大用量；⑤饮水器具要干净，数量要充足。

表 3-1 饮水免疫时每只雏鸡的饮水量

日龄	饮水量/mL
<5	3～5
5～14	6～10
14～30	8～12
30～60	15～20
>60	20～40

（4）刺种。适用于鸡痘疫苗的接种。助手一手握住鸡的双腿，另一手握住一翅，同时托住背部，使其仰卧。操作者左手抓住鸡另一翅膀，右手持刺种针插入疫苗溶液中，针槽充满疫苗液后，在翅膀翼膜内侧无血管处刺针。拔出刺种针，稍停片刻，待疫苗被吸收后，将鸡轻轻放开。

（5）滴鼻、点眼。操作者左手握住雏鸡，食指和拇指固定住雏鸡头部，雏鸡眼和一侧鼻孔向上。右手持滴瓶并倒置，滴头朝下，滴头与眼保持 1cm 左右距离，轻捏滴瓶，垂直滴入一滴疫苗。滴鼻时用食指堵住对侧的鼻孔，垂直滴入一滴疫苗。待疫苗完全吸入，缓慢将鸡放下。

（6）气雾免疫。免疫时，疫苗用量主要根据圈舍大小而定，可按下式计算：

$$疫苗用量 = DA/TV,$$

其中：疫苗用量为室内气雾免疫法用的疫苗的量，单位为头（只、羽）份；D 为计划免疫剂量，单位为头（只、羽）份/头（只、羽）；A 为免疫空间容积，单位为 L；T 为免疫时间，单位为 min；V 为呼吸常数，即动物每分钟吸入的空气量（L），单位为 L/[min·头（只、羽）]。

疫苗用量计算好以后，关闭门窗，使气雾免疫器喷头保持与动物头部同高，向舍内四面均匀喷射。喷射完毕，30min 后方可通风。

4. 免疫废弃物的处理 对免疫废弃物要进行无害化销毁处理。

（1）灭活疫苗。倾于小口坑内，注入消毒液，加土掩埋。

（2）活疫苗。先高压蒸汽灭菌或煮沸消毒，然后掩埋。

（3）用过的疫苗瓶。高压蒸汽灭菌或煮沸消毒后，方可废弃。

（四）考核标准

序号	考核内容	考核要点	分值	评分标准
1	免疫接种前的准备（15分）	免疫接种器械的准备及人员防护	5	器械清洗干净、消毒彻底，注意人身安全、生物安全
		疫苗检查	5	检查仔细、全面
		待免动物检查	5	检查仔细、全面
2	注射用疫苗的稀释（5分）	吸取稀释液	3	吸取稀释液量准确
		无菌操作	2	操作规范

（续）

序号	考核内容	考核要点	分值	评分标准
3	饮水用疫苗的稀释（10分）	计算饮水量	5	饮水量计算准确
		量取饮水量	5	饮水量量取准确
4	气雾用疫苗的稀释（5分）	计算稀释液	3	稀释液计算准确
		量取稀释液	2	稀释液量取准确
5	滴鼻、点眼用疫苗的稀释（5分）	吸取稀释液	3	吸取稀释液量准确
		无菌操作	2	操作规范
6	颈部皮下注射（10分）	连续注射器使用	4	使用正确
		注射操作	6	操作规范
7	胸部肌内注射（10分）	注射部位	4	部位准确
		注射操作	6	操作规范
8	腿部肌内注射（5分）	注射部位	2	部位准确
		注射操作	3	操作规范
9	翅根部肌内注射（5分）	注射部位	2	部位准确
		注射操作	3	操作规范
10	刺种（10分）	刺种部位	5	部位准确
		免疫操作	5	操作规范
11	滴鼻点眼（5分）	滴鼻点眼操作	5	操作规范
12	气雾免疫（10分）	气雾免疫机使用	5	正确使用
		免疫操作	5	操作规范
13	免疫废弃物的处理（5分）	剩余疫苗、疫苗瓶等废弃物的处理	5	处理正确
总分			100	

技能四　家畜的免疫接种

（一）教学目标

（1）学会免疫接种器械的消毒和人员防护。

（2）学会疫苗检查和家畜免疫接种前检查。

（3）学会稀释疫苗。

（4）学会猪、牛、羊的免疫接种方法。

（二）材料设备

待免动物（猪、牛、羊）、疫苗（猪瘟弱毒苗、牛羊口蹄疫灭活苗、羊痘弱毒苗）及稀释液、0.1％盐酸肾上腺素、地塞米松磷酸钠、5％碘酊、75％乙醇、高压蒸汽灭菌器、注射器（1mL、10mL）、针头（兽用12、16、18号）、剪毛剪、镊子、体温计、隔离服、胶靴、口罩、手套、护目镜、动物保定用具等。

（三）方法步骤

1. 免疫接种前的准备

（1）器械清洗消毒。气雾发生器、饮水器认真清洗；注射器、针头、刺种针等接种用具用清水冲洗干净，放入高压蒸汽灭菌器灭菌。

（2）疫苗检查。免疫接种前，对所使用的疫苗进行仔细检查，有下列情况之一者不得使用：①没有瓶签或瓶签模糊不清；②过期失效；③疫苗的质量与说明书不符；④瓶塞松动或瓶壁破裂；⑤没有按规定方法保存。

（3）人员消毒和防护。免疫接种人员剪短手指甲，用肥皂、3％来苏儿洗手，再用75％乙醇消毒手指；穿工作服、胶靴，戴橡胶手套、口罩、帽等。

（4）待免动物检查。接种前对待免动物进行了解及临诊观察，必要时进行体温检查。凡体质过于瘦弱、体温升高或疑似患病的动物均不应接种疫苗。

2. 疫苗的稀释　各种疫苗使用的稀释液和稀释方法都有明确规定，必须严格按生产厂家的使用说明书进行。用75％乙醇棉球擦拭消毒疫苗瓶和稀释液瓶的瓶盖，然后用带有针头的无菌注射器吸取少量稀释液注入疫苗瓶中，充分振荡溶解后，再加入全量的稀释液。

3. 免疫接种的方法

（1）皮内注射。羊痘弱毒苗采用皮内注射，免疫部位多在尾根腹侧。

助手两手握耳，两膝夹住胸背部保定。接种部位常规消毒后，接种者以左手绷紧固定皮肤，右手持注射器，使针头几乎与皮面平行，轻轻刺入皮内约0.5cm，放松左手；左手在针头和针筒交接处固定针头，右手持注射器，徐徐注入疫苗，注射处形成一个圆丘，突起于皮肤表面。

（2）肌内注射。牛在臀部或颈部中侧上1/3处；猪在耳后2指左右，仔猪可在股内侧；羊在颈部或股部。

①牛的肌内注射。接种部位常规消毒后，接种者把注射针头取下，标定刺入深度，对准注射部位用腕力将针头垂直刺入肌肉，然后接上注射器，回抽针芯，如无回血，随即注入疫苗。注射完毕，拔出注射针头，用无菌干棉球按压接种部位。

②猪、羊的肌内注射。接种部位常规消毒后，接种者持注射器垂直刺入肌肉后，回抽一下针芯，如无回血，即可缓慢注入疫苗。注射完毕，拔出注射针头，用无菌干棉球按压接种部位。

4. 免疫废弃物的处理　对免疫废弃物要进行无害化销毁处理。

（1）灭活疫苗。倾于小口坑内，注入消毒液，加土掩埋。

（2）活疫苗。先高压蒸汽灭菌或煮沸消毒，然后掩埋。

（3）用过的疫苗瓶。高压蒸汽灭菌或煮沸消毒后，方可废弃。

5. 免疫接种后的护理与观察　免疫接种后，注意观察接种动物的饮食、精神、呼吸等情况，对严重反应或过敏反应者及时救治。

（四）考核标准

序号	考核内容	考核要点	分值	评分标准
1	免疫接种前的准备 （20分）	器械消毒	5	器械清洗干净、消毒彻底
		疫苗检查	5	检查仔细、全面
		人员消毒和防护	5	注意人身安全，生物安全
		待免动物检查	5	检查仔细、全面

（续）

序号	考核内容	考核要点	分值	评分标准
2	注射用疫苗的稀释 （10分）	吸取稀释液	5	吸取量准确
		无菌操作	5	操作规范
3	皮内注射 （15分）	保定	5	保定规范
		注射部位	4	部位准确
		注射操作	6	操作规范
4	猪肌内注射 （15分）	保定	5	保定规范
		注射部位	4	部位准确
		注射操作	6	操作规范
5	羊肌内注射 （15分）	保定	5	保定规范
		注射部位	4	部位准确
		注射操作	6	操作规范
6	牛肌内注射 （15分）	保定	5	保定规范
		注射部位	4	部位准确
		注射操作	6	操作规范
7	免疫废弃物的处理 （10分）	疫苗处理	5	正确处理废弃疫苗
		疫苗瓶处理	5	正确处理疫苗空瓶
总分			100	

知识拓展

拓展知识一　动物粪污的处理方法

（一）动物粪污的销毁

烈性动物疫病的病原体或能生成芽孢的病原体污染的粪污，要做销毁处理，不能进行资源化利用。

1. 焚烧　粪便可直接与垃圾、垫草和柴草混合后焚烧。

2. 掩埋　选择远离生产区、生活区及水源的地方，用漂白粉或生石灰与粪便按 1:5 的比例混合，然后深埋于地下 2m 左右。

（二）动物粪污的资源化利用

1. 自然发酵　有堆粪法和发酵池法（氧化塘），中小型畜禽养殖场和散养户的固体粪便可采用堆粪法处理，固液体粪便可采用发酵池法处理。

2. 垫料发酵床　是将发酵菌种与秸秆、锯末、稻壳等混合制成有机垫料，将有机垫料置于特殊设计的圈舍内，动物生活在有机垫料上，其粪便能够与有机垫料充分混合，有机垫料中的微生物对粪便进行分解形成有机肥。

3. 动态条垛式堆肥　是将粪便堆积成窄长条垛，垛的断面为梯形或三角形，采用机械或人工进行定期翻堆的方法，实现堆体中的有氧状态和温度控制。

4. 静态通气条垛式堆肥 在堆肥过程中不进行翻堆，通过鼓风机和埋在地下的通风管道向堆体内通风来保证堆体内的有氧状态。通风不仅为微生物分解有机物供氧，同时也排除堆体内的二氧化碳和氨气等气体，并蒸发水分使堆体散热，保持适宜的发酵温度。

5. 槽式堆肥 槽深在 1.2m 左右，槽宽度一般在 10~16m，槽长度由厂房和粪便量决定。槽的一端封闭，另一端敞开，将原料加菌种配制混合后，堆于槽内，每天翻拌 1~2 次，以透气和控温，20d 左右即成有机肥。

6. 发酵仓堆肥 是将粪便放入部分或全部封闭的容器（发酵仓系统）内，通过控制通风和水分条件，使粪便进行生物降解和转化。一般经过 10~12d，畜禽粪便可以充分发酵完毕，形成有机肥。

7. 沼气工程 是指在厌氧条件下通过微生物作用将畜禽粪污中的有机物转化为沼气的技术。适用于大型畜禽养殖场、区域性专业化集中处理中心。养殖场畜禽粪便、尿液及其冲洗污水经过预处理后进入厌氧反应器，经厌氧发酵产生沼气、沼渣和沼液。沼气经脱硫、脱水后可通过发电、直燃等方式实现利用，沼液、沼渣等可作为农用肥料回田。

自然发酵　　　垫料发酵床堆肥　　　条垛式堆肥　　　沼气工程

拓展知识二　食品动物中禁止使用的兽药

（一）食品动物中禁止使用的药品及其他化合物清单（中华人民共和国农业农村部第 250 号公告）

表 3-2　食品动物中禁止使用的药品及其他化合物清单

序号	药品及其他化合物名称
1	酒石酸锑钾
2	β-兴奋剂类及其盐、酯
3	汞制剂：氯化亚汞（甘汞）、醋酸汞、硝酸亚汞、吡啶基醋酸汞
4	毒杀芬（氯化烯）
5	卡巴氧及其盐、酯
6	呋喃丹（克百威）
7	氯霉素及其盐、酯
8	杀虫脒（克死螨）
9	氨苯砜
10	硝基呋喃类：呋喃西林、呋喃妥因、呋喃它酮、呋喃唑酮、呋喃苯烯酸钠
11	林丹

（续）

序号	药品及其他化合物名称
12	孔雀石绿
13	类固醇激素：醋酸美仑孕酮、甲睾酮、群勃龙（去甲雄三烯醇酮）、玉米赤霉醇
14	安眠酮
15	硝呋烯腙
16	五氯酚酸钠
17	硝基咪唑类：洛硝达唑、替硝唑
18	硝基酚钠
19	己二烯雌酚、己烯雌酚、己烷雌酚及其盐、酯
20	锥虫胂胺
21	万古霉素及其盐、酯

（二）在食品动物中停止使用 4 种喹诺酮类兽药的决定（中华人民共和国农业农村部第 2292 号公告）

自 2016 年 12 月 31 日起，停止经营、使用用于食品动物的洛美沙星、培氟沙星、氧氟沙星、诺氟沙星 4 种原料药的各种盐、酯及其各种制剂。

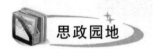

思政园地

党的二十大报告提出，推动绿色发展，促进人与自然和谐共生。大自然是人类赖以生存发展的基本条件。尊重自然、顺应自然、保护自然，是全面建设社会主义现代化国家的内在要求。必须牢固树立和践行绿水青山就是金山银山的理念，站在人与自然和谐共生的高度谋划发展。

2021 年下半年，为改善农业生态环境，农业农村部、国家发展改革委联合制定了《"十四五"全国畜禽粪肥利用种养结合建设规划》，规划要求积极践行"绿水青山就是金山银山"的理念，以畜牧业绿色循环发展、耕地质量提升和农业面源污染防治为主要目标，以畜禽粪肥就地就近科学还田利用为主攻方向，支持 250 个畜禽养殖量较大、耕地面积较大的县，实施畜禽粪污资源化利用整县推进项目，重点改造提升粪污处理设施，建设粪肥还田利用示范基地，总结推广种养循环技术模式，逐步降低处理成本，完善利用机制，减少环境影响，带动县域粪肥就近就地利用，促进种养结合、农牧循环发展。

思考：结合家乡畜禽粪污综合利用情况，谈谈家乡环境的变化。

练 习 题

一、名词解释
消毒　终末消毒　生物热消毒法　紧急免疫接种　疫苗　亚单位疫苗　多价苗　联苗

二、单项选择题
1. 动物防疫工作中的消毒是指（　　　）。

A. 清除或杀灭外界环境中的病原体　　　B. 清除或杀灭外界环境中的所有微生物

C. 清除或杀灭动物体内的病原体　　　　D. 清除或杀灭动物体内的所有微生物

2. 在疫情结束之后，解除疫区封锁前，为了消灭疫区内可能残留的病原体而采取的消毒措施称为（　　　）。

A. 预防消毒　　　　　　B. 临时消毒　　　　　C. 终末消毒

3. 下列方法中，饮用水消毒常用的方法是（　　　）。

A. 氯化法　　　　　　　B. 煮沸法　　　　　　C. 紫外线照射法　　　　D. 臭氧法

4. 干热灭菌法常采用的温度是（　　　）℃。

A. 100　　　　　　　　B. 120　　　　　　　　C. 160　　　　　　　　D. 200

5. 酒精的消毒机理为（　　　）。

A. 水解菌体蛋白和核蛋白　　　　　　　B. 改变菌体细胞膜的通透性

C. 使菌体蛋白凝固和变性　　　　　　　D. 破坏菌体的酶系统

6. 芽孢污染的粪便最宜采用的消毒方法是（　　　）。

A. 喷洒消毒剂　　　　　B. 生物热消毒　　　　C. 紫外线照射　　　　　D. 焚烧

7. 免疫接种时，注射针头消毒最好采用的消毒方法是（　　　）。

A. 消毒剂浸泡　　　　　B. 火焰烧灼　　　　　C. 煮沸　　　　　　　　D. 巴氏消毒

8. 下列关于灭活苗描述错误的是（　　　）。

A. 免疫剂量小　　　　　　　　　　　　B. 通常需加佐剂

C. 只能注射免疫　　　　　　　　　　　D. 容易制成联苗或多价苗

9. 利用细菌的代谢产物如毒素、酶等制成的疫苗称（　　　）。

A. 亚单位疫苗　　　　　B. DNA 疫苗　　　　　C. 代谢产物疫苗　　　D. 生物技术疫苗

10. 灭活苗的适宜保存温度是（　　　）。

A. 0℃　　　　　　　　B. −37℃　　　　　　　C. 2～8℃　　　　　　　D. −15℃以下

11. 下列一般不作为疫苗免疫接种途径的是（　　　）。

A. 皮下注射　　　　　　B. 皮内注射　　　　　C. 刺种　　　　　　　　D. 静脉注射

12. 猪耳标形状为（　　　）。

A. 圆形　　　　　　　　B. 铲形　　　　　　　C. 带半圆弧的长方形　D. 方形

13. 畜禽标识实行一畜一标，数字编码具有唯一性。编码由1位畜禽种类代码，6位县级行政区域代码，8位标识顺序号共15位数字及专用条码组成。猪的种类代码是（　　　）。

A. 1　　　　　　　　　B. 2　　　　　　　　　C. 3　　　　　　　　　D. 4

三、判断题

（　　　）1. 对动物圈舍进行机械性清除产生的污物要进行发酵、掩埋、焚烧或用消毒剂处理，才能彻底杀灭病原体。

（　　　）2. 紫外线杀菌作用最强的波段是 250～270nm。

（　　　）3. 牛乳经巴氏消毒法消毒后可常温保存。

（　　　）4. 免疫接种前应对待接种的动物进行临诊观察，必要时进行体温检查。

（　　　）5. 增加疫苗接种剂量和接种次数，均可提高疫苗免疫的效果。

（　　　）6. 长期使用某种药物，容易产生耐药性，用药前最好进行药敏试验，选择高度敏感性的药物用于疫病预防。

四、简答题

1. 影响消毒剂消毒作用的因素有哪些？

2. 空圈舍如何进行消毒？

3. 分析养殖场免疫失败的原因。

4. 弱毒苗有哪些优点和缺点？

5. 动物接种疫苗后发生不良反应时如何急救？

项目三练习题答案

重大动物疫情的处置

项目指南

本项目的应用：农业农村主管部门进行重大动物疫病应急预案的制定与实施；养殖场重大动物疫病防控措施的制定和实施；养殖场、兽医门诊、畜禽屠宰场、动物产品加工厂等对染疫动物及动物产品进行无害化处理。

完成本项目所需知识点：疫情报告的时限、形式和要求；隔离的实施；封锁的对象、封锁区的划分、封锁的措施及解除封锁的条件；染疫动物的扑杀；染疫动物尸体的无害化处理。

完成本项目所需技能点：根据不同的对象实施隔离；无害化处理染疫动物尸体。

项目导入

2018 年 8 月，非洲猪瘟传入我国，该病发病率和病死率可达 100%，给养猪业造成了巨大的经济损失，也严重影响了人民的饮食生活。目前该病尚无有效疫苗，只能采取扑杀净化和严密的防控措施。世界动物卫生组织（OIE）将非洲猪瘟列为必须报告的动物疫病之一，我国将其列为一类动物疫病。

发现和确诊非洲猪瘟疫情后，采取哪些措施才能有效地控制和扑灭疫情呢？

认知与解读

任务一　疫情的上报

一、重大动物疫情

动物疫情是指动物疫病发生和发展的情况，重大动物疫情是指一、二、三类动物疫病突然发生，迅速传播，给养殖业生产安全造成严重威胁、危害，以及可能对公众身体健康与生命安全造成危害的情形。

根据动物疫病对养殖业生产和人体健康的危害程度，我国将动物疫病分为一类、二类和三类。具体病种名录由国务院农业农村主管部门制定并公布，最新版的是 2008 年 12 月 11 日发布的《一、二、三类动物疫病病种名录》，共含动物疫病 157 种。

1. 一类动物疫病　是指口蹄疫、非洲猪瘟、高致病性禽流感等对人、动物构成特别严重危害，可能造成重大经济损失和社会影响，需要采取紧急、严厉的强制预防、控制等措施的动物疫病，共 17 种。

口蹄疫、猪水疱病、猪瘟、非洲猪瘟、高致病性猪蓝耳病、非洲马瘟、牛瘟、牛传染性胸膜肺炎、牛海绵状脑病、痒病、蓝舌病、小反刍兽疫、绵羊痘和山羊痘、高致病性禽流感、新城疫、鲤春病毒血症、白斑综合征。

2. 二类动物疫病　是指狂犬病、布鲁氏菌病、草鱼出血病等对人、动物构成严重危害，可能造成较大经济损失和社会影响，需要采取严格预防、控制等措施的动物疫病，共77种。

多种动物共患病（9种）：狂犬病、布鲁氏菌病、炭疽、伪狂犬病、产气荚膜梭菌病（魏氏梭菌病）、副结核病、弓形虫病、棘球蚴病、钩端螺旋体病。

牛病（8种）：牛结核病、牛传染性鼻气管炎、牛恶性卡他热、牛白血病、牛出血性败血病、牛梨形虫病（牛焦虫病）、牛锥虫病、日本血吸虫病。

绵羊和山羊病（2种）：山羊病毒性关节炎-脑炎、梅迪-维斯纳病。

猪病（12种）：猪繁殖与呼吸综合征（经典猪蓝耳病）、猪乙型脑炎、猪细小病毒病、猪丹毒、猪肺疫、猪链球菌病、猪传染性萎缩性鼻炎、猪支原体肺炎、旋毛虫病、猪囊尾蚴病、猪圆环病毒病、副猪嗜血杆菌病。

马病（5种）：马传染性贫血、马流行性淋巴管炎、马鼻疽、马巴贝斯虫病、伊氏锥虫病。

禽病（18种）：鸡传染性喉气管炎、鸡传染性支气管炎、传染性法氏囊病、马立克病、产蛋下降综合征、禽白血病、禽痘、鸭瘟、鸭病毒性肝炎、鸭浆膜炎菌病、小鹅瘟、禽霍乱、鸡白痢、禽伤寒、鸡败血支原体感染、鸡球虫病、低致病性禽流感、禽网状内皮组织增殖症。

兔病（4种）：兔病毒性出血病、兔黏液瘤病、野兔热、兔球虫病。

蜜蜂病（2种）：美洲幼虫腐臭病、欧洲幼虫腐臭病。

鱼类病（11种）：草鱼出血病、传染性脾肾坏死病、锦鲤疱疹病毒病、刺激隐核虫病、淡水鱼细菌性败血症、病毒性神经坏死病、流行性造血器官坏死病、斑点叉尾鮰病毒病、传染性造血器官坏死病、病毒性出血性败血病、流行性溃疡综合征。

甲壳类病（6种）：桃拉综合征、黄头病、罗氏沼虾白尾病、对虾杆状病毒病、传染性皮下和造血器官坏死病、传染性肌肉坏死病。

3. 三类动物疫病　是指大肠杆菌病、禽结核病、鳖腮腺炎病等常见多发，对人、动物构成危害，可能造成一定程度的经济损失和社会影响，需要及时预防、控制的动物疫病，共63种。

多种动物共患病（8种）：大肠杆菌病、李氏杆菌病、类鼻疽、放线菌病、肝片吸虫病、丝虫病、附红细胞体病、Q热。

牛病（5种）：牛流行热、牛病毒性腹泻/黏膜病、牛生殖器弯曲杆菌病、毛滴虫病、牛皮蝇蛆病。

绵羊和山羊病（6种）：肺腺瘤病、传染性脓疱、羊肠毒血症、干酪性淋巴结炎、绵羊疥癣、绵羊地方性流产。

马病（5种）：马流行性感冒、马腺疫、马鼻腔肺炎、溃疡性淋巴管炎、马媾疫。

猪病（4种）：猪传染性胃肠炎、猪流行性感冒、猪副伤寒、猪密螺旋体痢疾。

禽病（4种）：鸡病毒性关节炎、禽传染性脑脊髓炎、传染性鼻炎、禽结核病。

蚕、蜂病（7种）：蚕型多角体病、蚕白僵病、蜂螨病、瓦螨病、亮热厉螨病、蜜蜂孢子虫病、白垩病。

犬、猫等动物病（7种）：水貂阿留申病、水貂病毒性肠炎、犬瘟热、犬细小病毒病、犬传染性肝炎、猫泛白细胞减少症、利什曼病。

鱼类病（7种）：鲤类肠败血症、迟缓爱德华菌病、小瓜虫病、黏孢子虫病、三代虫病、指环虫病、链球菌病。

甲壳类病（2种）：河蟹颤抖病、斑节对虾杆状病毒病。

贝类病（6种）：鲍脓疱病、鲍立克次体病、鲍病毒性死亡病、包纳米虫病、折光马尔太虫病、奥尔森派琴虫病。

两栖与爬行类病（2种）：鳖腮腺炎病、蛙脑膜炎败血金黄杆菌病。

农业部第1950号公告显示，H7N9禽流感被调整为按二类动物疫病管理。农业部第1663号公告显示，猪甲型H1N1流感被列为三类动物疫病。

二、疫情报告制度

1. 报告疫情　疫情报告是关于疫病发生及流行情况的报告。依照《动物防疫法》《重大动物疫情应急条例》等有关规定，凡从事动物疫情监测、检验检疫、疫病研究、诊疗以及动物饲养、屠宰、经营、隔离、运输等活动的单位和个人，发现动物染疫或者疑似染疫的，应当立即向所在地农业农村主管部门或动物疫病预防控制机构报告。其他单位和个人发现动物染疫或者疑似染疫的，应当及时报告。

农业农村部主管全国动物疫情报告、通报和公布工作。县级以上地方人民政府农业农村主管部门主管本行政区域内的动物疫情报告和通报工作。中国动物疫病预防控制中心及县级以上地方人民政府建立的动物疫病预防控制机构，承担动物疫情信息的收集、分析预警和报告工作。中国动物卫生与流行病学中心负责收集境外动物疫情信息，开展动物疫病预警分析工作。国家兽医参考实验室和专业实验室承担相关动物疫病确诊、分析和报告等工作。

任何单位和个人不得瞒报、谎报、迟报、漏报动物疫情，不得授意他人瞒报、谎报、迟报动物疫情，不得阻碍他人报告动物疫情。

2. 疫情认定　动物疫情由县级以上人民政府农业农村主管部门认定，其中重大动物疫情由省级人民政府农业农村主管部门认定。新发动物疫病和外来动物疫病疫情，以及省级人民政府农业农村主管部门无法认定的动物疫情，由农业农村部认定。

3. 疫情公布　农业农村部负责向社会公布全国动物疫情，省级人民政府农业农村主管部门可以根据农业农村部授权公布本行政区域内的动物疫情。

其他单位和个人不得通过信息网络、广播、电视、报刊、书籍、讲座、论坛、报告会等方式公开发布、发表未经认定的动物疫情信息。

三、疫情报告的时限

根据《农业农村部关于做好动物疫情报告等有关工作的通知》（农医发〔2018〕22号），动物疫情报告时限分为快报、月报和年报三种。

1. 快报　是指以最快的速度将出现的重大动物疫情或疑似重大动物疫情上报有关部门，以便及时采取有效防控疫病的措施，从而最大限度地减少疫情造成的经济损失，保障人畜健康。

（1）快报对象。发生口蹄疫、高致病性禽流感等一类动物疫病的；二、三类动物疫病呈暴发流行的；发生新发动物疫病或外来动物疫病的；动物疫病的寄主范围、致病性、毒株等流行病学发生变化的；无规定动物疫病区（生物安全隔离区）发生规定动物疫病的；在未发生极端气候变化、地震等自然灾害情况下，不明原因急性发病或大量动物死亡的；农业农村部规定需要快报的其他情形。

（2）快报时限。县级动物疫病预防控制机构应当在 2h 内将情况逐级报至省级动物疫病预防控制机构，并同时报所在地人民政府农业农村主管部门。省级动物疫病预防控制机构应当在接到报告后 1h 内，报本级人民政府农业农村主管部门确认后报至中国动物疫病预防控制中心。中国动物疫病预防控制中心应当在接到报告后 1h 内报至农业农村部畜牧兽医局。

进行快报后，县级动物疫病预防控制机构应当每周进行后续报告；疫情被排除或解除封锁、撤销疫区，应当进行最终报告。后续报告和最终报告按快报程序上报。

（3）快报内容。快报应当包括基础信息、疫情概况、疫点情况、疫区及受威胁区情况、流行病学信息、控制措施、诊断方法及结果、疫点位置及经纬度、疫情处置进展以及其他需要说明的信息等内容。

2. 月报和年报 县级以上地方动物疫病预防控制机构应当每月对本行政区域内动物疫情进行汇总，经同级人民政府农业农村主管部门审核后，在次月 5 日前通过动物疫情信息管理系统将上月汇总的动物疫情逐级上报至中国动物疫病预防控制中心。中国动物疫病预防控制中心应当在每月 15 日前将上月汇总分析结果报农业农村部畜牧兽医局。中国动物疫病预防控制中心应当于 2 月 15 日前将上年度汇总分析结果报农业农村部畜牧兽医局。

月报、年报内容包括动物种类、疫病名称、疫情县数、疫点数、疫区内易感动物存栏数、发病数、病死数、扑杀与无害化处理数、急宰数、紧急免疫数、治疗数等。

快报、月报和年报的报告时限要求做到迅速、全面、准确地进行疫情报告，能使动物防疫部门及时掌握疫情，做出判断，及时制定控制、消灭疫情的对策和措施。

任务二　隔离的实施

隔离是指将传染源置于不能将疫病传染给其他易感动物的条件下，将疫情控制在最小范围内，便于管理消毒，中断流行过程，就地扑灭疫情，是控制扑灭疫情的重要措施之一。

在发生动物疫病时，首先对动物群进行疫病监测，查明动物群感染的程度。根据疫病监测的结果，一般将全群动物分为疫病动物、可疑感染动物和假定健康动物三类，分别采取不同的隔离措施。

一、染疫动物的隔离

染疫动物的隔离

染疫动物包括有发病症状或其他方法检查呈阳性的动物。它们随时可将病原体排出体外，污染外界环境，包括地面、空气、饲料甚至水源等，是危险性最大的传染源，应选择不易散播病原体、消毒处理方便的场所进行隔离。

染疫动物需要专人饲养和管理，加强护理，严格对污染的环境和污染物消毒，搞好圈舍卫生，根据动物疫病情况和国家相关规定进行治疗或扑杀。同时在隔离场所内禁止闲杂人员出入，隔离场所内的用具、饲料、粪便等，未经消毒的不能运出。隔离期依该病的传染期而定。

二、可疑感染动物的隔离

可疑感染动物指在检查中未发现任何临诊症状，但与染疫动物或其污染的环境有过明显的接触，如同群、同圈，使用共同的水源、用具等。这类动物有可能处于疫病的潜伏期，有向体外排出病原体的危险。

对可疑感染动物，应经消毒后另选地方隔离，限制活动，详细观察，及时再分类。若出现症状者立即转为染疫动物处理。经过该病一个最长潜伏期仍无症状者，可取消隔离。隔离期间，在密切观察被检动物的同时，要做好防疫工作，对人员出入隔离场所要严格控制，防止扩散疫情。

三、假定健康动物的隔离

除上述两类外，疫区内其他易感动物都属于假定健康动物。对假定健康动物应限制其活动范围并采取保护措施，严格与上述两类动物分开饲养管理，并进行紧急免疫接种或药物预防。同时注意加强防疫卫生消毒措施。经过该病一个最长潜伏期仍无症状者，可及时取消隔离。

采取隔离措施时应注意，仅靠隔离不能扑灭疫情，需要与其他防疫措施相配合。

任务三　封锁的实施

当发生某些重要疫病时，在隔离的基础上，针对疫源地采取封闭措施，防止疫病由疫区向安全区扩散，这就是封锁。封锁是消灭疫情的重要措施之一。

由于封锁区内各项活动基本处于与外界隔绝的状态，不可避免地要对当地的生产和生活产生很大影响，故该措施必须严格依照《动物防疫法》执行。

（一）封锁的对象和原则

1. 封锁的对象　根据《动物防疫法》，封锁的对象是国家规定的一类动物疫病、呈暴发性流行时的二类和三类动物疫病。

2. 封锁的原则　执行封锁时应掌握"早、快、严"的原则。"早"是指加强疫情监测，做到"早发现、早诊断、早报告、早确认"，确保疫情的早期预警预报；"快"是指健全应急反应机制，及时处置突发疫情；"严"是指规范疫情处置，做到坚决果断，全面彻底，严格处置，确保疫情控制在最小范围，确保疫情损失减到最小。

（二）封锁的程序

发生需要封锁的疫情时，当地县级以上地方人民政府农业农村主管部门应当立即派人到现场，划定疫点、疫区、受威胁区，调查疫源，及时报请本级人民政府对疫区实行封锁。

县级或县级以上地方人民政府发布和解除封锁令，疫区范围涉及两个以上行政区域的，由有关行政区域共同的上一级人民政府对疫区实行封锁，或者由各有关行政区域的上一级人民政府共同对疫区实行封锁。

（三）封锁区域的划分

为扑灭疫病采取封锁措施而划出的一定区域，称为封锁区。农业农村主管部门根据规定及扑灭疫情的实际，结合该病流行规律、当时流行特点、动物分布、地理环境、居民点以及交通条件等具体情况划定疫点、疫区和受威胁区（图4-1）。

封锁区域的
划分

1. 疫点　疫点指发病动物所在的地点，一般是指发病动物所在的养殖场（户）、养殖小区或其他有关的屠宰加工、经营单位。如为农村散养户，则应将发病动物所在的

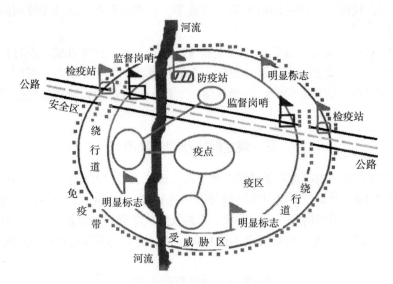

图 4-1　封锁区的划分

自然村划为疫点；放牧的动物以发病动物所在的牧场及其活动场所为疫点；动物在运输过程中发生疫情，以运载动物的车、船、飞行器等为疫点；在市场发生疫情，则以发病动物所在市场为疫点。

2. 疫区　疫区是疫病正在流行的地区，范围比疫点大，一般将由疫点边缘向外延伸 3km 的区域划为疫区。但不同的动物疫病，其划定的疫区范围也不尽相同，如猪链球菌病为 1km。疫区划分时注意考虑当地的饲养环境和天然屏障，如河流、山脉等。

3. 受威胁区　受威胁区指疫区周围疫病可能传播到的地区，一般指疫区外延 5km 范围内的区域。不同的动物疫病，其划定的受威胁区范围也不相同，如口蹄疫、小反刍兽疫等为 10km。

封锁措施

（四）封锁措施

县级或县级以上地方人民政府发布封锁令后，应当启动相应的应急预案，立即组织有关部门和单位针对疫点、疫区和受威胁区采取强制性措施，迅速扑灭疫病，并通报毗邻地区。

1. 疫点内措施　扑杀并销毁疫点内所有的染疫动物和易感动物及其产品，对动物的排泄物及被污染的饲料、垫料、污水等进行无害化处理，对被污染的物品、交通工具、用具、饲养环境进行彻底消毒。

对发病期间及发病前一定时间内售出的动物及易感动物进行追踪，并做扑杀和无害化处理。

2. 疫区边缘措施　在疫区周围设置警示标志，在出入疫区的交通路口设置动物检疫消防检查站，执行监督检查任务，对出入的人员和车辆进行消毒。

3. 疫区内措施　扑杀并销毁染疫动物和疑似染疫动物及其同群动物，销毁染疫动物和疑似染疫的动物产品，对其他易感动物实行圈养或者在指定地点放养，役用动物限制在疫区内使役；对圈舍、动物排泄物、垫料、污水和其他可能受污染的物品、场地，进行消毒或者无害化处理。

对易感动物进行监测，并实施紧急免疫接种，必要时对易感动物进行扑杀。

关闭动物及动物产品交易市场，禁止动物进出疫区和动物产品运出疫区。

4. 受威胁区内措施　对所有易感动物进行紧急免疫接种，建立"免疫带"，防止疫情扩散。加强疫情监测和免疫效果检测，掌握疫情动态。

（五）封锁的解除

自疫区内最后一头（只）发病动物及其同群动物处理完毕起，经过该病一个最长的潜伏期以上的监测，未出现新的病例的，终末消毒后，经上一级农业农村主管部门组织验收合格，由原发布封锁令的地方人民政府宣布解除封锁，撤销疫区。

疫区解除封锁后，要继续对该区域进行疫情监测，如高致病性禽流感疫区解除封锁后6个月内未发现新病例，即可宣布该次疫情被扑灭。

任务四　染疫动物尸体的处理

染疫动物尸体含有大量病原体，如果不及时合理处理，就会污染外界环境，传播疫病。因此，及时合理处理染疫动物尸体，在动物疫病的防控和维护公共卫生方面都有重要意义。

处理染疫动物尸体要按照《动物防疫法》《病死及病害动物无害化处理技术规范》（农医发〔2017〕25号）等有关规定进行无害化处理。

一、染疫动物的扑杀

扑杀就是将患有严重危害人畜健康疫病的染疫动物（有时包括疑似染疫动物及其同群动物）及缺乏有效的治疗办法或者无治疗价值的患病动物进行人为致死并无害化处理，以防止疫病扩散，把疫情控制在最小的范围内。扑杀是迅速、彻底消灭传染源的一种有效手段。

按照《动物防疫法》和农业农村部相关重大动物疫病处置技术规范，必须采用不放血方法将染疫动物致死后才能进行无害化处理。实际工作中应选用简单易行、干净彻底、低成本的无血扑杀方法。

1. 电击法　利用电流对机体的破坏作用，达到扑杀染疫动物的目的。适合于猪、牛、羊、马属动物等大中型动物的扑杀。

电击法不需要将动物进行保定，提高了扑杀效率；所需工具简单，扑杀时间短，经济适用，适合于大规模的扑杀。但该方法具有危险性，需要专业人员操作。

2. 毒药灌服法　应用毒性药物灌服致死。适合于猪、牛、羊、马属动物等大中型动物的扑杀。该方法所用的药物毒性大，需专人保管。

3. 静脉注射法　用静脉输液的办法将消毒药、安定药、毒药输入到动物体内，从杀灭病原的角度看，静脉输入消毒药是很理想的方法。适合扑杀牛、羊、马属动物等染疫动物。该方法需要对动物进行可靠的保定，所需时间长，只适合于少量动物的扑杀。

静脉注射法
扑杀染疫马

4. 心脏注射法　心脏注射最好选用消毒药，也可选用毒药。目的是消毒药随血循环进入大动脉内和小动脉及组织中，杀灭体液及组织中的病原体，破坏肉质，与焚烧深埋相结合，可有效地防止人为再利用现象。牛、马属动物等大型动物先麻醉，再心脏注射；猪、羊等中小型动物直接保定进行心脏注射。该方法需要保定动物，所需时间长，适合于少量动物的扑杀。

5. 窒息法（二氧化碳法）　适合扑杀家禽类，是世界动物卫生组织推荐的人道扑杀方法。先将待扑杀禽只装入袋中，置入密封车或其他密封容器内，通入二氧化碳窒息致死；或将禽只装入密封袋中，通入二氧化碳窒息致死。该方法具有安全、无二次污染、劳动量小、成本低廉等特点。

6. 扭颈法 适用于扑杀少量禽类。根据禽只大小，一只手握住头部，另一只手握住体部，朝相反方向扭转拉伸，使颈部脱臼，阻断呼吸和大脑供血。

二、染疫动物尸体的收集运输

1. 尸体包装 染疫动物尸体要严密包装，包装材料应符合密闭、防水、防渗、防破损、耐腐蚀等要求。使用后，一次性包装材料应作销毁处理，可循环使用的包装材料应进行清洗消毒。

2. 尸体暂存 采用冷冻或冷藏方式进行暂存。暂存场所设置明显警示标识，能防水、防渗、防鼠、防盗，易于清洗和消毒。

3. 尸体运输 选择《符合医疗废物转运车技术要求（试行）》（GB 19217—2003）的专用车辆或封闭厢式车辆作为染疫动物尸体的运输工具，车厢四壁及底部应使用耐腐蚀材料，采取防渗措施，车辆最好安装制冷设备，应加施明显标识，并加装车载定位系统，记录转运时间和路径等信息。车辆驶离暂存、养殖等场所前，应对车轮及车厢外部进行消毒。运载车辆应尽量避免进入人口密集区。若运输途中发生渗漏，应重新包装、消毒后运输。卸载后，应对运输车辆及相关工具等进行彻底清洗消毒。

三、工作人员的防护

染疫动物尸体的收集、暂存、装运、无害化处理操作的工作人员应经过专门培训，掌握相应的动物防疫知识。操作过程中应穿戴防护服、口罩、护目镜、胶鞋及手套等防护用具。工作完毕后，应对一次性防护用品作销毁处理，对循环使用的防护用品消毒处理。

四、染疫动物尸体的处理方法

染疫动物尸体无害化处理，是指用物理、化学等方法处理染疫动物尸体及相关动物产品，消灭其所携带的病原体，消除动物尸体危害的过程。常用的方法有焚烧法、化制法、高温法、掩埋法、硫酸分解法、发酵法等。

（一）焚烧法

焚烧法是指在焚烧容器内，使动物尸体及相关动物产品在富氧或无氧条件下进行氧化反应或热解反应的方法。

1. 适用对象

（1）国家规定的染疫动物及其产品、病死或者死因不明的动物尸体。

（2）屠宰前确认的病害动物、屠宰过程中经检疫或肉品品质检验确认为不可食用的动物产品。

（3）国家规定的其他应当进行无害化处理的动物及动物产品。

2. 焚烧方法

（1）生物焚尸炉法。生物焚尸炉是一种高效无害化处理系统，安全、处理完全、污染小，但建造和运行成本高，缺乏可移动性。

（2）焚尸坑法。无生物焚尸炉或者大量动物尸体需要焚烧处理时，可采用焚尸坑法。此法缺点是易造成环境污染。

染疫动物尸体
焚烧法

（二）化制法

化制法是指在密闭的高压容器内，通过向容器夹层和容器内通入高温饱和蒸汽，在干热、压力或高温、压力的作用下，处理动物尸体及相关动物产品的方法。化制流程见图 4-2。

染疫动物尸体化制法

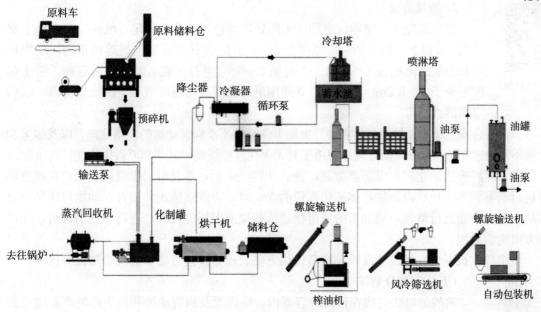

图 4-2 动物尸体化制流程示意

1. 适用对象　除患有炭疽等芽孢杆菌类疫病、牛海绵状脑病、痒病的染疫动物及产品的处理，其他适用对象同焚烧法。

2. 化制方法　分干化和湿化两种。利用干化机和湿化机，将原料分类，分别投入化制。

（1）干化法。是将病死动物尸体及相关动物产品碎化处理后输送至密闭容器内，在不断搅拌的同时，通过在夹层导入高温循环热源对尸体进行高温高压灭菌处理的工艺技术，处理过程中热源不直接接触病死动物尸体，利用动物体内水分加热汽化产生压力，化制完成后通过真空干燥、脱脂、冷却、粉碎等工序，最终得到肉骨粉干品和工业用油脂等。

干化法具有处理速度快、灭菌完全彻底、高度自动化、劳动强度低、处理过程环保、无有害废物排放、废弃物利用率高等特点。

（2）湿化法。是利用高压饱和蒸汽直接与尸体组织接触，当蒸汽遇到尸体而凝结为水时，放出大量热能，可使油脂熔化和蛋白质凝固，同时借助于高温与高压，将病原体完全杀灭。动物尸体经湿化后可熬成工业用油，同时产生的残渣可制成骨粉或肥料。

湿化法具有杀菌完全彻底，处理成本低，操作简单，废弃物利用率高等优点；缺点是产生废水较多。

（三）高温法

高温法是指常压状态下，在封闭系统内利用高温处理病死及病害动物和相关动物产品的方法。

（四）掩埋法

掩埋法是指按照相关规定，将病死及病害动物和相关动物产品投入化尸窖或深埋坑中并覆盖、消毒，处理动物尸体及相关动物产品的方法。

1. 适用对象 除患有炭疽等芽孢杆菌类疫病、牛海绵状脑病以及痒病以外的染疫动物及产品组织。

染疫动物尸体
深埋法

2. 掩埋方法

（1）深埋法。掩埋坑容积以实际处理动物尸体数量确定，坑底应高出地下水位1.5m以上，坑底洒一层厚度为2～5cm的生石灰或氯制剂等消毒药。动物尸体最上层距离地表1.5m以上，再铺2～5cm生石灰或氯制剂等消毒药，覆土厚度不少于1～1.2m。掩埋后，立即用消毒药对掩埋场所进行1次彻底消毒，以后定期巡查消毒。

该法适合发生动物疫情或自然灾害等突发事件时病死及病害动物的应急处理，以及偏远和交通不便地区零星病死畜禽的处理。但由于其无害化过程缓慢，某些病原微生物能长期生存。

（2）化尸窖法。化尸窖应防渗防漏，投放动物尸体后，要及时对投置口及化尸窖周边环境进行消毒。当化尸窖内动物尸体达到容积的3/4时，应停止使用并密封。动物尸体完全分解后，对残留物进行清理，清理出的残留物进行焚烧或者掩埋处理，进行彻底消毒后，化尸窖方可重新启用。

该法具有投资少、建设速度快、投料使用方便、检修清理方便、运行费用低等优点。

染疫动物尸体
处理-硫酸分解法

（五）硫酸分解法

硫酸分解法是指在密闭的容器内，将病死及病害动物和相关动物产品用硫酸在一定条件下进行分解的方法。

（六）发酵法

发酵法是指将动物尸体及相关动物产品与稻糠、木屑等辅料按要求摆放，利用动物尸体及相关动物产品产生的生物热或加入特定生物制剂，发酵或分解动物尸体及相关动物产品的方法。主要分为条垛式和发酵池式两种方法。

因重大动物疫病及人畜共患病死亡的动物尸体和相关动物产品不得使用此种方式进行处理。

该法具有投资少、动物尸体处理速度快、运行管理方便等优点，但发酵过程产生恶臭气体，要有废气处理系统。

操作与体验

技能 动物尸体的深埋处理

（一）教学目标

（1）提高防疫意识，明确无害化处理染疫动物尸体在防控动物疫病和维护公共卫生方面的重要意义。

（2）学会运送染疫动物尸体。

（3）学会动物尸体深埋法。

（二）材料设备

喷雾器、工作服、工作帽、胶靴、手套、口罩、氢氧化钠、二氯异氰尿酸钠、生石灰、运送动物尸体的车辆。

（三）方法步骤

1. 个人防护　预约大型养猪场，学生提前半小时到达，听养殖场防疫员讲解注意事项。穿戴工作服、口罩、风镜、胶鞋及手套。

2. 动物尸体运送　尸体放入动物装尸袋内，尸体躺过的地方，用消毒液喷洒消毒。运送动物尸体的车辆装前卸后要消毒，工作人员用过的手套、衣物及胶鞋均严格消毒。

3. 选择深埋地点　距离动物养殖场、养殖小区、种畜禽场、动物屠宰加工场所、动物隔离场所、动物诊疗场所、动物和动物产品集贸市场、生活饮用水源地 3 000m 以上，距离城镇居民区、文化教育科研等人口集中区域及公路、铁路等主要交通干线 500m 以上。

4. 尸体深埋步骤

（1）挖坑。坑的大小取决于所掩埋动物的多少，深度应尽可能的深（底部必须高出地下水位 1.5m 以上），坑壁应垂直。

（2）坑底处理。要防渗漏，坑底洒一层厚度为 2～5cm 的生石灰或二氯异氰尿酸钠。

（3）入坑掩埋。将动物尸体连同包装物及污染物一起投入坑内。先用 40cm 土层掩盖尸体，然后放入厚度为 2cm 的生石灰或二氯异氰尿酸钠，再覆土掩埋，覆盖土层应不少于 1～1.2m。

（4）平整地面。将掩埋场地面整平，并使其稍高于周边地面。

（5）深埋场所消毒。掩埋后，立即用二氯异氰尿酸钠或氢氧化钠等对掩埋场所进行 1 次彻底消毒。

（6）设置标识。掩埋场地应设立明显地标。

（7）场地检查。应对掩埋场地进行定期检查，以便及时发现问题和采取相应措施。

（四）考核标准

序号	考核内容	考核要点	分值	评分标准
1	动物尸体运送（30分）	尸体包装	10	方法正确
		车辆消毒	10	方法正确，消毒彻底
		尸体污染场所消毒	10	方法正确，消毒彻底
2	尸体深埋（60分）	选择深埋地点	10	选址符合要求
		挖坑	10	大小、深浅合适
		坑底处理	10	防渗漏，撒消毒剂
		入坑掩埋	20	覆土、消毒正确
		深埋后处理	10	设置标识、消毒
3	安全意识（10分）	个人消毒、防护	10	按要求穿戴防护用品
总分			100	

重大动物疫情分级

根据动物疫情的性质、危害程度、涉及范围，将突发重大动物疫情划分为特别重大（Ⅰ级）、重大（Ⅱ级）、较大（Ⅲ级）和一般（Ⅳ级）四级。

1. 特别重大动物疫情（Ⅰ级）

（1）高致病性禽流感在21d内，有10个以上区县连片发生疫情；

（2）口蹄疫在14d内，5个以上省份发生严重疫情，且疫区连片；

（3）动物暴发疯牛病等人畜共患病感染到人，并继续大面积扩散蔓延；

（4）农业农村部认定的其他特别重大突发动物疫情。

2. 重大动物疫情（Ⅱ级）

（1）高致病性禽流感在21d内，有20个以上疫点或者5个以上、10个以下区县连片发生疫情；

（2）口蹄疫在14d内，有5个以上区县发生疫情，或有新亚型口蹄疫出现并发生疫情；

（3）在一个平均潜伏期内，猪瘟、新城疫疫点数达到30个以上；

（4）我国已消灭的牛瘟、牛肺疫等动物疫病又有发生，或我国尚未发生的疯牛病、非洲马瘟等疫病传入或者发生；

（5）在一个平均潜伏期内，布鲁氏菌病、结核病、猪链球菌病、狂犬病、炭疽等二类动物疫病呈暴发流行，或其中的人畜共患病发生感染人的病例，并有继续扩散的趋势；

（6）农业农村部或市级农业农村主管部门认定的其他重大动物疫情。

3. 较大动物疫情（Ⅲ级）

（1）高致病性禽流感在21d内，2个以上区县发生疫情，或疫点数达到3个以上；

（2）口蹄疫在14d内，2个以上区县发生疫情，或疫点数达到5个以上；

（3）在一个平均潜伏期内，5个以上区县发生猪瘟、新城疫疫情，或疫点数达到10个以上；

（4）在一个平均潜伏期内，5个以上区县有布鲁氏菌病、结核病、猪链球菌病、狂犬病、炭疽等二类动物疫病暴发流行；

（5）高致病性禽流感、口蹄疫、炭疽等高致病性病原微生物菌种、毒种发生丢失；

（6）市级农业农村主管部门认定的其他较大动物疫情。

4. 一般动物疫情（Ⅳ级）

（1）高致病性禽流感、口蹄疫、猪瘟、新城疫疫情在1个区县内发生；

（2）布鲁氏菌病、结核病、狂犬病、猪链球菌病、炭疽等以及其他二、三类动物疫病在1个区县内呈暴发流行；

（3）市或区、县农业农村主管部门认定的其他一般动物疫情。

"十三五"期间，在党中央、国务院的坚强领导下，重大动物疫病得到有效防控。疫病防控由以免疫为主向综合防控转型，强制免疫、监测预警、应急处置和控制净化等制度不断健全，重大动物疫情应急实施方案逐步完善，动植物保护能力提升工程深入实施，动物疫病综合防控能力明显提升，非洲猪瘟、高致病性禽流感等重大动物疫情得到有效防控，全国动物疫情形势总体平稳。

思考：请阅读农业农村部关于印发《"十四五"全国畜牧兽医行业发展规划》的通知，针对重大动物疫情处置方面，发展规划中提出了哪些新的理念和要求？

一、名词解释

动物疫情　一类动物疫病　隔离　可疑感染动物　封锁

二、单项选择题

1. 可以认定重大动物疫情的机构是（　　　）。

A. 农业农村部指定的实验室　　　　B. 县级人民政府农业农村主管部门
C. 市级人民政府农业农村主管部门　D. 省级人民政府农业农村主管部门

2. 可以认定新发动物疫病和外来动物疫病疫情的机构是（　　　）。

A. 农业农村部　　　　　　　　　　B. 县级人民政府农业农村主管部门
C. 市级人民政府农业农村主管部门　D. 省级人民政府农业农村主管部门

3. 可向社会公布动物疫情的部门是（　　　）。

A. 农业农村部　　　　　　　　　　B. 县级人民政府农业农村主管部门
C. 市级人民政府农业农村主管部门　D. 省级人民政府农业农村主管部门

4. 对人、动物构成特别严重危害，可能造成重大经济损失和社会影响，需要采取紧急、严厉的强制预防、控制等措施的动物疫病是（　　　）。

A. 一类动物疫病　　B. 二类动物疫病　　C. 三类动物疫病

5. 常见多发，对人、动物构成危害，可能造成一定程度的经济损失和社会影响，需要及时预防、控制的动物疫病是（　　　）。

A. 一类动物疫病　　B. 二类动物疫病　　C. 三类动物疫病

6. 根据《一、二、三类动物疫病病种名录》（农业部第 1125 号公告）的规定，下列属于一类动物疫病的病种是（　　　）。

A. 野兔热　　　B. 马传染性贫血　　C. 小反刍兽疫　　D. 狂犬病

7. 根据《一、二、三类动物疫病病种名录》（农业部第 1125 号公告）的规定，蓝舌病属于（　　　）。

A. 一类动物疫病　　B. 二类动物疫病　　C. 三类动物疫病

8. 根据《一、二、三类动物疫病病种名录》（农业部第 1125 号公告）的规定，布鲁氏菌病属于（　　　）。

A. 一类动物疫病　　　B. 二类动物疫病　　　C. 三类动物疫病

9. 发生一类动物疫病时不能采取的措施是（　　　）。

A. 隔离　　　　　　B. 封锁　　　　　　C. 治疗　　　　　　D. 消毒

10. 发生需要封锁的疫情时，由（　　　）划定疫点、疫区、受威胁区。

A. 农业农村主管部门　　　　　　　　B. 动物疫病预防控制机构

C. 动物卫生监督机构

11. 发生高致病性禽流感时，一般将患病禽类所在的养殖场（户）、养殖小区或其他有关的屠宰加工、经营单位，划为（　　　）。

A. 疫点　　　　　　B. 疫区　　　　　　C. 受威胁区

12. 以下方法，不能用于扑杀染疫动物的是（　　　）。

A. 电击法　　　　　　　　　　　　B. 静脉注射法

C. 切断颈部血管放血法　　　　　　D. 二氧化碳窒息法

三、判断题

（　　　）1. 省级人民政府农业农村主管部门可以根据农业农村部授权公布本行政区域内的动物疫情。

（　　　）2. 可疑感染动物经过该病一个最长潜伏期仍无症状者，可及时取消隔离。

（　　　）3. 把由疫点边缘向外延伸 3km 的区域，称为疫区。

（　　　）4. 封锁的对象是国家规定的一类动物疫病、呈暴发性流行时的二类和三类动物疫病。

（　　　）5. 在发生动物疫病时，无须对动物群进行疫病监测，直接对全群动物采取隔离措施。

四、简答题

1. 发生重大动物疫情时，如何划定疫点、疫区和受威胁区？

2. 发生动物疫情时，如何对可疑感染动物进行隔离？

3. 疫区解除封锁需要具备哪些条件？

4. 染疫动物尸体的处理方法有哪些？

项目四练习题答案

共患疫病的检疫

 **项目指南**

本项目的应用：检疫人员依据口蹄疫、狂犬病、伪狂犬病、结核病、布鲁氏菌病、炭疽、棘球蚴病、日本分体吸虫病的临诊检疫要点进行现场检疫；检疫人员对共患疫病进行实验室检疫；检疫人员根据检疫结果进行检疫处理。

完成本项目所需知识点：口蹄疫、狂犬病、伪狂犬病、结核病、布鲁氏菌病、炭疽、棘球蚴病、日本分体吸虫病的流行病学特点、临诊症状和病理变化；共患疫病的实验室检疫方法；共患疫病的检疫后处理；病死及病害动物的无害化处理。

完成本项目所需技能点：共患疫病的临诊检疫；伪狂犬病、结核病、布鲁氏菌病的实验室检疫；染疫动物尸体的无害化处理。

 **项目导入**

2018 年 8 月，黑龙江省发生一起炭疽疫情，14 人感染皮肤炭疽，共扑杀了 818 只羊，病人主要是通过接触病羊和食肉而感染。

2011 年 3—5 月，东北农业大学的 27 名学生及 1 名教师陆续确诊感染布鲁氏菌病。调查发现，学校购入的 4 只山羊无检疫合格证明，到达学校实验动物房后也未进行布鲁氏菌病检疫，导致在家畜解剖实习等实验课上由于防护不到位，教师和学生发生感染。

可见，口蹄疫、炭疽、结核病、布鲁氏菌病等动物共患疫病特别是人畜共患疫病的检疫非常重要，检出染疫动物要根据相关技术规范采取必要的处理措施。同时，还要重视针对炭疽芽孢杆菌消毒的特殊性。

 **认知与解读**

任务一　口蹄疫的检疫

口蹄疫（Foot and mouth disease，FMD）是由口蹄疫病毒感染引起偶蹄动物的一种急性、热性、高度接触性传染病。其临诊特征是在口腔黏膜、蹄部和乳房皮肤发生水疱和溃烂。

世界动物卫生组织（OIE）将本病列为必须报告的动物传染病，我国规定为一类动物疫病。

（一）临诊检疫

1. 流行特点 本病主要侵害偶蹄动物，牛科动物（牛、瘤牛、水牛、牦牛）、绵羊、山羊、猪及所有野生反刍动物和猪科动物均易感，牛最易感，驼科动物（双峰骆驼、单峰骆驼、美洲驼）易感性较低。易感动物可通过呼吸道、消化道、生殖道和伤口感染病毒，通常以直接或间接接触（飞沫等）方式传播，或经车辆、器具等被污染物传播。如果环境气候适宜，病毒可随风远距离传播。本病传染性强，传播迅速，易造成大流行。冬季、春季较易发生大流行，夏季减缓至平息。

2. 临诊症状 患病动物病初体温升高，精神沉郁，食欲不振或废绝。患病动物唇部、舌面、齿龈、鼻镜、蹄踵、蹄叉、乳房等部位出现水疱，水疱破溃后往往形成浅表性的红色溃疡。患病动物常表现运步困难、跛行，严重的蹄部溃烂、蹄壳脱落。成年动物病死率低，幼龄动物常突然死亡且病死率高，仔猪常成窝死亡。

3. 病理变化 咽喉、气管、支气管和胃黏膜可见圆形烂斑和溃疡，胃和大小肠黏膜可见出血性炎症。心肌松软似煮肉状，心包膜有弥漫性及点状出血，心肌表面和切面有灰白色或淡黄色的斑点或条纹，似老虎身上的斑纹，俗称"虎斑心"。

（二）实验室检疫

1. 病原学检测 采集牛、羊食道-咽部分泌液或未破裂的水疱皮和水疱液，也可采集可疑带毒动物的淋巴结、脊髓、肌肉等组织样品。病原学检测方法包括定型酶联免疫吸附试验（定型 ELISA）、多重反转录-聚合酶链式反应（多重 RT-PCR）、定型反转录-聚合酶链式反应（定型 RT-PCR）、病毒 VP1 基因序列分析、荧光定量反转录聚合酶链反应（荧光定量 RT-PCR）等。

2. 血清学检测 采集患病动物血清样品，检测血清抗体水平，同时可进行病毒定型和区分感染动物和免疫动物等。病毒中和试验（VN）、液相阻断酶联免疫吸附试验（LB-ELISA）、固相竞争酶联免疫吸附试验（SPC-ELISA）主要用于口蹄疫病毒抗体的监测和免疫效果评估；非结构蛋白（NSP）3ABC 抗体间接酶联免疫吸附试验（3ABC-I-ELISA）、非结构蛋白（NSP）3ABC 抗体阻断酶联免疫吸附试验（3ABC-B-ELISA）主要用于口蹄疫病毒感染抗体的鉴别诊断。

（三）检疫后处理

1. 封锁措施 检出阳性或发病动物，立即上报疫情。确诊后，立即划定疫点、疫区（由疫点边缘向外延伸 3km 范围的区域）和受威胁区（由疫区边缘向外延伸 10km 的区域），采取封锁措施。

（1）疫点内措施。扑杀所有患病动物及同群易感动物并进行无害化处理；对排泄物、被污染的饲料和垫料、污水等进行无害化处理，对被污染或可疑污染的物品、交通工具、用具、圈舍、场地进行严格彻底消毒；对发病前 14d 售出的动物及其产品进行追踪，并做扑杀和无害化处理。

（2）疫区内措施。关闭疫区动物产品交易市场，所有易感动物紧急免疫接种。必要时，对疫区内所有易感动物进行扑杀和无害化处理。

（3）受威胁区内措施。受威胁区内最后一次免疫超过 1 个月的所有易感动物，进行紧急免疫接种。

2. 封锁的解除 疫点内最后一头患病动物死亡或被扑杀后，14d 内未出现新的病例，疫区、受威胁区紧急免疫接种完成，终末消毒结束，经上一级农业农村主管部门组织验收合格后，由当地农业农村主管部门向发布封锁令的人民政府申请解除封锁。

任务二　狂犬病的检疫

狂犬病（Rabies）俗称"疯狗病"或"恐水症"，是由狂犬病病毒引起的一种人畜共患的急性传染病。病毒主要侵害中枢神经系统，临诊表现为狂暴不安、意识障碍，最后麻痹而死亡。

（一）临诊检疫

1. 流行特点　人和温血动物对狂犬病病毒都有易感性，犬科、猫科动物最易感。发病动物和带毒动物是狂犬病的主要传染源，这些动物的唾液中含有大量病毒。本病主要通过患病动物咬伤、抓伤而感染，亦可通过皮肤或黏膜损伤处接触发病或带毒动物的唾液感染。

狂犬病通过犬咬伤传播

2. 临诊症状　本病的潜伏期一般为 2～8 周，短的为 10d，长的可达 1 年以上。各种动物临诊表现大致相似，多表现为狂暴型，出现行为反常，易怒，攻击人畜，狂躁不安，食欲反常，流涎，特殊的斜视和惶恐；随病势发展，陷于意识障碍，反射紊乱，机体消瘦，声音嘶哑，眼球凹陷，瞳孔散大或缩小，下颌下垂，舌脱出口外，流涎显著；最后后躯及四肢麻痹，卧地不起，因呼吸中枢麻痹或衰竭而死。整个病程为6～8d，少数病例可延长到10d。

3. 病理变化　动物尸体消瘦，胃内空虚或充满异物。软脑膜的小血管扩张充血，轻度水肿。脑灰质和白质的小血管充血，点状出血。

（二）实验室检疫

1. 病原学检测　取疑似狂犬病患病动物的脑部组织、唾液腺等样品进行病原学检测。

（1）包含体检查。取新鲜脑组织制成压印片，塞勒氏染色镜检，如在神经细胞细胞质内见有圆形或椭圆形桃红色小颗粒，即包含体（内基氏小体）。

（2）荧光抗体技术（FAT）。该法为世界卫生组织和世界动物卫生组织共同推荐的方法，能在狂犬病的初期做出诊断。

直接免疫荧光技术检测狂犬病病毒

此外还可采取小鼠和细胞培养物感染试验、反转录-聚合酶链式反应（RT-PCR）、实时荧光定量聚合酶链式反应（Q-rt-PCR）。

2. 血清学检测　主要用于确定免疫接种状况，可用荧光抗体病毒中和试验（FAVN）和酶联免疫吸附试验（ELISA）。

（三）检疫后处理

扑杀患病动物和被患病动物咬伤的其他动物，并对扑杀和发病死亡的动物进行无害化处理；对疫点内所有犬、猫进行一次狂犬病紧急免疫接种，并限制其流动；对污染的用具、笼具、场所等全面消毒。

任务三　伪狂犬病的检疫

伪狂犬病（Pseudorabies，PR）是由伪狂犬病病毒引起的多种家畜和野生动物的一种急性传染病，以发热、奇痒（猪除外）、脑脊髓炎为典型症状。

（一）临诊检疫

1. 流行特点 本病各种家畜和野生动物（除无尾猿外）均可感染，猪、牛、羊、犬、猫、家兔、小鼠、狐狸和浣熊等易感。本病可经消化道、呼吸道、损伤的皮肤感染，也可经胎盘感染胎儿，寒冷季节多发。

2. 临诊症状 潜伏期一般为 3～6d。

（1）猪。母猪感染伪狂犬病病毒后常发生流产，产死胎、弱仔、木乃伊胎等；青年母猪和空怀母猪常出现返情而屡配不孕或不发情；公猪常出现睾丸肿胀、萎缩，性功能下降，失去种用能力；15 日龄内仔猪出现神经症状，病死率可达 100%；断乳仔猪出现神经症状和呼吸道症状，发病率 20%～30%，病死率为 10%～20%；育肥猪表现为呼吸道症状和增重滞缓。

（2）牛、羊。主要表现为发热、奇痒及脑脊髓炎的症状。身体某部位皮肤剧痒，动物无休止地舐舔患部，常用前肢或硬物摩擦发痒部位，有时啃咬痒部或撕脱痒部被毛。延髓受侵害时，表现咽麻痹、流涎、呼吸促迫、吼叫，多 1～3d 内死亡。

3. 病理变化

（1）猪。常见明显的脑膜淤血、出血，鼻咽部充血，肝、脾等实质脏器可见有 1～2mm 的灰白色坏死灶，肺可见水肿和出血点。组织病理学检查有非化脓性脑炎变化。

（2）牛、羊。患部皮肤撕裂，皮下水肿，肺常充血、水肿。组织病理学检查有非化脓性脑炎变化。

（二）实验室检疫

1. 兔体接种试验 采取发病动物扁桃体、嗅球、脑桥和肺脏，接种于家兔皮下或者小鼠脑内，家兔经 2～5d 或者小鼠经 2～10d 发病死亡，死亡前注射部位出现奇痒和四肢麻痹。

2. 病原学检查 采集活体动物的扁桃体和鼻拭子、公猪精液、流产胎儿组织、死亡猪的脑和扁桃体，接种于猪肾细胞系（PK - 15），观察细胞病变效应（CPE）。对于出现 CPE 的细胞培养物，可以采用血清中和试验（SN）、荧光抗体技术（FAT）或聚合酶链式反应（PCR）进行病毒鉴定。

3. 血清学检查 病毒中和试验（VN）敏感性低但特异性强，用于口岸进出口检疫；乳胶凝集试验（LAT）简便快速、敏感性高，适用于基层单位对该病的现场筛查和检测；酶联免疫吸附试验（ELISA）适用于实验室开展大批样品检测、产地检疫和流行病学调查。

（三）检疫后处理

1. 检出患病动物 全部扑杀发病动物并进行无害化处理，对同群动物实施隔离并紧急免疫接种，对污染的场所、用具、物品等严格消毒。

2. 做好引种检疫 种猪进场后，必须隔离饲养 45d，经实验室检查确认为猪伪狂犬病病毒感染阴性的，方可混群。

任务四 结核病的检疫

结核病（Tuberculosis，TB）是由分枝杆菌引起的一种人畜共患的慢性传染病。以在多种组织器官形成结核结节性肉芽肿和干酪样坏死、钙化结节为特征。

世界动物卫生组织（OIE）将其列为必须报告的动物疫病，我国规定为二类动物疫病。

（一）临诊检疫

1. 流行特点 本病可侵害人和多种动物。家畜中牛最易感，特别是奶牛，其次为水牛、黄牛、牦牛，猪和家禽易感性也较强，羊极少患病。病菌随鼻液、痰液、粪便和乳汁等排出体外，易感动物通过被污染的空气、饲料、饮水等经呼吸道、消化道等途径感染。

2. 临诊症状 本病潜伏期一般为3～6周，有的可长达数月或数年，以肺结核、乳房结核和肠结核最为常见。肺结核以长期顽固性干咳为特征，且以清晨最为明显。患病动物容易疲劳，逐渐消瘦，病情严重者可见呼吸困难。乳房结核一般先是乳房淋巴结肿大，继而后方乳腺区发生局限性或弥漫性硬结，硬结无热无痛，表面凹凸不平。泌乳量下降，乳汁变稀，严重时乳腺萎缩，泌乳停止。肠结核主要表现机体消瘦，持续腹泻与便秘交替出现，粪便常带血液或脓汁。

3. 病理变化 在肺、乳房和胃肠黏膜等处形成特异性白色或黄白色结节，结节大小不一，切面干酪样坏死或钙化，有时坏死组织溶解和软化，排出后形成空洞。胸膜和肺膜可发生密集的结核结节，形如珍珠状，又称珍珠病。肝、肾、脾等器官也能发生结核结节。

（二）实验室检疫

1. 病原学检查 采集发病动物的病灶、痰、尿、粪便、乳汁及其他分泌物，作抹片或集菌处理后抹片，用抗酸染色法染色镜检，分枝杆菌呈红色，其他菌及背景为蓝色。还可进行病原分离培养、动物接种试验及应用实时荧光定量聚合酶链式反应（Q-rt-PCR）检测结核杆菌核酸。

2. 变态反应试验 用提纯结核菌素（PPD）进行皮内变态反应试验，可检出牛群中95％～98％的结核阳性牛。

（三）检疫后处理

1. 检出患病动物 全部扑杀患病动物并做无害化处理，污染场所、用具、物品严格消毒；同群动物实施隔离，进行结核病净化。宰前检疫检出牛结核病时，病牛扑杀并做无害化处理；同群动物隔离观察，确认无异常的，准予屠宰。宰后检疫发现病牛，其胴体及内脏一律做无害化处理。

2. 做好引进动物检疫 引进种牛、奶牛时，检疫合格后方可引进；入场后，隔离观察45d以上，再经变态反应试验检测结果阴性者，方可混群饲养。奶牛场通过检疫净化建立牛结核病净化群（场）。

为了防止人畜互相传染，工作人员应注意防护，并定期体检。

任务五 布鲁氏菌病的检疫

布鲁氏菌病（Brucellosis，BR）是由布鲁氏菌引起的人畜共患的慢性传染病。以流产、胎衣不下、睾丸炎、附睾炎和关节炎为主要特征。

（一）临诊检疫

1. 流行特点 多种动物和人对布鲁氏菌易感，羊、牛、猪的易感性最强，犬也有较强的易感性。雌性动物比雄性动物，成年动物比幼年动物发病多。患病动物主要通过流产物、精液和乳汁排菌，污染环境。消化道、呼吸道、生殖道是主要的感染途径，也可通过损伤的皮肤、黏膜等感染。本病常呈地方性流行。

2. 临诊症状 潜伏期一般为 14～180d。最显著症状是妊娠动物发生流产，流产后可能发生胎衣滞留和子宫内膜炎，从阴道流出污秽不洁、恶臭的分泌物。新发病的畜群流产较多；老疫区畜群发生流产的较少，但发生子宫内膜炎、乳房炎、关节炎、胎衣滞留、久配不孕的较多。雄性动物往往发生睾丸炎、附睾炎或关节炎。

3. 病理变化 主要病变为生殖器官的炎性坏死，脾、淋巴结、肝、肾等器官形成特征性肉芽肿，有的可见关节炎。胎儿主要呈败血症病变，浆膜和黏膜有出血点和出血斑，皮下结缔组织发生浆液性、出血性炎症。

（二）实验室检疫

1. 病原学检查 采集流产胎衣、绒毛膜水肿液、肝、脾、淋巴结、胎儿胃内容物等组织，制成抹片，用柯兹罗夫斯基染色法染色镜检，布鲁氏菌为红色球杆菌，而其他菌为蓝色。但此法检出率低，最好同时进行分离培养、动物接种或采用聚合酶链式反应（PCR）检测病原核酸。

2. 血清学检查 初筛采用虎红平板凝集试验（RBT），也可采用荧光偏振试验（FPA）和全乳环状试验（MRT）。确诊采用试管凝集试验（SAT），也可采用补体结合试验（CFT）、间接酶联免疫吸附试验（I-ELISA）和竞争酶联免疫吸附试验（C-ELISA）。

（三）检疫后处理

1. 检出患病动物 全部扑杀患病动物并做无害化处理，对同群动物隔离检测，对污染场所、用具、物品严格消毒。宰前检疫检出患病动物时，患病动物扑杀并做无害化处理；同群动物隔离观察，确认无异常的，准予屠宰。宰后检疫发现患病动物，其胴体、内脏和副产品一律无害化处理。

2. 做好引进动物检疫 引进种用、乳用动物时，检疫合格后方可引进；入场后，经隔离观察至少 45d，血清学检查呈阴性者，方可混群饲养。牛、羊养殖场通过检疫净化建立布病净化场群。饲养人员每年要定期进行健康检查，发现患有本病的应调离岗位，及时治疗。

任务六 炭疽的检疫

炭疽（Anthrax）是由炭疽芽孢杆菌引起的一种人畜共患传染病。以突然死亡、天然孔出血、尸僵不全为特征。

（一）临诊检疫

1. 流行特点 各种家畜、野生动物及人对本病都有不同程度的易感性，草食动物最易感，杂食动物次之，肉食动物再次之，家禽一般不感染，人易感。本病主要经消化道、呼吸道和皮肤感染。炭疽芽孢对环境具有很强的抵抗力，其污染的土壤、水源及场地可形成持久的疫源地，所以多呈地方性流行。本病有一定的季节性，多发生在吸血昆虫多、雨水多、洪水泛滥的季节。

2. 临诊症状

（1）牛。多呈急性经过。体温 41℃ 以上，可视黏膜呈暗紫色，心动过速、呼吸困难。呈慢性经过的病牛，在颈、胸前、肩胛、腹下或外阴部常见水肿；皮肤病灶温度增高，坚硬，有压痛，也可发生坏死，有时形成溃疡；颈部水肿常与咽炎和喉头水肿相伴发生，致使呼吸困难加重。急性病例一般经 1～2d 后死亡，亚急性病例一般经 2～5d 后死亡。

（2）羊。多呈最急性型。表现摇摆、磨牙、抽搐，挣扎、突然倒毙，有的从天然孔流出带气泡的黑红色血液。病程稍长者也只持续数小时后死亡。

（3）猪。多为局限性变化，呈慢性经过，临诊症状不明显，常在宰后发现病变。

犬和其他肉食动物临诊症状不明显。

3. 病理变化

（1）败血型。病死动物可视黏膜发绀、出血；血液呈暗紫红色，凝固不良，黏稠似煤焦油状；皮下、肌间、咽喉等部位有浆液性渗出及出血；淋巴结肿大、充血，切面潮红；脾高度肿胀，达正常的数倍，脾髓呈黑紫色。

（2）局部型。猪炭疽一般为局部型。咽炭疽最多见，颌下淋巴结肿大，刀切淋巴结硬而脆，切面为深砖红色，质地粗糙无光泽，上有暗红色或紫色凹陷坏死灶，淋巴结周围有不同程度胶样浸润，扁桃体充血、出血、水肿或坏死。其次是肠型炭疽，多发生于小肠，以肿大、出血和坏死的淋巴小结为中心，形成局灶性、出血性、坏死性病变，于肠壁上出现坏死溃疡；肠系膜淋巴结肿大呈出血性胶样浸润。

（二）实验室检疫

1. 病原学检查 在防止病原扩散的条件下采集病料。生前可采耳静脉血、水肿液或血便，死后可立即采取耳尖血和四肢末端血涂片；宰后检疫时，取淋巴结涂片。用美蓝、瑞氏染色法或姬姆萨染色法染色，镜检发现单个或 2～4 个短链排列的竹节状的带有荚膜的粗大杆菌，可做出初步判定。进一步诊断，需进行病原分离培养及荚膜形成试验或聚合酶链式反应。

2. 血清学检查 常将病料浸出液与炭疽沉淀素血清做环状沉淀试验，接触面出现清晰的白色沉淀环者为阳性。此外，还可用琼脂扩散试验（AGID）、荧光抗体技术（FAT）等。

（三）检疫后处理

1. 零星散发的处理 对患病动物作无血扑杀处理；对同群动物强制免疫接种，并隔离观察 20d；对动物尸体及被污染的粪肥、垫料、饲料等进行焚烧掩埋处理；对可能被污染的物品、交通工具、用具、圈舍等按要求进行严格彻底消毒。

2. 暴发流行的处理 本病呈暴发流行时（1 个县 10d 内发现 5 头以上的患病动物），要上报同级人民政府，立即划定疫点、疫区（由疫点边缘向外延伸 3km 范围的区域）和受威胁区（由疫区边缘向外延伸 5km 的区域），实行封锁措施。

（1）疫点内措施。患病动物和同群动物全部进行无血扑杀处理，其他易感动物紧急免疫接种；对所有病死动物、被扑杀动物，以及排泄物和可能被污染的垫料、饲料等物品产品焚烧掩埋处理；对圈舍、场地以及所有运载工具、饮水用具等进行严格彻底地消毒。限制人、易感动物、车辆进出和动物产品及可能受污染的物品运出。

（2）疫区内措施。进出人员、车辆进行消毒，停止动物及其产品的交易、移动，所有易感动物紧急免疫接种，对圈舍、道路等可能污染的场所进行消毒。

（3）受威胁区内措施。对受威胁区内的所有易感动物进行紧急免疫接种。

最后一头患病动物死亡或患病动物和同群动物扑杀处理后 20d 内不再出现新的病例，进行终末消毒后，经动物防疫监督机构审验合格，方能解除封锁。

3. 屠宰检疫的处理 宰前检疫发现的患病动物，扑杀患病动物和同群动物并做无害化处理，污染场所、车辆严格消毒。宰后检疫发现的患病动物，立即停止生产，整个肉尸、内脏、皮毛、血液及被污染或疑为污染的肉尸、内脏等一律做无害化处理，被污染的场地、用具等按规定严格消毒。

任务七 棘球蚴病的检疫

棘球蚴病（Echinococcosis）又称包虫病，是由棘球绦虫的幼虫寄生于人和羊、牛、猪、犬等动物肝、肺及其他器官内所引起的一类人畜共患寄生虫病。人的感染通常是误食有棘球蚴的生肉或未煮熟肉而发生。

我国规定本病为二类动物疫病，《国家中长期动物疫病防治规划（2012—2020年）》将其列为优先防治的动物疫病。

（一）临诊检疫

1. 流行特点 家畜中受害较重的是羊、牛、猪，特别是绵羊，每年早春时节发病较多，牧区发生较多。

2. 临诊症状 绵羊病死率较高，表现为消瘦、被毛逆立、脱毛、咳嗽、倒地不起。牛常见消瘦、衰弱、呼吸困难或轻度咳嗽，产奶量下降。猪感染棘球蚴后，症状一般不明显，常在屠宰后发现。各种动物都可因囊泡破裂而产生严重的过敏反应，突然死亡。

3. 病理变化 剖检可见肝、肺及其他脏器有棘球蚴包囊，常为球形，大小不等。囊壁厚，囊内充满液体，棘球蚴游离在囊液中，或单个存在，或成堆（簇）寄生。

（二）实验室检疫

1. 变态反应检查 取新鲜棘球蚴囊液，无菌过滤，在动物颈部皮内注射0.1～0.2mL，注射后5～10min内观察，皮肤出现红肿，直径0.5～2cm，15～20min后呈暗红色者，为阳性；迟缓型在24h时内出现反应；24～28h不出现反应者为阴性。

2. 血清学检查 间接血凝试验（IHA）和酶联免疫吸附试验（ELISA）具有较高的敏感性和特异性，对羊和牛的棘球蚴检出率较高。

3. 超声波检查 对人和动物也可用X线透视和超声波检查进行诊断。

（三）检疫后处理

对发病动物隔离治疗，粪便发酵处理；同群动物进行药物预防。

宰后检疫发现本病，病变严重且肌肉有退行性变化的，整个胴体和内脏做无害化处理；病变轻微且肌肉无变化的，病变内脏化制或销毁，其余部分一般不受限制。加强屠宰场地管理，防止犬类进入。

任务八 日本分体吸虫病的检疫

日本分体吸虫病（Schistosomiasis japonica）是由日本分体吸虫引起的人畜共患的寄生虫病，以腹泻、便血、消瘦、实质脏器散布虫卵结节等为特征。又称为日本血吸虫病。我国规定为二类动物疫病。

（一）临诊检疫

1. 流行特点 带虫的哺乳动物和人是本病的传染源，人、牛、羊、猪、马、骡、驴、狗、猫及多种野生动物易感，家畜中主要发生于牛，其次是猪和羊，以3岁以下的小牛发病率最高，症状最重。血吸虫可通过皮肤、口腔黏膜、胎盘等途径侵入宿主，中间宿主为钉螺。由于钉螺活动和尾蚴逸出都受温度的影响，因此，本病感染有明显的季节性，一般5—10月为感染期，冬季通常不发生自然感染。

2. 临床症状

（1）急性型。主要表现食欲减退，精神迟钝，体温升到40℃以上，呈不规则的间歇热。后发生腹泻，夹杂有血液和黏液团块。严重贫血、消瘦，最后因严重的贫血而死亡或转为慢性型。

（2）慢性型。症状多不明显，病牛进行性消瘦，贫血，被毛粗乱，无光泽，骨结明显，奶牛产乳量下降，母牛不发情、不受孕，妊娠牛流产。甚至发生肝硬化，腹水。犊牛生长发育缓慢，多成为侏儒牛。

3. 病理变化　腹腔积液；肝初期肿大，以后萎缩、硬化，表面可见粟粒大至高粱粒大灰白色或黄色的结节；肠壁肥厚，浆膜面粗糙，并有淡黄色黄豆样结节；肠系膜淋巴结肿大，门静脉血管肥厚，肠系膜静脉内有虫体。

（二）实验室检疫

1. 粪便毛蚴孵化法　采粪宜在春季和秋季，其次为夏季。从牛直肠中采取粪便200g，或取新排出的粪便，分成3份。然后洗粪、孵化、孵育、判定。

2. 血清学检查　主要应用间接血凝试验（IHA）进行诊断。

（三）检疫后处理

对发病动物隔离治疗，同场动物药物预防；养殖环境彻底消毒，粪便发酵处理；消灭中间宿主钉螺。

宰后检疫发现本病，整个胴体和内脏做无害化处理。

操作与体验

技能一　牛结核病检疫

（一）教学目标

（1）学会牛结核菌素变态反应诊断的方法。

（2）学会牛结核菌素变态反应诊断的判定标准。

（二）材料设备

待检牛、鼻钳、剪毛剪、游标卡尺、镊子、1mL皮内注射器及针头、提纯结核菌素（PPD）、酒精棉球、煮沸消毒器、记录表、工作服、手套、口罩、胶靴等。

（三）方法步骤

用提纯结核菌素（PPD）进行皮内变态反应试验，对活畜的结核病检疫具有非常重要的意义。出生后20d的牛即可用本试验进行检疫。

1. 注射部位　将牛编号登记后，在颈侧中部上1/3处剪毛（3月龄以内的犊牛，可在肩胛部），直径约10cm，用卡尺测量术部中央皮皱厚度，做好记录。如术部有变化时，应另选部位或在对侧进行。

2. 注射剂量　每头牛皮内注射0.1mL结核菌素，不低于2 000IU，或按试剂说明书配制的剂量注射。

牛结核病
检疫皮内
注射过程

牛结核病检疫
结果判定

3. 注射方法 保定好牛，用酒精棉球消毒术部。一手提捏起术部中央皮皱，另一手持皮内注射器，按皮内注射的方法注入预定剂量的结核菌素，注射后局部应出现小泡。如注射有疑问时，应另选 15cm 以外的部位或对侧重新注射。

4. 观察反应 皮内注射后第 72 小时进行观察，仔细观察注射局部有无热、痛、肿胀等炎性反应，并用卡尺测量术部皮皱厚度，做好详细记录（表 5 - 1）。第 72 小时观察后，对阴性反应和疑似反应的牛，于注射后第 96 小时和第 120 小时再分别判定一次，以防个别牛出现较晚的迟发性变态反应。

5. 结果判定 分为阳性反应、疑似反应和阴性反应三种情况。

（1）阳性反应。局部有明显的炎性反应，皮厚差≥4.0mm 者，为阳性反应（＋）。

（2）疑似反应。局部炎性反应较轻，2.0mm＜皮厚差＜4.0mm，为疑似反应（±）。

（3）阴性反应。无炎性反应，皮厚差≤2.0mm，为阴性反应（－）。

凡判定为疑似反应的牛只，于第一次检疫 42d 后进行复检，其结果仍为可疑反应时，判为阳性。

表 5 - 1 牛结核病检疫记录表

单位：＿＿＿＿＿　　　　　　　　　　　　　　　　　　　　年　月　日　检疫员：＿＿＿＿＿

编号	牛号	年龄	提纯结核菌素皮内注射反应							判定
			次　数	注射时间	部位	原皮厚/mm	注射后皮厚/mm			
							72h	96h	120h	
			第　次	一回						
				二回						
			第　次	一回						
				二回						
			第　次	一回						
				二回						
			第　次	一回						
				二回						
			第　次	一回						
				二回						

受检头数＿＿＿＿＿，阳性头数＿＿＿＿＿，疑似头数＿＿＿＿＿，阴性头数＿＿＿＿＿。

（四）考核标准

序号	考核内容	考核要点	分值	评分标准
1	检疫前准备（10分）	器械消毒	3	正确消毒
		提纯结核菌素检查	2	检查仔细、全面
		人员消毒和防护	5	程序正确、规范

（续）

序号	考核内容	考核要点	分值	评分标准
2	PPD稀释 （10分）	吸取稀释液	5	吸取量准确
		无菌操作	5	操作规范
3	注射部位选择 （25分）	动物保定	5	保定规范
		注射部位选择	5	选择部位准确
		剪毛操作	5	操作规范
		卡尺测量	10	测量准确
4	皮内注射 （15分）	消毒操作	5	消毒规范
		注射操作	10	操作规范
5	结果判定 （30分）	观察时间	5	时间正确
		观察反应	5	描述正确
		卡尺测量	5	测量准确
		结果判定	10	判定准确
		记录表填写	5	正确填写记录单
6	职业素质评价 （10分）	安全意识	5	注意人身安全、生物安全
		协作意识	5	具备团队协作精神，积极与小组成员配合，共同完成任务
	总分		100	

技能二 羊布鲁氏菌病检疫

（一）教学目标

（1）学会制备羊被检血清。

（2）学会用虎红平板凝集试验检测羊布鲁氏菌病。

（3）学会用试管凝集试验检测羊布鲁氏菌病。

（二）材料设备

1. 器材 无菌采血试管、一次性注射器、5％碘酊棉球、75％酒精棉球、来苏儿、灭菌小试管及试管架、清洁灭菌吸管、洁净玻璃板、牙签、一次性防护服、手套、口罩、胶靴等。

2. 试剂 布鲁氏菌试管凝集抗原、虎红平板凝集抗原、布鲁氏菌标准阳性血清、布鲁氏菌标准阴性血清、含0.5％石炭酸的10％氯化钠溶液等。

（三）方法步骤

1. 被检血清制备 被检羊局部剪毛消毒后，颈静脉采血。无菌采血7～10mL于灭菌试管内，摆成斜面让血液自然凝固，经10～12h，待血清析出后，分离血清装入灭菌小瓶内。血清析出量少或血清蓄积于血凝块之下时，用灭菌细铁丝或接种环沿着试管壁穿刺，使血凝块脱落，然后放于冷暗处，使血清充分析出。

2. 虎红平板凝集试验

（1）操作方法。取洁净的玻璃板，在其上划分成 $4cm^2$ 的方格，标记受检血清号；在标记方格内加相应被检血清0.03mL，再在受检血清旁滴加布鲁氏菌虎

虎红平板凝集
试验

红平板凝集抗原0.03mL；用牙签搅动血清和抗原使之混匀。在室温下4min内观察记录反应结果。同时以阳性、阴性血清作为对照。

（2）结果判定。在阴性、阳性血清对照成立的条件下，被检血清在4min内出现肉眼可见凝集现象者判为阳性（＋），无凝集现象，呈均匀粉红色者判为阴性（－）。

3. 试管凝集试验

（1）被检血清稀释度。用1∶25、1∶50、1∶100和1∶200四个稀释度。大规模检疫时可只用两个稀释度，即山羊、绵羊、猪和犬用1∶25和1∶50，牛、马、鹿、骆驼用1∶50和1∶100。

（2）操作方法。取小试管7支，立于试管架上，用玻璃笔在每支试管上编号，按表5-2加样。第1管加入稀释液1.15mL，第2、3、4管各加入0.5mL稀释液，用1mL吸管取被检血清0.1mL，加入第1管中，充分混匀后（一般吸吹3～4次），吸取0.25mL弃去，再吸取0.5mL混合液加入第2管，吸吹混匀后，吸0.5mL混合液加入第3管，如此倍比稀释至第4管，第4管混匀后弃去0.5mL。稀释完毕，从第1至第4管的血清稀释度分别为1∶12.5、1∶25、1∶50和1∶100，牛、马、鹿、骆驼血清稀释法与上述基本一致，差异是第一管加1.2mL稀释液和0.05mL被检血清。然后将1∶20稀释的抗原由第1管起，每管加入0.5mL，并振摇均匀。血清最后稀释度由第1管起，依次为1∶25、1∶50、1∶100和1∶200，牛、马和骆驼的血清稀释度则依次变为1∶50、1∶100、1∶200和1∶400。设阳性血清、阴性血清和抗原对照，置37℃温箱24h，取出检查并记录结果。

表5-2　羊布鲁氏菌病试管凝集试验操作步骤

试管号	1	2	3	4	5	6	7
血清最终稀释倍数	1∶25	1∶50	1∶100	1∶200	对照		
					抗原对照	阳性对照	阴性对照
含0.5%石炭酸的10%氯化钠溶液/mL	1.15	0.5	0.5	0.5	0.5		
被检血清/mL	0.1	0.5 弃去0.25	0.5	0.5	— 弃去0.5	0.5	0.5
抗原（1∶20）/mL	0.5	0.5	0.5	0.5	0.5	0.5	0.5

（3）结果判定。

①凝集反应程度区分。试管底部有明显伞状凝集物，液体完全透明，抗原全部凝集，以"＋＋＋＋"表示；试管底部有明显伞状凝集物，75%抗原被凝集，以"＋＋＋"表示；试管底部有伞状凝集物，液体中度混浊，50%抗原被凝集，以"＋＋"表示；25%菌体凝集，试管底部有少量伞状沉淀，液体混浊，以"＋"表示；若抗原完全不凝集，试管底部无伞状凝集物，只有圆点状沉淀物，液体完全混浊，以"－"表示。

②阳性判定。山羊、绵羊、猪和犬的血清凝集价为1∶50以上者，牛、马、鹿和骆驼1∶100以上者，判为阳性；山羊、绵羊、猪和犬的血清凝集价为1∶25者，牛、马、鹿和骆驼为1∶50者，判为可疑。可疑反应的动物经3～4周后重检，牛、羊重检仍为可疑，判为阳性；猪重检仍为可疑，而同场的猪没有临诊症状和大批阳性出现者，判为阴性。

(四) 考核标准

序号	考核内容	考核要点	分值	评分标准
1	检疫前材料准备 （15分）	器械消毒	5	程序正确
		抗原检查	5	检查仔细、全面
		稀释液准备	5	配制准确
2	被检血清制备 （10分）	采血	5	无菌操作、量符合要求
		析出血清	5	血清充分析出
3	虎红平板 凝集试验 （30分）	样品滴加	5	滴加准确
		操作步骤	10	步骤正确，操作规范
		结果判定	15	判定准确
4	试管凝集 反应 （40分）	加样	10	加样准确
		操作步骤	10	步骤正确，操作规范
		凝集反应程度区分	10	凝集反应程度区分准确
		阳性判定	10	判定准确
5	职业素质评价（5分）	安全意识	5	注意人身安全、生物安全
总分			100	

知识拓展

拓展知识一　人畜共患病名录

牛海绵状脑病、高致病性禽流感、狂犬病、炭疽、布鲁氏菌病、弓形虫病、棘球蚴病、钩端螺旋体病、沙门菌病、牛结核病、日本分体吸虫病、流行性乙型脑炎、猪Ⅱ型链球菌病、旋毛虫病、猪囊尾蚴病、马鼻疽、野兔热、大肠杆菌病（O157：H7）、李氏杆菌病、类鼻疽、放线菌病、肝片吸虫病、丝虫病、Q热、禽结核病、利什曼病。

拓展知识二　牛结核病净化群（场）的建立

污染牛群应用提纯结核菌素（PPD）皮内变态反应试验进行反复监测，每次间隔3个月，发现阳性牛及时扑杀并做无害化处理。凡连续两次以上监测结果均为阴性者，可认为牛结核病净化群。

犊牛应于20日龄时进行第一次监测，100～120日龄时进行第二次监测。凡连续两次以上监测结果均为阴性者，可认为是牛结核病净化群。

凡提纯结核菌素皮内变态反应试验疑似反应者，于42d后进行复检，复检结果为阳性，则按阳性牛处理；若仍呈疑似反应则间隔42d再复检一次，结果仍为可疑反应者，视同阳性牛处理。

思政园地

血吸虫病容易感染，蔓延极快，很难根除，新中国成立前在我国南部和长江沿岸地区长期流行，猖狂肆虐，被老百姓称为"神仙也治不好"的传染性疾病，严重危害人民的健康与生命安全。新中国成立后，我们党高度重视血吸虫病的防治，毛泽东主席发出"一定要消灭血吸虫病"和"限期消灭血吸虫病"的号召，强调"全党动员，全民动员，消灭血吸虫病"。广大医务人员实施"控制粪便、消灭钉螺、管理疫水、治疗病人"的措施，大举填壕平沟，治山理水，消灭钉螺，从根本上控制了血吸虫病。1958年6月30日，毛主席从《人民日报》看到余江县消灭了血吸虫的新闻后，激动不已，欣然提笔写成了不朽的诗篇——《七律二首·送瘟神》。

思考：新中国成立初期，我国在经济技术落后的情况下，为什么能够送走"瘟神"？

练习题

一、单项选择题

1. 以下动物对口蹄疫病毒不易感的是（ ）。

A. 猪   B. 牛   C. 羊   D. 马

2. 宰后检疫发现猪心脏有"虎斑心"病变特征，可怀疑的疫病是（ ）。

A. 猪瘟   B. 口蹄疫   C. 炭疽   D. 旋毛虫病

3. 在进行狂犬病的实验室诊断时，可取患病动物的海马角制成压印片，进行染色镜检，如果检出（ ）即可确诊。

A. 线粒体   B. 内基氏小体   C. 高尔基体   D. 溶酶体

4. 可致猪流产，有神经症状，病理剖检可见肝、肺、肾等器官有白色坏死灶的疫病是（ ）。

A. 猪伪狂犬病   B. 猪瘟   C. 猪圆环病毒病   D. 流行性乙型脑炎

5. 具有抗酸染色特性的是（ ）。

A. 猪丹毒杆菌   B. 结核分枝杆菌   C. 大肠杆菌   D. 李氏杆菌

6. 宰前检出牛结核病时，病牛应（ ）。

A. 准许宰杀   B. 急迫宰杀   C. 治疗后宰杀   D. 禁止宰杀

7. 下列动物中对炭疽芽孢杆菌最易感的是（ ）。

A. 牛   B. 猪   C. 犬   D. 禽

8. 致羊急性发病死亡，尸体严禁剖检的疫病是（ ）。

A. 炭疽   B. 小反刍兽疫   C. 羊肠毒血症   D. 山羊痘

9. 血吸虫的中间宿主为（ ）。

A. 椎实螺   B. 钉螺   C. 福寿螺   D. 田螺

10. 又可称作包虫病的疫病是（ ）。

A. 棘球蚴病   B. 旋毛虫病   C. 囊尾蚴病   D. 日本分体吸虫病

二、判断题

（　　）1. 口蹄疫传染性强，传播迅速，易造成大流行。

（　　）2. 成年动物患口蹄疫时病死率低，幼龄动物病死率高。

（　　）3. 猪伪狂犬病主要表现发热、奇痒及脑脊髓炎症状。

（　　）4. 奶牛结核病常用皮内变态反应试验进行检疫。

（　　）5. 炭疽多发于吸血昆虫多、雨水多、洪水泛滥的季节。

（　　）6. 被炭疽芽孢杆菌污染的场地可用 2‰氢氧化钠溶液进行消毒。

三、简答题

1. 猪场检出口蹄疫时应采取哪些处理措施？

2. 羊场检出炭疽病时应采取哪些处理措施？

3. 如何应用皮内变态反应试验进行牛结核病检疫？

4. 如何应用虎红平板凝集试验对羊群进行布鲁氏菌病检疫？

5. 羊棘球蚴病的临诊检疫要点有哪些？

项目五练习题答案

猪疫病的检疫

 **项目指南**

本项目的应用：检疫人员依据非洲猪瘟、猪瘟、猪繁殖与呼吸综合征等猪疫病要点进行现场检疫；检疫人员对猪疫病进行实验室检疫；屠宰检疫人员进行猪旋毛虫病、猪囊尾蚴病检疫；检疫人员根据检疫结果进行检疫处理。

完成本项目所需知识点：非洲猪瘟、猪瘟、猪繁殖与呼吸综合征等猪疫病的流行病学特点、临诊症状和病理变化；猪疫病的实验室检疫方法；猪疫病的检疫后处理；病死及病害动物的无害化处理。

完成本项目所需技能点：猪疫病的临诊检疫；猪旋毛虫病的实验室检疫；染疫猪尸体的无害化处理。

 **项目导入**

猪肉是我国城乡居民肉食品消费的主要对象，自 2018 年 8 月开始的非洲猪瘟疫情，重创我国的生猪产业，导致生猪出栏减少，猪肉供应不足，价格一直居高不下，明显影响了老百姓的菜篮子。

疫情发生后，农业农村部修订了相关规程并通知要求各地加强生猪的产地检疫和屠宰检疫，搞好生猪屠宰环节的非洲猪瘟检测，提高养猪生产的生物安全水平，切实有效地做好疫情防控工作。

本项目介绍猪的几种重要疫病的检疫，旨在提高从业者们对猪疫病的现场识别和实验室检测能力，并能够依据检疫结果进行规范处理。

 **认知与解读**

任务一　非洲猪瘟的检疫

非洲猪瘟（African swine fever，ASF）是由非洲猪瘟病毒引起的猪的一种急性、热性、高度接触性传染病，以高热、网状内皮系统出血和高病死率为特征。

世界动物卫生组织（OIE）将非洲猪瘟列为必须报告的动物疫病，我国将其列为一类动物疫病。

（一）临诊检疫

1. 流行特点 猪和野猪都易感，不分年龄、性别和品种。感染非洲猪瘟病毒的家猪、野猪和钝缘软蜱为主要传染源，可通过直接接触传播，主要经呼吸道、消化道传播，也可经钝缘软蜱等媒介昆虫叮咬传播，一年四季均可发生。

2. 临诊症状 潜伏期为 5～19d，强毒力毒株可导致猪在 4～10d 内 100％死亡，中等毒力毒株造成的病死率一般为 30％～50％，低毒力毒株仅引起少量猪死亡。

（1）最急性型。多无明显临诊症状而突然死亡。

（2）急性型。体温高达 42℃，沉郁，厌食。耳、四肢、腹部皮肤有出血点，可视黏膜潮红、发绀。眼、鼻有黏液脓性分泌物。呕吐，便秘，粪便表面有血液和黏液覆盖，有的腹泻带血。共济失调或步态僵直，呼吸困难，病程延长则出现其他神经症状。妊娠母猪在妊娠的任何阶段均可出现流产。病死率高达 100％。

（3）亚急性型。症状与急性相同，但病情较轻，病死率较低。体温波动无规律，一般高于 40.5℃。仔猪病死率较高。病程 5～30d。

（4）慢性型。呼吸困难，湿咳。消瘦或发育迟缓，体弱，毛色暗淡。关节肿胀，皮肤溃疡。通常可存活数月，病死率低。

3. 病理变化 浆膜表面充血、出血，肾肿大出血；心内外膜有大量出血点；胃、肠道黏膜弥漫性出血；胆囊、膀胱黏膜出血；肺肿大，表面有出血点，切面流出泡沫性液体，气管内有血性泡沫样黏液；脾肿大，易碎，呈暗红色至黑色，表面有出血点，有的出现边缘梗死；淋巴结肿大，出血严重。

（二）实验室检疫

1. 病原学检测 采集抗凝血、脾、扁桃体、淋巴结、肾和骨髓等组织样品，如环境中存在钝缘软蜱，也应一并采集。采用病毒红细胞吸附试验（HAD）、荧光抗体技术（FAT）、聚合酶链式反应（PCR）、实时荧光 PCR 和双抗体夹心酶联免疫吸附试验等方法检测。

2. 血清学检测 检测猪血清或血浆中非洲猪瘟病毒抗体，可采用直接酶联免疫吸附试验（ELISA）、间接酶联免疫吸附试验（I－ELISA）和间接荧光抗体病毒中和试验（IFAVN）等方法。

（三）检疫后处理

1. 封锁措施 发现家猪、野猪异常死亡，疑似非洲猪瘟时，立即上报疫情，对病猪及同群猪采取隔离、消毒等措施。确诊后，立即划定疫点、疫区（由疫点边缘向外延伸 3km 范围的区域）和受威胁区（由疫区边缘向外延伸 10km 的区域，对有野猪活动地区，向外延伸 50km 的区域），采取封锁措施。

（1）疫点内措施。扑杀所有的病猪和带毒猪，并对所有病死猪、被扑杀猪及其产品进行无害化处理，对排泄物、被污染饲料和垫料、污水等进行无害化处理，对被污染或可疑污染的物品、交通工具、用具、畜舍、场地进行严格彻底消毒。

（2）疫区内措施。扑杀并销毁疫区内的所有猪，并对所有被扑杀猪及其产品进行无害化处理。对猪舍、用具及场地进行严格消毒，关闭生猪交易市场和屠宰场，禁止易感猪及其产品运出。

（3）受威胁区内措施。关闭生猪交易市场，对生猪养殖场、屠宰场进行全面监测和感染风险评估，及时掌握疫情动态。

对疫区、受威胁区及周边地区野猪分布状况进行调查和监测，并采取措施，避免野猪与家猪接触。

2. 封锁的解除 疫点和疫区内最后一头猪死亡或扑杀，并按规定进行消毒和无害化处理 6 周后，经上一级农业农村主管部门组织验收合格后，由所在地县级以上农业农村主管部门向原发布封锁令的人民政府申请解除封锁，由该人民政府发布解除封锁令，并通报毗邻地区和有关部门，报上一级人民政府备案。

任务二 猪瘟的检疫

猪瘟（Classical swine fever，CSF）是由猪瘟病毒引起的猪的一种高度接触性、出血性和致死性传染病。其特征是发病急，高热稽留，全身广泛性出血，实质器官出血、坏死和梗死。

世界动物卫生组织（OIE）将猪瘟列为必须报告的动物疫病，我国将其列为一类动物疫病。

（一）临诊检疫

1. 流行特点 本病在自然条件下只感染猪，不同年龄、性别、品种的猪和野猪都易感，发病猪和带毒猪是本病的传染源，可经呼吸道、消化道、胎盘和交配等途径传播。一年四季均可发生。急性暴发时，最先为急性型，以后出现亚急性型，至流行后期少数呈慢性型。

2. 临诊症状 潜伏期为 5～7d，最短的 2d，最长的 21d。可分为最急性型、急性型、亚急性型、慢性型等。

（1）最急性型。多见于流行初期，突然发病，高热稽留，全身痉挛，四肢抽搐，皮肤和黏膜发绀。经 1～5d 死亡。

（2）急性型。最为常见；体温在 41～42℃之间，高热稽留；喜卧、拱背、寒战及行走摇晃；食欲减退或废绝，初期便秘，后期腹泻，粪便恶臭，带有黏液或血液；眼结膜发炎，流黏液或脓性分泌物；鼻端、耳根、腹部及四肢内侧的皮肤出现出血斑点；公猪包皮内积尿，用手挤压后有恶臭混浊液体流出。病程 1～3 周。

（3）亚急性型。同急性型相似，但病情缓和。病程 3～4 周。

（4）慢性型。病猪表现被毛粗乱，消瘦贫血，精神沉郁，食欲减少，衰弱无力，行动蹒跚，体温时高时低，便秘和腹泻交替。有些病猪的耳尖、尾端和四肢下部皮肤呈蓝紫色或坏死、脱落。病程可长达 1 个月以上，不死者生长迟缓，成为僵猪。

3. 病理变化

（1）急性型和亚急性型。全身淋巴结肿胀、充血、出血，切面呈现大理石样病变；肾色泽变淡，表面可见针尖状出血点；脾不肿大，边缘有暗紫色、突出于表面的出血性梗死；喉头、膀胱、胆囊黏膜及心脏、扁桃体可见出血点和出血斑；胃肠黏膜呈出血性或卡他性炎症。

（2）慢性型。主要表现为在回肠末端、盲肠和结肠常见纽扣状溃疡。

（二）实验室检疫

1. 病原学检测 采集扁桃体、肾、脾或淋巴结等组织样品，采用荧光抗体技术、兔体交互免疫试验进行病原鉴定，也可采用反转录-聚合酶链式反应（RT-PCR）、实时荧光 RT-PCR 和猪瘟抗原双抗体夹心 ELISA 等方法检测。

2. 血清学检测　检测猪血清或血浆中猪瘟病毒抗体,可采用阻断酶联免疫吸附试验(B-ELISA)、竞争酶联免疫吸附试验(C-ELISA)、间接酶联免疫吸附试验(I-ELISA)和荧光抗体病毒中和试验(FAVN)等方法。

间接免疫荧光技术检测猪瘟病毒

(三) 检疫后处理

1. 封锁措施　发现疑似猪瘟时,立即上报疫情,对病猪及同群猪采取隔离、消毒等措施。确诊后,立即划定疫点、疫区(由疫点边缘向外延伸3km范围的区域)和受威胁区(由疫区边缘向外延伸5km的区域),采取封锁措施。

(1) 疫点内措施。扑杀所有的病猪和带毒猪,并对所有病死猪、被扑杀猪及其产品进行无害化处理,对排泄物、被污染饲料和垫料、污水等进行无害化处理,对被污染或可疑污染的物品、交通工具、用具、圈舍、场地进行严格彻底消毒。

(2) 疫区内措施。停止疫区内猪及其产品的交易活动,禁止易感猪及其产品运出,所有易感猪紧急免疫接种。

(3) 受威胁区内措施。对易感猪进行紧急免疫接种。

2. 封锁的解除　疫点内所有病死猪、被扑杀的猪按规定进行处理,疫区内没有新的病例发生,彻底消毒10d后,经上一级农业农村主管部门组织验收合格,当地农业农村主管部门提出申请,由发布封锁令的人民政府解除封锁。

任务三　猪繁殖与呼吸综合征的检疫

猪繁殖与呼吸综合征(PRRS)俗称蓝耳病,是由猪繁殖与呼吸综合征病毒引起的高度接触性传染病。本病分为经典猪蓝耳病和高致病性猪蓝耳病。

世界动物卫生组织(OIE)将高致病性猪蓝耳病列为必须报告的动物疫病,我国将其列为一类动物疫病。

(一) 临诊检疫

1. 流行特点　本病只感染猪,不同年龄和品种的猪均可感染,妊娠母猪和仔猪最易感。传染源是病猪和带毒猪,本病可经呼吸道、胎盘和交配等途径传播。猪舍卫生条件不良,饲养密度过大,气候恶劣,可促进本病流行。

2. 临诊症状

(1) 经典型。潜伏期一般为7~14d。妊娠母猪出现食欲不振、发热、嗜睡,继而发生流产、早产、死胎,偶见木乃伊胎,活仔猪体重小而且衰弱。种公猪表现厌食、嗜睡、呼吸道症状,精液质量降低。哺乳仔猪表现精神沉郁、消瘦、呼吸困难、食欲不振、后肢麻痹,耳部皮肤出现紫色斑块,初感染群病死率可达50%以上。育肥猪症状较轻,可出现轻微的呼吸道症状,发育迟缓。

(2) 高致病型。潜伏期一般为3~10d。体温可达41℃以上;皮肤有弥漫性红斑;眼结膜炎、眼睑水肿;咳嗽、气喘等呼吸道症状;部分猪出现后躯无力、不能站立或共济失调等神经症状;仔猪发病率可达100%、病死率可达50%以上,母猪流产率可达30%以上,成年猪也发病死亡。

3. 病理变化

(1) 经典型。主要见弥漫性间质性肺炎,淋巴结肿大,胸腹腔积液等。

（2）高致病型。脾边缘或表面出现梗死灶；肾呈土黄色，表面可见针尖至小米粒大出血点；皮下、扁桃体、心脏、膀胱、肝和肠道均可见出血点和出血斑；部分病例可见胃肠道出血、溃疡、坏死。

（二）实验室检疫

1. 病原学检查 无菌采取病猪的血清、腹水或死亡猪的肺、扁桃体、淋巴结和脾等组织，进行病毒分离，采用免疫过氧化物酶单层试验（IPMA）或间接荧光抗体技术（IFAT）进行病毒鉴定。也可应用反转录-聚合酶链式反应（RT-PCR）检测肺、扁桃体、淋巴结和脾等组织样品及细胞培养物和精液中的病毒。

2. 血清学检查 检测猪血清中的本病抗体，可采用阻断酶联免疫吸附试验（B-ELISA）。

（三）检疫后处理

1. 经典蓝耳病 扑杀所有病猪，对同群猪采取隔离措施并紧急免疫接种，加强场地消毒，对尸体、死胎及流产物进行无害化处理。引进种猪必须隔离饲养45d，经血清学检测阴性者，方可混群。

2. 高致病性蓝耳病 发现疑似高致病性蓝耳病疫情时，应立即上报疫情。确诊后，立即划定疫点、疫区（由疫点边缘向外延伸3km范围的区域）和受威胁区（由疫区边缘向外延伸5km的区域），采取封锁措施。扑杀疫点内所有病猪和同群猪，对病死猪、排泄物、被污染饲料、垫料、污水等进行无害化处理，对被污染的物品、交通工具、用具、猪舍、场地等进行彻底消毒。对疫区和受威胁区易感猪进行紧急免疫接种。

疫区内最后一头病猪扑杀或死亡后14d以上，未出现新的疫情，对相关场所和物品实施终末消毒后，经上一级农业农村主管部门组织验收合格，由当地农业农村主管部门提出申请，由发布封锁令的人民政府宣布解除封锁。

任务四　猪细小病毒病的检疫

猪细小病毒病（Porcine parvovirus infection，PPI）是由猪细小病毒引起的猪的一种繁殖障碍性疾病。以胎儿和胚胎感染及死亡为特征。

（一）临诊检疫

1. 流行特点 猪是本病唯一的易感动物，不同年龄、性别的猪都可感染，传染源主要是病猪和带毒猪。本病可通过胎盘传染给胎儿，感染本病的母猪所产胎儿和子宫分泌物中含有病毒，可污染饲料、猪舍内外环境，再经呼吸道和消化道引起健康猪感染。感染公猪的精液中含有病毒，在配种时传染给母猪。

2. 临床症状 怀孕母猪出现繁殖障碍，产仔数少、流产，产死胎、木乃伊胎、发育不正常胎，产后久配不孕等，初产母猪多发。

3. 病理变化 母猪子宫内膜有轻微炎症，胎盘有部分钙化。感染胎儿还可见充血、水肿、出血、体腔积液、木乃伊化及坏死等病变。

（二）实验室检疫

1. 病原学检查 检测猪血清和组织中的猪细小病毒，可采用聚合酶链式反应（PCR）试验、免疫荧光技术（IFT）等。

2. 血清学检查 检查猪血清中的抗体，可用血凝抑制试验（HI）、乳胶凝集试验（LAT）、酶联免疫吸附试验（ELISA）等方法。

（三）检疫后处理

1. 检出病猪 立即隔离病猪及同群猪，圈舍严格消毒，必要时扑杀病猪。病死猪尸体及流产物做无害化处理。

2. 加强种猪检疫 种猪场要进行猪细小病毒病净化。种猪进场后，必须隔离饲养45d，经实验室检查确认为猪细小病毒野毒感染阴性的，方可混群。

任务五　猪圆环病毒病的检疫

猪圆环病毒病（Porcine circovirus diseases，PCVD）是由圆环病毒2型（PCV-2）引起的猪的多种综合征的统称，包括断奶仔猪多系统衰弱综合征（PMWS）、猪皮炎肾病综合征（PDNS）、猪圆环病毒2型繁殖障碍等。

（一）临诊检疫

1. 流行特点 各年龄的猪均可感染，但主要发生在断奶后仔猪，一般集中在5~18周龄。本病主要经过口鼻接触传染，饲养管理不善、通风不良、温度不适、免疫接种应激等因素可诱发本病发生。

2. 临床症状

（1）断奶仔猪多系统衰弱综合征。病猪表现消瘦、肌肉无力、腹泻、呼吸困难、黄疸、贫血、生长发育不良。多见于6~12周龄的仔猪。

（2）猪皮炎肾病综合征。多见于保育猪、生长猪。病猪表现厌食、沉郁、轻微发热、不愿行走，皮肤出现红色或紫红色的隆起的不规则丘疹。

（3）猪圆环病毒2型繁殖障碍。母猪返情率增加、产木乃伊胎、流产以及死产和产弱仔等。

3. 病理变化

（1）断乳仔猪多系统衰弱综合征。淋巴结肿大，切面可见均匀的灰白色；胸腺萎缩；肺多发生弥漫性间质性肺炎。

（2）猪皮炎肾病综合征。肾肿大，有出血点和坏死点。病程较长的可见慢性肾小球肾炎。

（3）猪圆环病毒2型繁殖障碍。死产和不发育仔猪表现肝淤血和纤维素性或坏死性心肌炎。

（二）实验室检疫

1. 病原学检查 无菌采集病死猪的淋巴结、脾、肺、肾等组织样品或病猪的抗凝血等样品，通过间接免疫荧光技术（IFA）、聚合酶链式反应（PCR）、巢式聚合酶链式反应（n-PCR）、实时荧光PCR等方法检查PCV-2。

2. 血清学检查 主要采用酶联免疫吸附试验（ELISA）。

（三）检疫后处理

1. 检出病猪 及时隔离病猪及同群猪，必要时扑杀病猪。加强圈舍消毒，病死亡猪尸体、流产胎儿及流产物进行无害化处理。

2. 做好引种检疫 种猪调运前要进行实验室检查，抗原检测阴性为合格。种猪进场后，必须隔离饲养 45d，经实验室检查确认为 PCV - 2 阴性的，方可混群。

任务六 猪传染性萎缩性鼻炎的检疫

猪传染性萎缩性鼻炎（Atrophic rhinitis of swine）是由支气管败血波氏杆菌和产毒性多杀性巴氏杆菌单独或联合引起的猪的慢性呼吸道病。特征为鼻炎、鼻甲骨萎缩和鼻变形。

（一）临诊检疫

1. 流行特点 各年龄的猪均可感染，幼龄猪易感性强。病猪和带菌猪是主要的传染源，本病主要经呼吸道感染，发展较慢，多为散发。

2. 临床症状 表现鼻塞，不能长时间将鼻端留在粉料中采食；鼻出血，饲槽沿上染有血液；两侧内眼角下方颊部形成"泪斑"；鼻部和颜面变形（上颌短缩，前齿咬合不齐等），鼻端向一侧弯曲或鼻部向一侧歪斜，鼻背部横皱褶逐渐增加，眼上缘水平上的鼻梁变平变宽；发育迟滞等。

3. 病理变化 鼻腔的软骨组织和骨组织的软化萎缩，鼻甲骨下卷曲消失。严重病例鼻甲骨完全消失、鼻中隔偏曲，鼻腔变成一个鼻道。

（二）实验室检疫

1. 细菌学检查 自鼻腔中后部采集鼻黏液，同时进行支气管败血波氏杆菌 I 相菌及产毒素性多杀巴氏杆菌的分离。猪支气管败血波氏杆菌分离物的特性通过生化试验和绵羊血改良鲍姜氏琼脂平板培养鉴定，产毒素性多杀巴氏杆菌分离物的特性通过生化试验、荚膜定型、毒素检测等鉴定。也可采用聚合酶链式反应（PCR）检测组织样品中的病原。

2. 血清学检查 应用较少，凝集试验对确定本病有一定的价值。

（三）检疫后处理

1. 检出病猪 淘汰病猪，同群猪隔离饲养，对污染的环境彻底消毒。

2. 做好引种检疫 种猪调运前要严格检疫，检疫合格方可引进。种猪进场后，必须隔离饲养 45d，无异常表现，方可混群。

任务七 猪链球菌病的检疫

猪链球菌病（Swine streptococcosis）是由多种链球菌引起的人畜共患传染病。以急性出血性败血症和脑炎、慢性关节炎、心内膜炎和化脓性淋巴结炎为特征。

（一）临诊检疫

1. 流行特点 猪、马属动物、牛、绵羊、山羊、鸡、兔、水貂等以及一些水生动物均有易感染性，不同年龄、品种猪均易感，猪 II 型链球菌可感染人。

病猪和带菌猪是本病的主要传染源，主要经消化道、呼吸道和损伤的皮肤感染。本病一年四季均可发生，夏、秋季多发。

2. 临床症状 分为败血型、脑膜炎型和淋巴结脓肿型等类型。

（1）败血型。分为最急性型、急性型和慢性型三类。

①最急性型。发病急、病程短。体温高达 41～43℃，呼吸迫促，多在 24h 内死于败

血症。

②急性型。多突然发生，体温升高达 40～43℃，呼吸迫促，鼻镜干燥，从鼻腔中流出浆液性或脓性分泌物。结膜潮红，流泪。颈部、耳郭、腹下及四肢下端皮肤呈紫红色，并有出血点。多在 1～3d 死亡。

③慢性型。表现为多发性关节炎。关节肿胀，跛行或瘫痪，最后因衰弱、麻痹致死。

（2）脑膜炎型。以脑膜炎为主，多见于仔猪。主要表现为神经症状，如磨牙、口吐白沫，转圈运动，抽搐、倒地四肢划动似游泳状，最后麻痹而死。病程短的几小时，长的 1～5d，致死率高。

（3）淋巴结脓肿型。以颌下、咽部、颈部等处淋巴结化脓和形成脓肿为特征。

3. 病理变化

（1）败血型。鼻黏膜紫红色、充血及出血，喉头、气管充血，常有大量泡沫。肺充血肿胀。全身淋巴结有不同程度的肿大、充血和出血。脾肿大 1～3 倍，呈暗红色，边缘有黑红色出血性梗死区。胃和小肠黏膜有不同程度的充血和出血，肾肿大、充血和出血，脑膜充血和出血，有的脑切面可见针尖大的出血点。

（2）脑膜炎型。脑膜充血、出血，严重者溢血；部分脑膜下有积液，脑切面有针尖大的出血点；其他病变与败血型相同。

（3）淋巴结脓肿型。关节腔内有黄色胶冻样或纤维素性、脓性渗出物，淋巴结脓肿。有些病例心瓣膜上有菜花样赘生物。

（二）实验室检疫

1. 涂片镜检 组织触片或血液涂片，可见革兰氏阳性球形或卵圆形细菌，无芽孢，有的可形成荚膜，常呈单个、双连的细菌，偶见短链排列。

2. 分离培养 该菌为需氧或兼性厌氧，在血液琼脂平板上接种，37℃培养 24h，形成无色露珠状细小菌落，菌落周围有溶血现象。镜检可见长短不一、链状排列的细菌。

3. 菌型鉴定 用聚合酶链式反应（PCR）进行菌型鉴定。

（三）检疫后处理

1. 零星散发 无血扑杀病猪，同群猪立即进行免疫接种或药物预防，并隔离观察 14d。对被扑杀的猪、病死猪及排泄物、可能被污染饲料、污水等进行无害化处理；对可能被污染的物品、交通工具、用具、畜舍进行严格彻底消毒。周围所有易感动物进行紧急免疫接种。

2. 暴发流行 本病呈暴发流行时（一个乡镇 30d 内发现 50 头以上病猪，或者 2 个以上乡镇发生），划定疫点、疫区（由疫点边缘向外延伸 1km 范围的区域）和受威胁区（由疫区边缘向外延伸 3km 的区域），采取封锁措施。

对病猪作无血扑杀处理，对同群猪立即免疫接种或药物预防，并隔离观察 14d，必要时对同群猪进行扑杀处理。对疫区和受威胁区内的所有猪进行紧急免疫接种。对病死猪及排泄物、可能被污染饲料、污水等进行无害化处理；对圈舍、道路等可能污染的场所进行彻底消毒。停止疫区内生猪的交易、屠宰、运输、移动。

最后一头病猪扑杀 14d 后，经上一级农业农村主管部门组织验收合格，由当地农业农村主管部门向原发布封锁令的人民政府申请解除封锁。

3. 屠宰检疫 宰前检疫检出病猪，立即扑杀并进行无害化处理，同群猪隔离观察，确认无异常的，准予屠宰。宰后检疫检出病猪，其胴体、内脏等进行无害化处理。

任务八 副猪嗜血杆菌病的检疫

副猪嗜血杆菌病（Haemophilus parasuis，HP）是由副猪嗜血杆菌引起的猪的多发性浆膜炎和关节炎的统称。以咳嗽、呼吸困难、消瘦、跛行、多发性浆膜炎和关节炎为特征。

（一）临诊检疫

1. 流行特点 通常只感染猪，从 2 周龄到 4 月龄的猪均易感，但以 5～8 周龄的保育仔猪最为多见。病猪和带菌猪为主要传染源，本病主要通过空气、直接接触和排泄物传播。本病的发生与气候变化、饲料和饮水供应不足、运输等环境应激有关。

2. 临床症状

（1）急性感染。病猪体温 40～41℃，精神沉郁，食欲减退；气喘咳嗽，呼吸困难，鼻孔有浆液性及黏液性分泌物；关节肿胀，跛行，共济失调；一般 2～3d 死亡。

（2）慢性感染。病猪消瘦虚弱，被毛粗乱，生长不良；咳嗽，呈腹式呼吸；四肢无力，跛行，关节肿大。

3. 病理变化 胸腔内有大量的淡红色液体及纤维素性渗出物，肺与胸壁粘连；化脓性或纤维素性腹膜炎，腹腔积液或内脏器官粘连；心包积液，心包内常有干酪样甚至豆腐渣样渗出物，与心脏粘连在一起，形成"绒毛心"；关节肿大，有浆液性纤维素性炎症。

（二）实验室检疫

1. 病原学检查

（1）涂片镜检。无菌操作采集病猪的脑脊液、呼吸道分泌物、胸腹腔积液等病料，进行涂片镜检。副猪嗜血杆菌为多形态的病原体，一般呈短小杆状，革兰染色阴性，美蓝染色呈两极浓染，着色不均匀。

（2）分离培养。将病料接种到巧克力琼脂培养基或鲜血琼脂培养基，再将可疑菌落与金黄色葡萄球菌垂直划线于无烟酰胺腺嘌呤二核苷酸（NAD）的血液平板上，37℃培养 24～48h，可以看到"卫星生长现象"，且无溶血现象。

（3）聚合酶链式反应（PCR）。可采用 PCR 检测气管分泌物、肺组织、关节液中病原的核酸。

2. 血清学检查 常用的检测方法有间接酶联免疫吸附试验（I-ELISA）、琼脂扩散试验（AGID）和补体结合试验（CF）。

（三）检疫后处理

发现病猪时，应及时隔离治疗，同群猪隔离饲养，并进行药物预防；病死猪进行无害化处理，污染的环境彻底消毒。

宰前检疫检出病猪，扑杀病猪并进行无害化处理，同群猪隔离观察，确认无异常的，准予屠宰。宰后检疫检出本病，胴体、内脏等进行无害化处理。

任务九 猪支原体肺炎的检疫

猪支原体肺炎（Mycoplasmal pneumonia of swine，MPS）是由猪肺炎支原体引起猪的一种慢性呼吸道传染病，俗称猪气喘病。特征为咳嗽、气喘和融合性支气管肺炎。

（一）临诊检疫

1. 流行特点　本病不同品种、年龄、性别的猪均易感，但哺乳仔猪和断乳仔猪易感染，育肥猪发病率低，成年猪多呈慢性或隐性感染。病猪和带菌猪是主要的传染源，呼吸道是本病的主要传播途径，通过咳嗽、气喘和喷嚏等将病原排出，形成飞沫而感染。一年四季均可发病，但在寒冷、多雨、潮湿或气候骤变时发病较多。

2. 临床症状　病猪消瘦、生长发育迟缓。慢性干咳，在清晨、晚间、采食时或运动后最明显。体温一般不升高。随着病程的发展，可出现呼吸短促、腹式呼吸、犬坐姿势、连续性痉挛性咳嗽、口鼻处有泡沫等症状。

3. 病理变化　肺表现为融合性支气管肺炎，初期病变多见于心叶、尖叶和膈叶前下缘，呈淡红色或灰红色，半透明状，病变部界限明显，似鲜肌肉样，俗称"肉变"；病变区切面湿润，小支气管内有灰白色泡沫状液体。随着病程延长，病变色泽变深，半透明状程度减轻，俗称"胰变"或"虾肉样变"。肺门和纵隔淋巴结肿大、切面多汁外翻、边缘轻度充血，呈灰白色。

（二）实验室检疫

1. X线透视检查　可疑患猪进行 X 线透视检查。

2. 病原学检测　采用巢式聚合酶链式反应（n－PCR）直接检测肺和其他器官组织样品中的病菌抗原。也可采用荧光抗体技术（FAT）、免疫组化试验（IHC）等方法检测。

3. 血清学检查　通常用于感染群的筛查和猪群免疫水平的评估。常用的方法有间接酶联免疫吸附试验（I－ELISA）和补体结合试验（CFT）。

（三）检疫后处理

检疫中发现本病时，立即进行全群检查，按检查结果分群隔离，合理治疗，淘汰发病母猪，对污染的环境、用具彻底消毒。

宰前检疫检出病猪，扑杀病猪并进行无害化处理，同群猪隔离观察，确认无异常的，准予屠宰。宰后检疫检出本病，病变内脏进行无害化处理，胴体一般不受限制。

任务十　猪丹毒的检疫

猪丹毒（Swine erysipelas，SE）是由猪丹毒杆菌引起的一种急性或慢性传染病。以急性败血症和亚急性皮肤疹块为主要特征。

（一）临诊检疫

1. 流行特点　猪丹毒杆菌能感染多种动物和人，主要为猪，3～6 月龄的猪发病率最高。病猪和带菌猪是本病的传染源，经消化道、伤口（皮肤、口腔、胃黏膜）传染给易感猪，也可由蚊、蝇、虱、蜱等吸血昆虫传播。

2. 临诊症状　潜伏期一般为 3～5d，分为急性败血型、亚急性疹块型和慢性型。

（1）急性败血型。突然发生，体温 42～43℃，稽留热，眼结膜充血，病初粪便干燥，后期腹泻。发病不久会在耳、颈、背部等处皮肤出现红斑，指压褪色。病猪常于 2～4d 死亡，病死率高。

（2）亚急性疹块型。体温 41～42℃，皮肤上有菱形、圆形或方形疹块，稍凸出于皮肤表面，呈红色或紫色，中间色浅，边缘色深，指压褪色，病程 1～2 周。

（3）慢性型。有多发性关节炎和慢性心内膜炎，也可见慢性坏死性皮炎。

3. 病理变化

（1）急性败血型。全身淋巴结肿大，切面多汁，有出血点；肾肿大，呈暗红色或深红色；脾肿大柔软，呈樱桃红色；肝肿大，呈暗红色。

（2）亚急性疹块型。以皮肤疹块为特征性变化，充血斑中心可因水肿压迫呈苍白色。

（3）慢性型。可见菜花样心内膜炎，穿山甲样皮肤坏死，纤维素性关节炎。

（二）实验室检疫

1. 细菌学检查　取高热期的耳静脉血液、皮肤疹块边缘渗出液，慢性病例关节滑囊液作为病料，涂片染色镜检，可见革兰阳性、纤细的小杆菌。鉴定本菌需要进行分离培养和生化试验，也可采用聚合酶链式反应（PCR）直接检测病料中的病原菌。

2. 血清学检查　检测猪血清中的猪丹毒抗体，可采用凝集试验、间接荧光抗体技术（IFAT）、被动凝集试验（PHA）、酶联免疫吸附试验（ELISA）和补体结合试验（CFT）等。

（三）检疫后处理

检出病猪时，及时隔离治疗病猪，污染圈舍及物品要严格消毒，病死猪尸体深埋或化制。同群未发病的猪进行药物预防，隔离观察2～4周后，再接种疫苗。对患慢性猪丹毒的病猪及早淘汰进行无害化处理。

宰前检疫检出病猪，扑杀病猪并进行无害化处理，同群猪隔离观察，确认无异常的，准予屠宰。宰后检疫检出病猪，其胴体、内脏及其副产品进行无害化处理。

任务十一　猪肺疫的检疫

猪肺疫（Pneumonic pasteurellosis）又称猪巴氏杆菌病，是由多杀性巴氏杆菌所引起的一种急性、热性传染病。以最急性呈败血症和咽喉炎，急性呈纤维素性胸膜肺炎为主要特征。

（一）临诊检疫

1. 流行特点　多种动物均可感染多杀性巴氏杆菌，猪、兔、鸡、鸭发病较多，各种年龄的猪都可感染发病。传染源为病猪和健康带菌猪，经消化道和呼吸道传染，也可通过吸血昆虫叮咬皮肤及黏膜伤口传染。本病无明显季节性，但以冷热交替，气候剧变，潮湿多雨季节发生较多，营养不良、长途运输、饲养条件改变等不良因素促进本病发生。

2. 临床症状　潜伏期1～5d，分为最急性型、急性型和慢性型。

（1）最急性型。常无明显症状而突然死亡。病程稍长者，体温41～42℃，食欲废绝、可视黏膜发绀、皮肤出现红斑。颈下咽喉部发热、红肿、坚硬，严重者延至耳根、胸前。病猪呼吸极度困难，呈犬坐姿势，伸长头颈，有时可发出喘鸣声，口鼻流出泡沫，多1～2d内死亡。

（2）急性型。体温40～41℃，初发生痉挛性干咳，呼吸困难，鼻流黏稠液，后转为痛性湿咳。常有黏脓性结膜炎。初便秘，后腹泻。后期皮肤出现紫斑或小出血点，病程5～8d，不死的转为慢性。

（3）慢性型。主要表现为慢性肺炎和慢性胃肠炎。持续性咳嗽和呼吸困难，有少许黏液性或脓性鼻液。常有腹泻，食欲不振，营养不良，极度消瘦，有痂样湿疹，关节肿胀，病程2周以上。

3. 病理变化

（1）最急性型。咽喉部、颈部皮下组织出血性浆液性炎症，切开皮肤时，有大量胶冻样淡黄色水肿液；全身淋巴结肿大，切面红色；心内外膜有出血斑点；肺充血、水肿；胃肠黏膜有出血性炎症；脾出血，不肿大。

（2）急性型。纤维素性肺炎，肺有不同程度的肝变区，周围常伴有水肿和气肿；胸膜常有纤维素性附着物，严重的胸膜与肺粘连。胸腔及心包积液，支气管、气管内含有多量泡沫状黏液。淋巴结肿大，切面红色。

（3）慢性型。肺肝变区广大，并有黄色或灰色坏死灶，外面有结缔组织包囊，内含干酪样物质，有的形成空洞，与支气管相通。心包与胸腔积液，胸腔有纤维素性沉着，常与肺粘连。

（二）实验室检疫

1. 直接染色镜检 取心血、胸腔渗出液、肝、脾或淋巴结，做组织触片或涂片，瑞氏或美蓝染色镜检，可见两端着色的小杆菌。

2. 分离培养鉴定 取上述病料进行分离培养，获取细菌纯培养物。通过生化试验、聚合酶链式反应（PCR）判定培养物中的病原菌，采用间接血凝试验（IHI）、多重 PCR 荚膜定型法鉴定培养物荚膜血清型，采用琼脂扩散试验（AGID）鉴定培养物菌体血清型。

（三）检疫后处理

检出病猪时，隔离病猪，及时治疗，严重的做无血扑杀处理；污染圈舍及物品严格消毒，尸体深埋或化制处理；同群未发病的猪进行药物预防；患慢性猪肺疫的病猪及早淘汰并进行无害化处理。

宰前检疫检出病猪，扑杀病猪并进行无害化处理，同群猪隔离观察，确认无异常的，准予屠宰。宰后检疫检出病猪，胴体、内脏及其副产品进行无害化处理。

任务十二 猪旋毛虫病的检疫

旋毛虫病（Trichinellosis）是由旋毛虫属寄生虫所引起的人畜共患的寄生虫病。猪旋毛虫病被世界动物卫生组织（OIE）列为屠宰生猪强制性必检的病种，我国将其列为二类动物疫病。

（一）临诊检疫

1. 流行特点 猪、犬、猫、鼠类、狐狸、狼、熊、野猪等多种动物对旋毛虫易感，猪患病率最高，人也易感。旋毛虫的成虫和幼虫寄生于同一宿主，感染后宿主先为终末宿主，成虫产出幼虫后可作为中间宿主。本病主要通过感染动物肉类传播，动物因吃食染疫肉而发病。

2. 临诊症状 猪感染本病，多不表现症状，终生带虫。感染严重者，表现肌肉疼痛，麻痹，运步困难，咀嚼吞咽困难等症状；有的表现肠炎症状。

3. 病理变化 感染严重者，肠黏膜增厚水肿，有黏液性炎症和出血斑；肌肉间结缔组织增生，肌纤维萎缩、横纹消失。

（二）实验室检疫

1. 病原学检查

（1）压片镜检法。自胴体两侧的膈肌肌脚部各采样一块，剪取燕麦粒大小的肉样 24 粒，夹在两片玻璃板中，压成薄片。低倍显微镜检查，可见有包囊或无包囊的旋毛虫幼虫。

（2）集样消化法。采集胴体膈肌肌脚和舌肌，通过绞碎、加温搅拌、过滤、沉淀、漂洗、镜检，发现虫体时再对这一样品采用分组消化法进一步复检（或压片镜检），直到确定病猪。

2. 血清学检查 检测猪血清中的旋毛虫抗体，可采用酶联免疫吸附试验（ELISA）。此法敏感性高，但感染初期的猪易出现假阴性。

（三）检疫后处理

宰后检疫发现本病时，胴体及内脏进行化制或销毁处理。

加强屠宰厂管理，防止犬、猫进入，屠宰废弃物及污水进行无害化处理；犬、猫及其他肉食动物，喂生肉时先做旋毛虫检疫；养猪场要搞好环境卫生，做好灭鼠工作。

任务十三　猪囊尾蚴病的检疫

猪囊尾蚴病（Cysticercosis cellulosae）又称猪囊虫病，是由猪带绦虫的幼虫（猪囊尾蚴）寄生于猪和人等中间宿主引起的人畜共患病。

（一）临诊检疫

1. 流行特点 猪带绦虫寄生于人的小肠中，人是其唯一的终末宿主。猪带绦虫患者是猪囊尾蚴的唯一传染来源。猪带绦虫孕卵节片不断脱落，卵随粪排出，猪食入感染性虫卵发生感染，主要在横纹肌发育成囊尾蚴，人多因生食或半生食含囊尾蚴的肉而感染。

2. 临诊症状 猪轻度感染时，无明显的症状。重者可有不同的症状，寄生在脑时，可能引起癫痫、失明、急性脑炎等神经机能障碍；肌肉中寄生数量较多时，常引起寄生部位的肌肉发生短时间的疼痛，表现跛行和食欲不振等；膈肌寄生数量较多时，表现呼吸困难等；寄生于眼结膜下组织或舌部表层时，可见寄生处呈现豆状肿胀。

3. 病理变化 猪囊尾蚴主要寄生于猪的横纹肌，尤其活动性较强的咬肌、心肌、舌肌、膈肌、腰肌等处。呈灰白色半透明囊泡状，米粒大至黄豆大，长径 6～10mm，短径约5mm，囊内充满液体，囊壁内侧面有一个乳白色的结节，为内翻的头节。严重感染者还可寄生于肝、肺、肾、眼球和脑等器官。

（二）实验室检疫

1. 病原学检查 检验咬肌、腰肌、舌肌、膈肌、心肌等，看是否有乳白色椭圆形或圆形猪囊尾蚴。镜检时可见猪囊尾蚴头节上有 4 个吸盘，头节顶部有两排小钩。钙化后的猪囊尾蚴，包囊中有大小不同的黄白色颗粒。

2. 免疫学检查 最常用的是酶联免疫吸附试验（ELISA）。

（三）检疫后处理

宰后检疫发现本病时，胴体及内脏化制处理。

搞好公共卫生，做好粪便的处理工作，做到人有厕所、猪有圈舍。

技能　猪旋毛虫病的检疫

（一）教学目标

（1）学会肌肉压片镜检法检查旋毛虫。

（2）学会在显微镜下识别旋毛虫。

（3）学会集样消化检查法检查旋毛虫。

（二）材料设备

弯头剪刀、旋毛虫压定器或载玻片、剪刀、镊子、显微镜、组织捣碎机、80目铜网、贝尔曼氏幼虫分离装置、凹面皿、磁力加热搅拌器、三角烧瓶、烧杯、膈肌脚、消化液、甘油透明液等。

（三）方法步骤

1. 肌肉压片镜检法

（1）采样。从胴体两侧的膈肌脚各采取肌肉一块，每块约重30g，编上与胴体相同的号码。

（2）目检。先将检样的肌膜撕去，纵向拉平检样，在充足的自然光下，不断晃动，观察肉表面有无针尖大、半透明、稍隆起的乳白色或灰白色的小点，检查完一面后再将膈肌翻转，用同样方法检验膈肌的另一面。发现上述小点可怀疑为虫体，将可疑部分剪下、制成压片镜检。

（3）制片。用剪刀顺着肌纤维的方向，分别在肉样两面的不同部位剪取12个麦粒大小的肉粒（目检发现的小白点，必须剪下），依次将肉粒贴附于夹压玻片上，排列成两排，每排放置12粒，然后取另一夹压片覆盖于肉粒上，旋动夹压片的螺丝或用力压迫载玻片，将肉粒压成厚度均匀的薄片，固定后镜检。

（4）镜检。将制好的压片置于低倍显微镜下，从压片一端的边沿开始观察，直到另一端为止，逐个检查每一个视野，不得漏检。视野中的肌纤维呈淡黄蔷薇色。

（5）判定标准。

①未形成包囊的旋毛虫。在肌纤维之间，虫体呈直杆状或蜷曲状态，有时因压片时压力过大而把虫体挤在压出的肌浆中。

②形成包囊后的旋毛虫。在淡黄蔷薇色的背景上，可见发亮透明的圆形或椭圆形囊内有蜷曲的虫体。

③钙化的旋毛虫。在包囊内可见数量不等、浓淡不均的黑色钙化物，或见到模糊不清的虫体。滴加10%的盐酸溶液脱钙后，可见到完整的虫体，此系包囊钙化；或见到断裂成段的虫体，此系幼虫本身钙化。

④机化的旋毛虫。由于虫体周围的结缔组织增生，使包囊明显增厚，眼观为一较大的白点，镜检呈云雾状。滴加甘油透明液，数分钟后检样透明，镜检可见虫体或虫体崩解后的残骸。

2. 集样消化法

（1）采样。采集膈肌脚和舌肌，每头猪取1个肉样（100g），将肉样中的脂肪、肌膜或腱膜除去，再从每个肉样上剪取 1g 小样，集中 100 个小样进行检验。

（2）绞碎肉样。将 100 个肉样（重 100g）放入组织捣碎机内以 2 000r/min 捣碎，时间 30～60s，以无肉眼可见细碎肉块为宜。

（3）加温搅拌。将绞碎的肉样放入置有消化液的烧杯中，肉样与消化液的比例为 1：20，置烧杯于加热磁力搅拌器上，液温控制在 40～43℃，搅拌 30～60min，以无肉眼可见沉淀物为宜。

（4）过滤沉淀。加温后的消化液经贝尔曼氏幼虫分离机装置过滤，滤液沉淀 10～20min 后，轻轻分几次放出底层沉淀物于凹面皿中。

（5）漂洗。用 37℃ 温自来水反复漂洗多次，直至沉淀于凹面皿中心的沉淀物，上清透明。

（6）镜检。将带有沉淀物的凹面皿用低倍镜观察，检查是否有虫体存在。发现虫体时再对这一样品采用分组消化法（5 头猪样品混合）或压片镜检进一步复检。

（四）考核标准

序号	考核内容	考核要点	分值	评分标准
1	肌肉压片检查法（60分）	采样	10	采样部位正确、量恰当
		目检	10	方法正确、判断正确
		制片	15	肉样大小、数量正确，压片方法正确
		镜检	10	显微镜使用正确
		判定	15	结果判定准确
2	集样消化法（40分）	采样	5	采样部位正确、量恰当
		绞碎肉样	5	捣碎后无肉眼可见细碎肉块
		加温搅拌	10	正确加入消化液，温度、时间控制准确
		过滤沉淀	5	操作准确
		漂洗	5	漂洗方法正确
		镜检	10	操作正确、判定准确
总分			100	

知识拓展

种猪场主要疫病监测工作实施方案

（一）监测目的

掌握种猪重大动物疫病和主要垂直传播性疫病流行状况，跟踪监测病原变异特点与趋势，查找传播风险因素，加强种猪主要疫病预警监测和净化工作。

（二）样品采集

1. 采样数量 每个种猪场采集猪血清样品 40 份，对应猪只扁桃体样品 40 份，对应种公猪精液 5 份，以及国外进口冷冻精液 3 份。样品来源原则上不少于 3 栋猪舍的猪只，其中包含种公猪 5 头，经产母猪 25 头（1～2 胎 5 头，3～4 胎 10 头，5～6 胎 10 头），后备母猪 10 头（40～60kg 5 头，90～110kg 5 头）。

2. 样品要求

（1）血清样品。分别经耳静脉、前腔静脉、颈静脉窦采集 3～5mL 全血，凝固后析出血清不少于 1.5mL，用 2mL 离心管冷冻保存。

（2）扁桃体样品。利用扁桃体采样器（鼻捻子、开口器和采样枪）采样，1 头猪采 2 份，每份样品体积必须大于 0.3cm×0.3cm×0.3cm，冷冻保存。

（3）猪精液样品。用人工方法采集，避免加入防腐剂，收集至灭菌离心管中，冷冻保存。

3. 样品编号 血清样品以"A01～An"，扁桃体样品以"B01～Bn"，猪精液样品以"C01～Cn"方式编写。同一个体的血清样品与扁桃体样品编号一一对应。

4. 样品信息 填写"种猪场/种公猪站采样记录表"（表 6-1）。

表 6-1 种猪场/种公猪站采样记录

省份： 市： 县： 猪场名称： 采样人： 电话： 采样时间： 年 月 日

序号	栋号	耳标号	性别	品种	日龄	胎次	母猪生产阶段	样品编号			最后一次免疫时间														
											猪瘟			猪繁殖与呼吸综合征			伪狂犬病			猪细小病毒病			猪圆环病毒病		
								血清	扁桃体	精液	免疫时间	疫苗名称	厂家	免疫时间	疫苗名称	厂家	免疫时间	疫苗名称	厂家	免疫时间	疫苗名称	厂家	免疫时间	疫苗名称	厂家

（三）样品检测

检测猪繁殖与呼吸综合征、猪瘟、猪伪狂犬病、猪圆环病毒病、猪细小病毒病 5 种主要垂直传播性动物疫病的 9 个项目。具体检测项目及方法见表 6-2。必要时抽取部分样品进行病毒分离鉴定和基因序列测定，调查病原变异情况。

表 6-2 种猪场检测项目及其方法

序号	检测病种	检测项目	样品类型	检测方法
1	猪繁殖与呼吸综合征	PRRSV（通用）	扁桃体、精液	RT-PCR
2		HP-PRRSV（变异株）	扁桃体、精液	RT-PCR
3		PRRSV 抗体	血清	ELISA
4	猪瘟	CSFV	扁桃体、精液	RT-PCR
5		CSFV 抗体	血清	ELISA
6	伪狂犬病	PRV-gE 抗体	血清	ELISA
7		PRV-gB 抗体	血清	ELISA
8	猪圆环病毒病	PCV	扁桃体、精液	PCR
9	猪细小病毒病	PPV	扁桃体、精液	PCR

1835 年，Jim Paget 就读伦敦医学院学习医学。一天，他走进解剖室，一群师生正在解剖一位死于肺结核的 51 岁意大利泥水匠。解剖过程中他们发现了能将锐利的手术刀磨钝的"沙样膈肌"，Jim 对此非常好奇，当工作人员清理解剖室的时候，他悄悄地从隔肌上切下一小块肌肉带回去进行研究。他发现用肉眼无法判断出肌肉的不同之处，之后就改用手持透镜仔细观察，突然在沙样结节中隐约看到了盘曲的小虫子。当他放大倍率再进行观察时，旋毛虫被发现了。

思考：结合 Jim Paget 发现旋毛虫的例子，你认为科技工作者探究发现一个新事物需要具备那些素质？

一、单项选择题

1. 猪瘟病猪表现发热，呈（　　）。

A. 弛张热　　　　　　B. 稽留热　　　　　　C. 间歇热　　　　　　D. 不定型热

2. 猪瘟的淋巴结典型病变是（　　）。

A. 切面呈大理石样　　　　　　　　　B. 切面黄染

C. 切面有黑色坏死灶　　　　　　　　D. 切面呈灰白色

3. 根据《一、二、三类动物疫病病种名录》，非洲猪瘟属于（　　）。

A. 一类动物疫病　　　B. 二类动物疫病　　　C. 三类动物疫病

4. 引起猪繁殖障碍的疫病不包括（　　）。

A. 猪细小病毒病　　　　　　　　　　B. 猪伪狂犬病

C. 猪繁殖与呼吸综合征　　　　　　　D. 副猪嗜血杆菌病

5. 猪链球菌病的疫区是指由疫点边缘向外延伸（　　）范围的区域。

A. 1km　　　　　　B. 3km　　　　　　C. 5km　　　　　　D. 10km

6. 猪气喘病的病原为（　　）。

A. 多杀性巴氏杆菌　　B. 大肠杆菌　　　　　　C. 沙门氏菌　　　　　　D. 肺炎支原体

7. 发生急性败血型猪丹毒时，脾显著肿大、充血，呈（　　）。

A. 暗红色　　　　　　B. 玫瑰红色　　　　　　C. 樱桃红色　　　　　　D. 橘红色

8. 猪皮炎肾病综合征是由（　　）引起。

A. 非洲猪瘟病毒　　　　　　　　　　　　B. 猪细小病毒

C. 猪繁殖与呼吸综合征病毒　　　　　　　D. 猪圆环病毒

9. 猪肺疫急性型病例主要病变为（　　）肺炎变化。

A. 纤维素性　　　　　B. 化脓性　　　　　　　C. 出血性　　　　　　　D. 坏死性

10. 猪囊尾蚴主要寄生于猪的（　　）。

A. 脂肪　　　　　　　B. 皮肤　　　　　　　　C. 横纹肌　　　　　　　D. 小肠

二、判断题

（　　）1. 猪瘟仅感染猪，不分年龄、品种和性别的猪均易感，一年四季均可发生。

（　　）2. 发生猪瘟时脾肿大，边缘有暗紫色、突出于表面的出血性梗死。

（　　）3. 副猪嗜血杆菌病的发生与气候变化、饲料和饮水供应不足、运输等环境应激有关。

（　　）4. 旋毛虫的成虫一般寄生于人的小肠，幼虫寄生于猪的横纹肌。

（　　）5. 非洲猪瘟可经钝缘软蜱等媒介昆虫叮咬传播。

三、简答题

1. 猪场检出非洲猪瘟时应采取哪些处理措施？

2. 屠宰场宰后检出猪囊尾蚴病时，应如何处理？

3. 如何应用肌肉压片镜检法进行猪旋毛虫病检疫？

4. 猪瘟的临诊检疫要点有哪些？

5. 猪支原体肺炎的病理变化有何特征？

项目六练习题答案

禽疫病的检疫

项目指南

本项目的应用：检疫人员依据禽流感、新城疫、马立克病等禽病的临诊检疫要点进行现场检疫；检疫人员对禽疫病进行实验室检疫；检疫人员根据检疫结果进行检疫处理。

完成本项目所需知识点：禽流感、新城疫、马立克病等禽病的流行病学特点、临诊症状和病理变化；禽疫病的实验室检疫方法；禽疫病的检疫后处理；病死及病害动物的无害化处理。

完成本项目所需技能点：禽疫病的临诊检疫；鸡白痢的实验室检疫；染疫禽尸体的无害化处理。

项目导入

2018 年 5 月 22 日，辽宁省沈阳市辽中区某养殖户饲养的蛋鸡出现疑似禽流感症状，发病 11 000 只，死亡 9 000 只。5 月 24 日，辽宁省动物疫病预防控制中心诊断为疑似禽流感疫情。5 月 31 日，经国家禽流感参考实验室确诊，该起疫情为 H7N9 流感疫情。疫情发生后，当地按照有关预案和防治技术规范要求，切实做好疫情处置工作，扑杀了 8 000 只发病鸡和同群鸡，全部病死和扑杀鸡均做无害化处理。

如何在生产中检疫禽流感？又如何确诊？检出禽流感应采取哪些处理措施？根据相关规程，我们还要对养禽场进行其他哪些疫病的检疫？

认知与解读

任务一　禽流感的检疫

禽流感（Avian influenza，AI）是由 A 型流感病毒引起的以禽类为主的烈性传染病，可以分为低致病性禽流感（LPAI）和高致病性禽流感（HPAI），高致病性禽流感主要是 H5和 H7 亚型中的毒株引起，低致病性禽流感主要流行毒株为 H9 亚型。

世界动物卫生组织（OIE）将高致病性禽流感列为必须报告的动物疫病，我国将其列为一类动物疫病。

（一）临诊检疫

1. 流行特点　鸡、火鸡、鸭、鹅等多种禽类和鹌鹑、雉鸡、鹧鸪、鸵鸟、孔雀等多种野鸟易感。传染源主要为病禽（野鸟）和带毒禽（野鸟），病毒可长期在污染的粪便、水等环境中存活。本病主要通过直接接触感染或经呼吸道、消化道感染。

2. 临诊症状　潜伏期从几小时到数天，最长可达 21d。

（1）高致病性禽流感。常急性爆发，发病率和病死率可高达 90% 以上。病鸡体温升高，精神沉郁，采食量明显下降，甚至食欲废绝；头部及下颌部肿胀，冠髯出血或发绀，脚鳞片出血，粪便黄绿色并带多量的黏液；呼吸困难，张口呼吸；产蛋鸡产蛋下降或几乎停止。鹅和鸭等水禽可见角膜炎、头颈扭曲等症状。

（2）低致病性禽流感。呼吸道症状表现明显，流泪，排黄绿色稀便。产蛋鸡产蛋量下降明显，甚至绝产。病死率较低。

3. 病理变化

（1）高致病性禽流感。心外膜或冠状脂肪有出血点，心肌纤维坏死呈红白相间；胰有出血点或黄白色坏死点；腺胃乳头、腺胃与肌胃交界处及肌胃角质层下出血；输卵管中部可见乳白色分泌物或凝块；卵泡充血、出血、萎缩、破裂，有的可见"卵黄性腹膜炎"；喉、气管充血、出血；头颈部皮下胶冻样浸润。

（2）低致病性禽流感。喉、气管充血、出血，有浆液性或干酪性渗出物，气管分叉处有黄色干酪样物阻塞；肠黏膜充血或出血；产蛋鸡常见卵巢出血、卵泡畸形、萎缩和破裂；输卵管黏膜充血水肿，内有白色黏稠渗出物。

（二）实验室检疫

1. 病原学检查　无菌采取病死鸡的脑、气管、肺、肝、脾等器官，活禽可采其喉头和泄殖腔拭子。病料处理后接种鸡胚，收取尿囊液，检测尿囊液的血凝（HA）活性，阳性反应说明可能有禽流感病毒；再用血凝抑制试验（HI）可确定流感病毒；测定静脉内接种致病指数（IVPI）可判定病毒是否为高致病性毒株；通过神经氨酸酶抑制（NI）试验进行 NA 亚型鉴定。也可采用反转录-聚合酶链式反应（RT - PCR）、荧光反转录-聚合酶链式反应（荧光 RT - PCR）检测检样或尿囊液中的病原。

2. 血清学检查　检测禽血清中抗体，可采用血凝抑制（HI）试验、琼脂扩散试验（AGID）、酶联免疫吸附试验（ELISA）等。

（三）检疫后处理

1. 高致病性禽流感

（1）封锁措施。发现临诊怀疑病例时，立即上报疫情，对发病场所实施隔离、监控，禁止禽类、禽类产品及有关物品移动，并对污染环境实施严格的消毒措施。确诊后，立即划定疫点、疫区（由疫点边缘向外延伸 3km 范围的区域）和受威胁区（由疫区边缘向外延伸 5km 的区域），采取封锁措施。

①疫点内措施。扑杀所有的禽只，并对所有病死禽、被扑杀禽及其产品进行无害化处理，对排泄物、被污染饲料和垫料、污水等进行无害化处理，对被污染或可疑污染的交通工具、用具、圈舍、场地进行严格彻底消毒。对发病前 21d 内售出的所有家禽及其产品进行追踪，并做扑杀和无害化处理。

②疫区内措施。扑杀疫区内所有家禽，并进行无害化处理，同时销毁相应的禽类产品。对污染物进行无害化处理，对污染场所进行严格消毒。

③受威胁区内措施。对易感禽类进行紧急免疫接种。关闭疫点及周边 13km 内所有家禽

及其产品交易市场。

(2) 封锁的解除。疫点、疫区内所有禽类及其产品按规定处理完毕21d以上，监测未出现新的传染源，终末消毒完成，受威胁区按规定完成免疫。经上一级农业农村主管部门组织验收合格，当地农业农村主管部门提出申请，由原发布封锁令的人民政府解除封锁。

2. 低致病性禽流感 病禽扑杀，病死禽和扑杀病禽做无害化处理，污染的物品及场所进行彻底的消毒，疫区内易感家禽紧急免疫接种。

任务二 鸡新城疫的检疫

新城疫（Newcastle disease，ND）是由禽副黏病毒Ⅰ型引起的高度接触性禽类烈性传染病。世界动物卫生组织（OIE）将其列为必须报告的动物疫病，我国将其列为一类动物疫病。

（一）临诊检疫

1. 流行特点 鸡、火鸡、鹌鹑、鸽子、鸭、鹅等多种家禽及野禽均易感，各种日龄的禽类均可感染。传染源主要为感染禽，通过粪便和口、鼻、眼的分泌物排毒，主要经消化道和呼吸道感染。

2. 临诊症状 根据临诊症状的不同，可将新城疫分为5种病型。

(1) 嗜内脏速发型。所有日龄鸡均呈急性、致死性感染，以消化道出血性病变为主要特征，病死率高。

突然发病，有时无特征症状而死亡。初期病鸡倦怠，呼吸急促，排绿色、黄绿色或黄白色的稀粪，多经4～8d死亡。幸存鸡多出现颈部扭转等神经症状。

(2) 嗜神经速发型。所有日龄鸡均呈急性、致死性感染，以呼吸道和神经症状为主要特征，传播迅速，病死率高。

突然发病，呼吸困难、咳嗽、气喘，并发出"咯咯"的喘鸣声；食欲下降，产蛋量下降甚至停止。稍后出现翅腿麻痹、头颈扭曲等神经症状。

(3) 中发型。以呼吸道和神经症状为主要特征，病死率低。表现急性呼吸道症状，以咳嗽为主，少气喘，食欲下降，产蛋量下降甚至停止。

(4) 缓发型。以轻度或亚临诊性呼吸道感染为主要特征。

(5) 无症状肠道型。以亚临诊性肠道感染为主要特征。

3. 病理变化 全身黏膜和浆膜出血；腺胃黏膜水肿、乳头和乳头间有出血点；肌胃角质层下有出血点；小肠和直肠黏膜出血，肠壁淋巴组织呈枣核状肿胀、出血、坏死，有的形成伪膜；盲肠扁桃体肿大、出血和坏死；喉、气管黏膜充血，偶有出血，肺可见淤血和水肿；心冠脂肪有针尖大的出血点；产蛋母鸡的卵泡和输卵管充血，卵泡膜极易破裂而引发"卵黄性腹膜炎"。

（二）实验室检疫

1. 病毒的分离与鉴定 病死禽采集脑，也可采集脾、肺、气囊等组织；发病禽采集气管拭子和泄殖腔拭子（或粪便）。病料接种鸡胚，收取尿囊液，检测尿囊液的血凝（HA）活性。阳性反应说明可能有新城疫病毒，再用血凝抑制（HI）试验可确定新城疫病毒，毒力测定可采用脑内致病指数（ICPI）测定和F蛋白裂解位点序列测定。也可采用反转录-聚合酶链式反应（RT-PCR）检测检样或尿囊液中的病原。

2. 血清学检查 目前用于新城疫抗体检测的方法有血凝抑制（HI）试验、琼脂扩散试验（AGID）、酶联免疫吸附试验（ELISA）等。

（三）检疫后处理

发现可疑新城疫疫情时，立即上报疫情，并将病禽（场）隔离，并限制其移动。确诊后，立即划定疫点、疫区（由疫点边缘向外延伸 3km 范围的区域）和受威胁区（由疫区边缘向外延伸 5km 的区域），采取封锁措施。扑杀疫点内所有的病禽和同群禽只，对病死禽、被扑杀禽、禽类产品、排泄物、被污染饲料和垫料、污水等进行无害化处理，对被污染的物品、交通工具、用具、禽舍等进行彻底消毒。关闭疫区内活禽及禽类产品交易市场，禁止易感活禽进出和易感禽类产品运出，对疫区和受威胁区易感禽只进行紧急免疫接种。

疫区内没有新的病例发生，疫点内所有病死禽、被扑杀的同群禽及其禽类产品无害化处理 21d 后，对有关场所和物品进行彻底消毒，经上一级农业农村主管部门组织验收合格后，由当地农业农村主管部门提出申请，由原发布封锁令的人民政府发布解除封锁令。

任务三 鸡马立克病的检疫

鸡马立克病（Marek's disease，MD）是由马立克病病毒引起鸡的一种淋巴组织增生性传染病，以外周神经、性腺、虹膜、各种内脏器官、肌肉和皮肤的单个或多个组织器官发生肿瘤为特征。

（一）临诊检疫

1. 流行特点 鸡是主要的自然宿主。鹌鹑、火鸡、雉鸡、乌鸡等也可发生自然感染。2 周龄以内的雏鸡最易感。6 周龄以上的鸡可出现临诊症状，12～24 周龄最为严重。病鸡和带毒鸡是最主要的传染源，羽毛囊上皮细胞中成熟型病毒可随着羽毛和脱落皮屑散毒，主要通过呼吸道感染。

2. 临诊症状 根据临诊症状分为 4 个型。

（1）内脏型。常表现极度沉郁，有时不表现任何症状而突然死亡。有的病鸡表现厌食、消瘦和昏迷，最后衰竭而死。

（2）神经型。最早症状为运动障碍。腿和翅膀完全或不完全麻痹，两腿前后伸展呈"劈叉"姿势，翅膀下垂。

（3）眼型。视力减退或消失。虹膜失去正常色素，呈同心环状或斑点状。瞳孔边缘不整，严重阶段瞳孔只剩下一个针尖大小的孔。

（4）皮肤型。皮肤毛囊肿大，以大腿外侧、翅膀、腹部尤为明显。

3. 病理变化

（1）神经型。常在臂神经丛、坐骨神经丛、腰荐神经和颈部迷走神经等处发生病变，病变神经可比正常神经粗 2～3 倍，横纹消失，呈灰白色或淡黄色。

（2）内脏型。在肝、脾、胰、睾丸、卵巢、肾、肺、腺胃和心脏等脏器出现广泛的结节性或弥漫性肿瘤。

（二）实验室检疫

1. 病毒的分离与鉴定 采集病鸡全血的白细胞层或刚死亡鸡脾细胞，进行细胞培养，观察有无细胞病变（CPE），即蚀斑，一般可在3～5d内出现。可通过荧光抗体技术（FAT）检测蚀斑，也可以采用聚合酶链式反应（PCR）检测检样。

2. 病理组织学诊断　主要以淋巴母细胞、大淋巴细胞、中淋巴细胞、小淋巴细胞及巨噬细胞的增生浸润为主，同时可见小淋巴细胞和浆细胞的浸润和雪旺氏细胞增生。

3. 免疫学诊断　主要采用琼脂扩散试验（AGID）、酶联免疫吸附试验（ELISA）、病毒中和试验（VN）等。

（三）检疫后处理

发生疫情时，对发病鸡群进行扑杀和无害化处理，对鸡舍和周围环境进行消毒，对受威胁鸡群进行观察。

宰前检出本病时，扑杀病鸡并进行无害化处理；同群鸡急宰，内脏化制或销毁。宰后检出本病肿瘤时，病鸡胴体及内脏进行无害化处理。

任务四　鸡传染性法氏囊病的检疫

传染性法氏囊病（Infectious bursal disease，IBD）是由传染性法氏囊病病毒引起的一种急性、高度接触性传染病。以白色稀粪，法氏囊受损和机体免疫抑制为特征。

（一）临诊检疫

1. 流行特点　自然发病仅见于鸡，3～6周龄的鸡最易感，火鸡、鸭、珍珠鸡、鸵鸟等也可感染。病鸡和隐性感染鸡是主要的传染源，主要经消化道、眼结膜及呼吸道感染。本病往往突然发病，传播迅速，发病率高，病程短。

2. 临床症状　病鸡采食减少，畏寒聚堆，闭眼呈昏睡状态。排出白色黏稠和水样稀粪，泄殖腔周围的羽毛被粪便污染。在后期体温低于正常，严重脱水，极度虚弱，通常5～7d达到死亡高峰，病死率一般为20%～30%。

3. 病理变化　腿部和胸部肌肉有不同程度的条状或斑点状出血；法氏囊肿大、出血，覆有淡黄色胶冻样渗出液，出血严重者呈"紫葡萄"样，囊内黏液增多，后期法氏囊萎缩，囊内有干酪样渗出物；肾肿胀，有尿酸盐沉积。

（二）实验室检疫

1. 病原学检查　采集发生病变的新鲜法氏囊，处理后接种鸡胚或易感雏鸡，观察病变。也可采用琼脂扩散试验（AGID）、荧光抗体技术（FAT）检测病料中的病原。

2. 免疫学诊断　主要方法有琼脂扩散试验（AGID）、酶联免疫吸附试验（ELISA）、病毒中和试验（VN）等。其中AGID和ELISA较为简单、快速、易行，常用于检测抗传染性法氏囊病病毒抗原或抗体的存在。

（三）检疫后处理

1. 检出病鸡　对发病鸡群进行扑杀和无害化处理，对鸡舍和周围环境进行消毒，对受威胁鸡群进行隔离监测。

2. 做好引进种鸡检疫　国内异地引入种鸡及其精液、种蛋时，应取得动物检疫合格证明。到达引入地后，种鸡必须隔离饲养30d以上，并按规定进行检测，合格后方可混群饲养。

任务五　鸡传染性支气管炎的检疫

传染性支气管炎（Infectious bronchitis，IB）是由传染性支气管炎病毒引起的主要危害鸡的一种急性、高度接触性传染病。以咳嗽、打喷嚏、气管啰音及肾病变，产蛋鸡产蛋减少为特征。

（一）临诊检疫

1. 流行特点　本病仅发生于鸡，雏鸡最易感。传染源主要是病鸡和康复后带毒鸡，主要经空气（飞沫）传播，也可直接接触或通过污染的饲料、饮水、器具传播。本病传播迅速，冬、春寒冷季节多发。

2. 临床症状　据症状可分为呼吸型与肾型两种类型。

（1）呼吸型。雏鸡症状典型，表现张口伸颈呼吸、咳嗽、打喷嚏、呼吸道啰音，食欲减少，怕冷挤堆，昏睡。产蛋鸡感染后呼吸道症状轻微，主要表现产蛋量下降，蛋壳颜色变浅，并产软壳蛋、畸形蛋或粗壳蛋，蛋清稀薄如水。

（2）肾型。多发生于2～4周龄的鸡。初期有轻微呼吸道症状，包括咳嗽、气喘、喷嚏等，易被忽视，呼吸症状消失后不久，鸡群突然大量发病，排白色稀粪、粪便中含有大量尿酸盐，迅速消瘦、脱水。

3. 病理变化　幼雏感染本病毒，可导致输卵管永久性损伤，不能正常发育。

（1）呼吸型。鼻腔、鼻窦、气管和支气管内有浆液性、黏液性或干酪样渗出物，多数病死鸡在气管分叉处或支气管中有干酪性的栓子；产蛋母鸡的腹腔内可以发现液状的卵黄物质、卵泡充血、出血、变形。

（2）肾型。肾肿大苍白，称为"花斑肾"，肾小管和输尿管因尿酸盐沉积而扩张。

（二）实验室检疫

1. 病原学检查　采集呼吸道型病鸡的气管渗出物、支气管和肺组织，肾型病鸡的肾，产蛋下降病鸡的输卵管。将病料接种于10～11d的鸡胚，随着继代次数的增加，传染性支气管炎病毒可导致鸡胚出现发育受阻、胚体矮小并蜷缩等特征性变化。对病毒的进一步鉴定可采用反转录-聚合酶链式反应（RT-PCR）。

2. 血清学检查　主要方法有病毒中和试验（VN）、血凝抑制（HI）试验、琼脂扩散试验（AGID）、酶联免疫吸附试验（ELISA）等。

（三）检疫后处理

发生疫情时，对发病鸡群进行扑杀和无害化处理，对鸡舍和周围环境进行严格消毒，对受威胁鸡群进行观察，必要时进行紧急接种。

任务六　鸡传染性喉气管炎的检疫

传染性喉气管炎（Infectious Laryngotracheitis，ILT）是由传染性喉气管炎病毒引起的鸡的一种急性呼吸道传染病。以呼吸困难，咳嗽和咳血为特征。

（一）临诊检疫

1. 流行特点　本病主要侵害鸡，成年鸡多发，传播快，发病率较高。本病传染源主要是病鸡和康复后带毒鸡，主要经呼吸道和眼结膜感染。

2. 临床症状 表现呼吸困难，鼻孔有分泌物，湿性啰音，咳嗽和气喘，咳出带血的黏液或血块。

3. 病理变化 病初喉头及气管上段黏膜充血、肿胀、出血，管腔中有带血的渗出物；病程稍长者，渗出物形成黄白色干酪样伪膜，可能会将喉头甚至气管完全堵塞。

（二）实验室检疫

1. 病原学检查 采集病鸡咽喉拭子、病死鸡的喉或气管，将病料接种于9～12d 的鸡胚绒毛尿囊膜，观察绒毛尿囊膜出现的痘斑，进一步鉴定可通过血清中和试验（SN）。也可采用聚合酶链式反应（PCR）、实时聚合酶链式反应（RTQ-PCR）检测病料中的病原。

2. 血清学检查 主要方法有病毒中和试验（VN）、琼脂扩散试验（AGID）、间接荧光抗体技术（IFA）、酶联免疫吸附试验（ELISA）等。

（三）检疫后处理

发生疫情时，扑杀发病鸡群并进行无害化处理，对鸡舍和周围环境进行严格消毒，对受威胁鸡群进行观察，必要时进行紧急接种。

任务七 禽痘的检疫

禽痘（Avian poxvirus，AP）是由禽类痘病毒引起的禽类的一种高度接触性传染病。以体表无毛处的痘疹或呼吸道、口腔和食管部黏膜处的纤维素性坏死性伪膜为特征。

（一）临诊检疫

1. 流行特点 鸡、火鸡和鸽易感，其他禽类易感性较低。病禽和带毒禽是主要的传染源，主要通过直接接触传播，脱落和碎散的痘痂是禽痘病毒散播的主要载体，库蚊、疟蚊和按蚊等吸血昆虫在传播本病中起着重要作用。禽痘一年四季都可发生，夏秋季较多。

2. 临床症状 潜伏期一般为4～14d，病程通常为3～4周。

（1）皮肤型禽痘。在身体的无羽毛部位，如冠、肉垂、嘴角、眼皮、耳球、腿、脚及翅的内侧等处形成痘疹。痘疹最初为灰白色小点，随后增大如豌豆，灰色或灰黄色，数目较多时可连成痂块。眼部痘痂可使眼缝完全闭合。

（2）黏膜型禽痘。在口腔、咽部、喉部、鼻腔、气管及支气管等部位形成痘疹。痘疹最初呈圆形黄色斑点，逐渐形成一层黄白色伪膜，并迅速融合增大而形成白喉样膜。病禽张口呼吸，引起呼吸困难甚至窒息死亡。

（3）混合型禽痘。在皮肤、口腔和咽喉黏膜等多处同时发生痘疹。病禽生长缓慢、精神委顿、食欲减退，蛋鸡暂时性产蛋下降。一些病禽表现严重的全身症状，并发生肠炎，迅速死亡，或急性症状消失后，转为慢性肠炎。

（二）实验室检疫

1. 病原学检查 采集皮肤或白喉病变组织抹片镜检，观察禽痘病毒原生小体；或将病料接种鸡胚，观察鸡胚绒毛尿囊膜上的白色痘斑。也可采用聚合酶链式反应（PCR）检测病料中的病原。

2. 血清学检查 主要方法有病毒中和试验（VN）、琼脂扩散试验（AGID）、红细胞凝集抑制试验（HI）、荧光抗体技术（FAT）、酶联免疫吸附试验（ELISA）等。

（三）检疫后处理

发生疫情时，扑杀发病禽群并进行无害化处理，对禽舍和周围环境进行严格消毒，对受威胁禽群进行观察。

宰前检出本病时，扑杀病禽并进行无害化处理；同群禽隔离观察，确认无异常的，准予屠宰。

任务八　禽白血病的检疫

禽白血病（Avian leukosis，AL）是由禽白血病/肉瘤病毒群中的病毒引起的禽类多种肿瘤性疾病的统称，在自然条件下以淋巴细胞性白血病最为常见。

（一）临诊检疫

1. 流行特点　鸡是该群病毒的自然宿主，鸭、鹌鹑、鹧鸪、雉、斑鸠等也可感染，鸡易感性与其品种有关，J-亚群禽白血病主要发生于肉用型鸡。病鸡或带毒鸡为主要传染源，特别是处于病毒血症期的鸡。主要通过种蛋垂直传播，也可通过与感染鸡或污染的环境接触而水平传播。垂直传播而导致的先天性感染的鸡常出现免疫耐受，雏鸡表现为持续性病毒血症，体内无抗体并向外排毒。

2. 临诊症状　潜伏期较长，因病毒株不同、鸡群的遗传背景差异等而有所不同。

自然病例主要发生于18~25周龄的性成熟前后鸡群，最早可见于5周龄。表现鸡冠发白、皱缩，机体消瘦，腹部增大，有时触摸到肿大的肝和法氏囊。

血管瘤型白血病在病鸡皮肤或内脏器官的表面形成血管瘤，瘤壁破裂后引起流血不止，病鸡表现贫血症状并常死于大量失血。

3. 病理变化　淋巴样白血病最常在肝、脾、法氏囊、肾、肺、性腺、心、骨髓等器官组织出现肿瘤，肿瘤可表现为较大的结节或弥漫性分布的细小结节。肿瘤结节的大小和数量差异很大，表面平滑，切开后呈灰白色至奶酪色。

成红细胞性白血病、成髓细胞性白血病和髓细胞白血病多出现肝、脾、肾的弥漫性增大。

J-亚群禽白血病的特征性病变是肝、脾肿大，表面有弥漫性的灰白色增生性结节。在肾、卵巢和睾丸也可见广泛的肿瘤组织，有时在胸骨、肋骨表面出现肿瘤结节。

（二）实验室检疫

1. 组织病理学检查　在苏木精-伊红（HE）染色切片中，淋巴样白血病为淋巴样细胞肿瘤结节，J-亚群禽白血病可见增生的髓细胞样肿瘤细胞，散在或形成肿瘤结节。

2. 病原学检查　采集病鸡全血、带有白细胞的血浆或血清、脾、肝、肾、咽喉、泄殖腔棉拭子，进行病毒的分离培养，通过间接荧光抗体技术（IFAT）、聚合酶链式反应（PCR）检测病毒。

3. 血清学检查　酶联免疫吸附试验（ELISA）可检测鸡血清中A-亚群、B-亚群及J-亚群禽白血病病毒抗体，适用于禽白血病病毒水平感染的群体普查。

（三）检疫后处理

1. 检出病鸡　发现疫情时，对发病鸡群进行扑杀和无害化处理，对鸡舍和周围环境进行消毒，对受威胁鸡群进行隔离监测。宰前检出本病时，扑杀病鸡并进行无害化处理；同群鸡急宰，内脏化制或销毁。宰后检出本病肿瘤时，病鸡胴体及内脏进行无害化处理。

2. 做好种鸡检疫 国内异地引入种鸡及其精液、种蛋时，调运前要进行实验室检查，禽白血病抗原检测阴性为合格。到达引入地后，种鸡必须隔离饲养30d以上，经实验室检查确认合格后方可混群饲养。

任务九 鸡白痢的检疫

鸡白痢（Pullorum disease，PD）是由鸡白痢沙门菌引起鸡和火鸡的传染病。我国将其列为二类动物疫病，《国家中长期动物疫病防治规划（2012—2020年）》将其列为优先防治的国内动物疫病、种畜禽重点净化疫病。

（一）临诊检疫

1. 流行特点 各种品种的鸡对本病均有易感性，以2～3周龄以内雏鸡的发病率与病死率为最高，成年鸡呈慢性或隐性感染。病鸡和带菌鸡是主要传染源，垂直传播为本病主要传播方式，也能通过消化道、呼吸道、眼结膜水平传播。

2. 临诊症状

（1）雏鸡。垂直传播的雏鸡，1周内为死亡高峰。出壳后感染的雏鸡，多在孵出后几天才出现明显症状，7～10d病雏逐渐增多，在14～21d达死亡高峰。最急性者，无症状迅速死亡。稍缓者表现精神委顿，绒毛松乱，两翼下垂，缩颈闭眼昏睡；病初食欲减少，而后停食，排稀薄如糨糊状粪便，肛门周围绒毛被粪便污染，有的封住肛门，发生尖锐的叫声；最后因呼吸困难及心力衰竭而死。也有的出现关节炎和全眼球炎。

（2）成年鸡。感染常无临诊症状。母鸡产卵量和种蛋受精率降低。少数病鸡冠发育不良、苍白，排灰白色稀粪，产卵停止。有些病鸡因卵黄囊炎引起腹膜炎，出现"垂腹"现象。

3. 病理变化

（1）雏鸡。急性病例肝肿大，有大量灰白色坏死点；卵黄吸收不良，内容物色黄如油脂状或干酪样。病程长者，在心、肺、肝、肌胃等脏器中有灰白色坏死结节，盲肠中有干酪样物堵塞肠腔，常有腹膜炎，有时见出血性肺炎。

（2）育成鸡。肝肿大，暗红色至深紫色，表面可见散在或弥漫性的出血点或黄白色大小不一的坏死灶，质地极脆，易破裂，常见腹腔内积有大量血水，肝表面有较大的凝血块。

（3）成年鸡。成年母鸡，常见卵泡变形、变色、变质，有的卵泡系带长而脆弱，卵泡落入腹腔，形成卵黄性腹膜炎。成年公鸡，常见睾丸极度萎缩，有小脓肿，输精管管腔增大，充满稠密的均质渗出物。

（二）实验室检疫

1. 病原学检查 无菌采集肝、脾、胆囊、卵巢、睾丸等病料，通过涂片镜检、分离培养和生化试验鉴定细菌。也可采用细菌多重聚合酶链式反应对病料中鸡白痢沙门菌和培养细菌进行快速鉴定。

2. 血清学检查 适合用于群体检疫，常用的方法有快速全血凝集试验（RWBA）、快速血清凝集试验（RSA）、试管凝集试验（TA）和微量凝集试验（MA）等。

（三）检疫后处理

1. 检出病鸡 扑杀病鸡并进行无害化处理，同群鸡隔离饲养并进行药物预防，对鸡舍和周围环境进行消毒。

2. 做好种鸡检疫 种鸡场通过实施种鸡群检疫、加强卫生防疫等措施进行鸡白痢净化。国内异地引入种鸡及其精液、种蛋时，应取得原产地动物防疫监督机构的检疫合格证明。到达引入地后，种鸡必须隔离饲养 30d 以上，并由引入地动物防疫监督机构进行检测，合格后方可混群饲养。

任务十 鸡球虫病的检疫

鸡球虫病（Chicken coccidiosis）是由艾美耳科艾美耳属球虫寄生于鸡肠道引起的一种原虫病。以消瘦、贫血和血便为特征。

（一）临诊检疫

1. 流行特点 艾美耳属球虫主要有柔嫩艾美耳球虫、毒害艾美耳球虫、堆型艾美耳球虫、巨型艾美耳球虫、早熟艾美耳球虫、和缓艾美耳球虫和布氏艾美耳球虫 7 种，鸡是其唯一的天然宿主。各个品种、日龄的鸡都可感染，3~6 周龄的鸡多发。

带虫鸡粪便污染的饲料、饮水、土壤及用具等都可能存在卵囊，鸡食入孢子化卵囊而感染。此外，各种禽类、昆虫、工具和工作人员等都可以机械地将卵囊由一地区带到另一地区而引起传播。

本病的发生与气温、湿度关系密切，在温暖多雨或地面潮湿时多发，在集约化鸡场没有季节性，只要温度、湿度达到卵囊的发育要求就有可能发生。

2. 临床症状

（1）急性型。由致病力较强的柔嫩艾耳球虫和毒害艾美耳球虫引起的。初期表现精神沉郁，羽毛松乱，排出水样稀粪，并带有少量血液，柔嫩艾耳球虫感染粪便棕红色，后期甚至排鲜血；毒害艾耳球虫感染粪便棕褐色。

（2）慢性型。由其他致病力低的球虫引起。临床症状不明显，病鸡逐渐消瘦，间歇性腹泻，贫血，病程长，鸡群的均匀度差，产蛋量少。

3. 病理变化 各种球虫在肠道寄生的部位不同，造成肠道损伤的部位及程度各不相同。

（1）柔嫩艾美耳球虫。主要损害盲肠。急性死亡者盲肠高度肿胀，出血严重，肠腔中充满凝血块和盲肠黏膜碎片；慢性者肠腔中有干酪样栓子。

（2）毒害艾美耳球虫。主要损害小肠。小肠中段高度肿胀，肠管显著充血，出血和坏死；肠壁增厚，肠内容物中含有多量血液、凝血块和脱落的黏膜。从浆膜面观察，在病灶区可见到小的灰白色斑点和红色出血点。

（3）堆型艾美耳球虫。主要损伤十二指肠。肠黏膜变薄，肠壁上有横纹状白斑，外观呈梯形，肠道苍白，含水样液体。严重感染时白斑可扩展至小肠，并融合成片。

（4）巨型艾美耳球虫。主要损害小肠近端和中部。肠壁增厚，肠内容物呈淡灰色、淡褐色或淡黄色，有黏性，有时混有细小的血块。

（5）布氏艾美耳球虫病。主要损害小肠下段。黏膜增厚，肠壁充血，内容物呈粉红色。早熟艾美耳球虫与和缓艾美耳球虫的致病力弱，病变不明显。

（二）实验室检疫

1. 肠内容物或肠组织病原检查 将肠内容物或肠组织做成抹片或触片，覆以盖玻片镜检，可看到球虫卵囊。

2. 粪便内病原检查 采用直接抹片法、饱和食盐水漂浮法或卵囊计数法，检查粪便中的球虫卵囊。

（三）检疫后处理

发现疫情时，扑杀病鸡并进行无害化处理，同群鸡隔离饲养并进行药物预防，对鸡舍和周围环境进行消毒。

宰前检出本病时，扑杀病鸡并进行无害化处理；同群禽隔离观察，确认无异常的，准予屠宰。宰后检出本病时，病变严重者，胴体及内脏进行无害化处理；病变轻微者，病变内脏进行无害化处理，其余部分不受限制。

任务十一 鸭瘟的检疫

鸭瘟（Duck plague，DP）又称鸭病毒性肠炎，是由鸭瘟病毒引起的一种急性、热性、败血性传染病。以高热、腹泻、肿头流泪和组织出血为特征。

（一）临诊检疫

1. 流行特点 本病主要侵害鸭，鹅、天鹅也易感，1月龄以下雏鸭很少发病，成年鸭较为严重。传染源为病禽和带毒禽，主要通过消化道感染，也可通过呼吸道、交配、眼结膜感染。本病传播迅速，发病率和病死率都很高。

2. 临诊症状 潜伏期一般为3～7d。病鸭体温升高至43℃以上，呈稽留热；精神委顿，食欲减少或废绝，两脚麻痹无力，严重的静卧地上不愿走动；部分病鸭表现头颈部肿胀，俗称"大头瘟"；多数病鸭有流泪和眼睑水肿等症状；排出绿色或灰白色稀粪，泄殖腔黏膜水肿，严重者黏膜外翻。

3. 病理变化 可见败血症的病变，全身皮肤、黏膜和浆膜出血。头颈肿胀的病例，皮下组织有黄色胶样浸润。食道黏膜表面有小出血斑点或灰黄色伪膜覆盖；泄殖腔黏膜表面出血或覆盖一层灰褐色或绿色的坏死结痂；肠黏膜充血、出血，在空肠、回肠等部位有环状出血。产蛋母鸭卵泡充血、出血、变形，有时卵泡破裂，形成卵黄性腹膜炎。雏鸭法氏囊呈深红色，表面有针尖状的坏死灶，囊腔充满白色的凝固性渗出物。

（二）实验室检疫

1. 病原的分离与鉴定 取病鸭的血液、肝、脾，经过处理后，接种于9～14日龄鸭胚或鸭胚胎成纤维细胞，收取尿囊液或细胞培养物，采用聚合酶链式反应（PCR）、荧光定量PCR进行鉴定。

2. 血清学检查 检查血清中的鸭瘟抗体，可采用病毒中和试验（VN）、酶联免疫吸附试验（ELISA）和荧光抗体技术（FAT）等。

（三）检疫后处理

发生疫情时，扑杀发病鸭群并进行无害化处理，对鸭舍和周围环境进行严格消毒，对受威胁鸭群进行观察，必要时进行紧急接种。

宰前检出本病时，扑杀病鸭并进行无害化处理；同群鸭隔离观察，确认无异常的，准予屠宰。宰后检出本病时，胴体及内脏进行无害化处理。

任务十二　小鹅瘟的检疫

小鹅瘟（Goose parvovirus，GP）又称鹅细小病毒感染，是由鹅细小病毒引起的一种急性的或亚急性的败血性传染病。以严重腹泻、渗出性肠炎为特征。

（一）临诊检疫

1. 流行特点　自然病例见于雏鹅和雏番鸭，7日龄以内的病死率可达100％，10日龄以上者病死率一般不超过60％，20日龄以上的发病率更低，而1月龄以上的则极少发病。成年鹅多隐性感染。病雏鹅、病雏番鸭和带毒鹅、带毒番鸭是主要传染源，主要通过消化道和直接接触传播。

2. 临诊症状　根据病程长短可分为最急性型、急性型和亚急性型。

（1）最急性型。多发生于7d内，突然发病，无前驱症状，发现时即极度衰弱，死亡快，传播快，发病率可达100％，病死率高达95％以上。

（2）急性型。多发生于1～2周龄，表现精神委顿，食欲减退或废绝；严重腹泻，排灰白色或青绿色稀便；呼吸用力，鼻流浆性分泌物；死前出现抽搐等症状。

（3）亚急性型。多发生于2周龄以上，以精神沉郁、腹泻和消瘦为主要症状。

3. 病理变化

（1）最急性型。除肠道有急性卡他性炎症外，无其他明显病变。

（2）急性型和亚急性型。心脏变圆，心尖部心肌苍白；空肠、回肠黏膜坏死脱落，与凝固的纤维素性渗出物形成栓子或包裹在肠内容物表面形成伪膜。

（二）实验室检疫

1. 病原的分离与鉴定　采取病鹅的肝、脾等病料，经过处理后，接种于12～14日龄鹅胚，收取尿囊液，通过荧光抗体技术（FAT）、血清中和试验（SN）、琼脂扩散试验（AGID）、聚合酶链式反应（PCR）进行鉴定。

2. 血清学检查　常用方法有琼脂扩散试验（AGID）、阻断酶联免疫吸附试验（B-ELISA）和病毒中和试验（VN）等。

（三）检疫后处理

发生疫情时，扑杀发病鹅群并进行无害化处理，对鹅舍和周围环境进行严格消毒，对受威胁鹅群进行紧急免疫接种。若孵化场分发出去的雏鹅在3～5d后发病，即表示孵坊已被污染，应立即停止孵化，全面彻底消毒，对孵出后的雏鹅注射高免血清。

宰前检出本病时，扑杀病鹅并进行无害化处理；同群鹅隔离观察，确认无异常的，准予屠宰。宰后检出本病时，胴体及内脏进行无害化处理。

操作与体验

技能　鸡白痢的检疫

（一）教学目标

（1）学会鸡白痢临诊检疫。

（2）会用全血平板凝集试验进行鸡白痢检疫。

（3）会进行鸡白痢病原学检查。

（二）材料设备

1. 所需试剂　鸡白痢多价染色平板抗原、强阳性血清（500IU/mL）、弱阳性血清（10IU/mL）、阴性血清、灭菌生理盐水、培养基、革兰染色液等。

2. 所需器材　玻璃板、玻璃铅笔、可调移液器（20～200μL）、一次性吸头、消毒针头、乳头滴管、酒精灯、酒精棉球、接种环、载玻片、显微镜、恒温箱等。

（三）方法步骤

1. 临诊检疫

（1）流行病学调查。询问鸡群的饲养管理和发病情况。

（2）临诊症状。根据已学的鸡白痢临诊症状进行仔细观察。

（3）病理变化。对病死鸡或病鸡进行剖检，注意观察特征性病理变化。

2. 全血平板凝集试验

（1）操作方法。

①在洁净的玻璃板上，用玻璃铅笔划成 3cm×3cm 的方格，并编号。

②将抗原摇匀后，用滴管吸取 1 滴（约 0.05mL），垂直滴加于方格内。

③用针头刺破鸡的冠尖或翅静脉，用移液器吸取与抗原等量的血液，滴加在方格内，与抗原充分混匀，轻轻摇动玻璃板，2min 内判定结果。

④设立强阳性血清、弱阳性血清和阴性血清对照。

（2）判定标准。在 2min 内，抗原与阳性血清出现 100％凝集（#），与弱阳性血清出现 50％凝集（＋＋），与阴性血清不凝集（—）时，试验成立。否则重新试验。

①100％凝集（#）。紫色凝集块大而明显，混合液较清。

②75％凝集（＋＋＋）。紫色凝集块较明显，混合液轻度混浊。

③50％凝集（＋＋）。出现明显的紫色凝集颗粒，混合液较为混浊。

④25％凝集（＋）。出现少量的细小颗粒，混合液混浊。

⑤不凝集（—）。无凝集颗粒出现，混合液混浊。

（3）结果判定。

①阳性反应。被检全血与抗原出现 50％凝集（＋＋）以上凝集。

②阴性反应。被检全血与抗原不发生凝集。

③可疑反应。被检全血与抗原出现 50％凝集（＋＋）以下凝集。将可疑鸡隔离饲养 1 个月后，再检验，若仍为可疑反应，则按阳性反应判定。

3. 病原学检查

（1）分离培养。无菌采取鸡的肝、胆囊、脾、卵巢等组织样品，用接种环蘸取病料，在麦康凯琼脂平板上划线。置 37℃温箱内培养 24h，取出观察结果。如平板上有分散、光滑、湿润、微隆起、半透明、无色或与培养基同色的，具黑色中心的细小菌落，则为鸡白痢沙门菌可疑菌落。

（2）三糖铁试验。从每一分离平板上用接种针挑取可疑鸡白痢沙门菌单个菌落至少 3 个，分别移种于三糖铁琼脂斜面培养基上（先进行斜面划线，再做底层穿刺接种），于 37℃ 恒温箱内培养 18～24h，取出观察并记录结果。鸡白痢沙门菌在斜面上产生红色菌苔，底部仅穿刺线呈黄色并慢慢变黑，但不向四周扩散，说明产生 H_2S，无动力；有裂纹形成，说明产气。

（3）细菌形态鉴定。自斜面取培养物做成涂片，革兰染色后镜检。鸡白痢沙门菌为单独存在、革兰阴性、两端钝圆、无芽孢的小杆菌。用培养物作悬滴标本观察，无运动性。

（四）考核标准

序号	考核内容	考核要点	分值	评分标准
1	临诊检疫 （20分）	流行病学调查	5	调查全面
		临诊症状检查	5	根据待检鸡的症状正确判断有无鸡白痢症状
		病理检查	10	根据待检鸡的病变正确判断有无鸡白痢病变
2	全血平板凝集试验 （30分）	操作方法	15	严格按照试验步骤操作
		结果判定	15	正确判定结果
3	病原学检查 （50分）	分离培养	20	正确采样、选择培养基分离培养、识别菌落
		三糖铁试验	20	三糖铁试验操作步骤正确、结果判定正确
		细菌形态鉴定	10	正确进行细菌培养物染色镜检并判定结果
总分			100	

知识拓展

种禽场主要疫病监测工作实施方案

（一）监测目的

掌握种禽重大动物疫病和主要垂直传播性疫病流行状况，跟踪监测病原变异特点与趋势，查找传播风险因素，加强种禽主要疫病预警监测和净化工作。

（二）样品采集

1. 采样数量

（1）曾祖代禽场。每个品系采集种蛋 150 枚、血清 100 份，每个场采集咽喉/泄殖腔拭子 100 份。

（2）祖代场禽场。祖代鸡场每个场采集种蛋 150 枚、血清 100 份、咽喉/泄殖腔拭子 100 份；祖代水禽场每个场采集血清 100 份、咽喉/泄殖腔拭子 100 份。

（3）国家级家禽基因库。按照地方鸡种基因库和水禽基因库存栏量的 10% 比例抽检血清和种蛋；每个基因库采集咽喉/泄殖腔拭子 100 份。

2. 样品要求　样品来源原则上不少于 3 栋禽舍的开产后种鸡。所采集的血清、咽喉/泄殖腔拭子样品应一一对应，种蛋样品应来自对应禽舍。

（1）血清样品。每份采集 2～3mL 全血，凝固后析出血清不少于 0.7mL，用 1.5mL 离心管冷冻保存。

（2）拭子样品。同一家禽的咽喉/泄殖腔拭子放在同一个离心管中，其中鸡咽喉/泄殖腔拭子采集双份样品，一份加 1mL 磷酸盐缓冲液保护液，一份加 1mL 胰蛋白酶肉汤保护液；鸭、鹅咽喉/泄殖腔拭子采集单份样品，加 1mL 磷酸盐缓冲液保护液。冷冻保存。

（3）蛋清样品。每枚种蛋采集 5～10mL 蛋清，用 15mL 离心管冷冻保存。

3. 样品编号　血清样品以"A01～An"模式编写，种蛋样品以"B01～Bn"模式编写，咽喉/泄殖腔拭子以"C01～Cn"模式编写。同一个体的血清样品与咽喉/泄殖腔拭子样品编号一一对应。

4. 样品信息　采样的同时填写《种禽场采样记录表》（表 7-1）。

表 7-1　种禽场采样记录

省份：　　市：　　县：　　种禽场名称：　　采样人：　　电话：　　采样时间：　　年　月　日

序号	禽种	品种（配套系）	存栏量	栋号	性别	日龄	种鸡产蛋阶段（初期、高峰期、继代留种前）	编号起止			末次免疫时间				
								血清	咽腔拭子	种蛋	禽流感疫苗	新城疫疫苗	鸭瘟疫苗	鸭病毒性肝炎疫苗	小鹅瘟疫苗
1															
2															
3															
4															

注：1. 此单一式三份，采样单位和被采样单位各保存一份，随样品递交一份。
　　2. "编号起止"按照种禽样品编号要求表示，各场保存原禽只编号。

（三）样品检测

检测禽流感、禽白血病、禽网状内皮组织增殖症和沙门菌病 4 种疫病 10 个项目。具体检测项目及方法见表 7-2。必要时抽取部分样品进行病毒分离鉴定和基因序列测定，调查病原变异情况。

表 7-2　种禽场检测项目及其方法

序号	检测病种	检测项目	样品类型	检测方法
1	禽流感	AIV-H5	咽喉/泄殖腔拭子	RT-PCR
2		AIV-H7	咽喉/泄殖腔拭子	RT-PCR
3		AIV-H7 抗体	血清	HI
4		AIV-H5 抗体	血清	HI
5	禽白血病	ALV-P27 抗原	鸡蛋清	ELISA
6		ALV-J 亚群抗体	鸡血清	ELISA
7		ALV-A/B 亚群抗体	鸡血清	ELISA
8	沙门菌（鸡白痢和禽伤寒）	沙门菌	鸡咽喉/泄殖腔拭子	细菌分离
9		鸡白痢抗体	鸡血清	平板凝集
10	禽网状内皮组织增殖症	REV 抗体	鸡血清	ELISA

练习题

一、单项选择题

1. 根据《一、二、三类动物疫病病种名录》，低致病性禽流感属于（　　　）。

A. 一类动物疫病　　　　　B. 二类动物疫病　　　C. 三类动物疫病

2. 新城疫病毒含量最高的组织器官是（　　　）。

A. 心脏、肝和肺　　　　　B. 脑、脾和肺　　　C. 血液

3. 鸡传染性法氏囊病最易感日龄为（　　　）。

A. 1 周龄以内　　　　　B. 3～6 周龄　　　　C. 9～12 周龄　　　D. 12～24 周龄

4. 小鹅瘟特征性的病理变化是（　　　）。

A. 肝肿大，有出血斑点　　　　　　　　　B. 小肠黏膜出血

C. 纤维素性心包炎　　　　　　　　　　　D. 小肠肠腔内形成栓子

5. 高致病性禽流感潜伏期最长可达（　　　）d。

A. 7　　　　　　　　　B. 14　　　　　　　C. 21　　　　　　　D. 28

6. 头颈部肿胀，俗称"大头瘟"的疫病是（　　　）。

A. 小鹅瘟　　　　　　　B. 鸭瘟　　　　　　C. 高致病性禽流感　　D. 鸡新城疫

7. 鸡马立克病临床症状最为严重的日龄为（　　　）。

A. 2 周龄以内　　　　　B. 3～5 周龄　　　　C. 6～8 周龄　　　　D. 12～24 周龄

8. 寄生于鸡盲肠的球虫是（　　　）。

A. 毒害艾美耳球虫　　　　　　　　　　　B. 巨型艾美耳球虫

C. 柔嫩艾美耳球虫　　　　　　　　　　　D. 布氏艾美耳球虫

9. 以下禽病中引起内脏器官出现肿瘤的是（　　　）。

A. 禽痘　　　　　　　　B. 禽白血病　　　　C. 鸡传染性法氏囊病　D. 鸭瘟

10. 以下禽病中可出现"花斑肾"病变的是（　　　）。

A. 鸡传染性支气管炎　　B. 鸡传染性喉气管炎　C. 鸡马立克病　　　　D. 小鹅瘟

二、判断题

（　　　）1. 鸡白痢主要通过卵垂直传播，不能在雏鸡之间水平传播。

（　　　）2. 鸡马立克病最易感日龄为 6～8 周龄。

（　　　）3. 鸡传染性喉气管炎主要感染鸡，成年鸡多发。

（　　　）4. 鸡白痢多见于 3 周龄内的雏鸡，成年鸡呈慢性或隐性感染。

（　　　）5. 禽流感病毒属于 A 型流感病毒。

三、简答题

1. 鸡场检出高致病性禽流感时应采取哪些处理措施？

2. 鸡马立克病临床分哪几型？

3. 如何应用全血平板凝集试验进行鸡白痢检疫？

4. 鸭瘟的临诊检疫要点有哪些？

5. 鸡新城疫的临诊检疫要点有哪些？

项目七练习题答案

牛、羊疫病的检疫

 **项目指南**

本项目的应用：检疫人员依据牛海绵状脑病、牛病毒性腹泻/黏膜病、牛传染性鼻气管炎、小反刍兽疫、羊痘、片形吸虫病的临诊检疫要点进行现场检疫；检疫人员对牛、羊疫病进行实验室检疫；检疫人员根据检疫结果进行检疫处理。

完成本项目所需知识点：牛海绵状脑病、牛病毒性腹泻/黏膜病、牛传染性鼻气管炎、小反刍兽疫、羊痘、片形吸虫病的流行病学特点、临诊症状和病理变化；牛、羊疫病的实验室检疫方法；牛、羊疫病的检疫后处理；病死及病害动物的无害化处理。

完成本项目所需技能点：牛、羊疫病的临诊检疫；染疫牛、羊尸体的无害化处理。

 **项目导入**

2018 年 6 月 15 日，经国家外来动物疫病研究中心确诊，湖南省衡阳市耒阳市某养殖场发生小反刍兽疫疫情，发病羊 26 只，死亡 15 只，扑杀 71 只。疫情发生后，当地按照有关预案和防治技术规范要求，切实做好疫情处置工作，使疫情得到有效控制。

2007 年 7 月，小反刍兽疫首次传入我国，给多地养殖场（户）造成了较大的经济损失。为及时、有效地预防、控制和扑灭小反刍兽疫，国家制定了相应防治技术规范，并发布了小反刍兽疫消灭计划。

本项目介绍牛、羊的几种重要疫病的检疫，旨在提高从业者们对牛、羊疫病的现场检疫能力和实验室检测水平，并能够依据检疫结果进行规范处理。

 **认知与解读**

任务一　牛海绵状脑病的检疫

牛海绵状脑病（Bovine spongiform encephalopathy，BSE）俗称"疯牛病"，是由朊病毒引起的一种神经性、进行性、致死性疾病。

牛海绵状脑病于 1986 年 11 月在英国被发现，世界动物卫生组织（OIE）将本病列为必须报告的动物疫病，我国《一、二、三类动物疫病病种名录》将其列为一类动物疫病，也是我国《进境动物检疫疫病名录》中的一类动物检疫疫病。我国高度重视牛海绵状脑病防范工作，有效预防了本病的传入和发生。2014 年，我国被 OIE 认可为牛海绵状脑病风险可忽略国家。

（一）临诊检疫

1. 流行特点　本病多发于 4～6 岁的成年牛。易感动物有牛科动物（家牛、非洲林羚、大羚羊、瞪羚、白羚、金牛羚、弯月角羚、美欧野牛）和猫科动物（家猫、猎豹、美洲山狮、虎猫、虎），实验条件下可感染牛、猪、绵羊、山羊、鼠、貂、长尾猴和短尾猴，人也感染。本病主要由于食入混有痒病病羊或牛海绵状脑病病牛尸体加工成的肉骨粉而感染。

2. 临诊症状　潜伏期长达 2～8 年，平均 4～5 年。病牛表现焦虑不安、恐惧、暴躁，攻击性增强；对触摸、光照及声音敏感，当触及其后肢时极度不安；运动时步调不稳，共济失调，四肢伸展，极易摔倒。整个病程多为 1～3 个月，个别可长达 1 年，病牛几乎全部死亡。

3. 病理变化　尸体剖检无明显肉眼可见病变。

（二）实验室检疫

1. 组织病理学检查　采集整个大脑及脑干或延髓，经 10％福尔马林固定后，切片染色镜检，可见典型病理变化为脑组织呈海绵状空泡变性。

2. 病原检测　目前病原检测主要采用特异性强、灵敏度高的免疫组织化学法（IHC）、免疫印迹技术（WB）和酶联免疫吸附试验（ELISA）进行检查。

（三）检疫后处理

1. 加强口岸检疫　禁止从牛海绵状脑病发病国或高风险国进口活牛及其产品。检出阳性病例，应立即采取封锁、隔离措施，并立即上报主管部门，全群动物做退回或者扑杀销毁处理。

2. 加强饲料管理　严禁用含反刍动物源性成分的物品作为牛的饲养成分。

任务二　牛病毒性腹泻/黏膜病的检疫

牛病毒性腹泻/黏膜病（Bovine viral diarrhea/mucosal disease，BVD/MD）是由牛病毒性腹泻病毒引起的一种接触性传染病，以黏膜发炎、糜烂、坏死和腹泻为特征。

（一）临诊检疫

1. 流行特点　易感动物主要是牛，各种年龄的牛都有易感性，6～18 月龄的牛易感性较强；本病毒对羊、猪、鹿、骆驼及其他野生反刍动物也具有一定的感染性。可通过呼吸道和消化道传播，也可通过胎盘、交配和人工授精传染易感动物。本病常年发生，冬春季节多发。

2. 临床症状　本病潜伏期为 7～10d，个别可长达 14d。主要表现为高热，腹泻（开始呈水泻，以后带有黏液和血），大量流涎，反刍停止，结膜炎，口腔黏膜和鼻黏膜糜烂或溃疡，妊娠牛可能流产。有些病牛常有趾间皮肤糜烂坏死及蹄叶炎症状，出现跛行。急性病例很少康复，通常在发病后 1～2 周内死亡。

3. 病理变化　鼻镜、鼻腔、口腔黏膜有糜烂和溃疡，消化道黏膜呈大小不一直线状糜烂，以食道黏膜糜烂最为典型；瘤胃黏膜呈淡紫红色，皱胃黏膜炎性水肿和糜烂；肠壁水肿，十二指肠黏膜有较规则的纵向排列的出血条纹，空肠和回肠有点状或斑点状出血，黏膜呈片状脱落，盲肠和结肠末端有纵向排列的出血条纹；肠系膜淋巴结肿大、坏死。

（二）实验室检疫

1. 病原学检查　采集活体的血液、精液、眼鼻分泌物，死亡动物的脾、骨髓、肠系膜淋巴结等，接种牛肾细胞、牛睾丸细胞进行分离培养。通过免疫荧光抗体技术（FAT）、中和试验（SN）和荧光反转录聚合酶链式反应（荧光 RT - PCR）进行鉴定。

2. 血清学检查 通常采用中和试验（VN）、间接酶联免疫吸附试验（I - ELISA）等方法。

（三）检疫后处理

病死牛及扑杀的持续性感染牛尸体，进行无害化处理。同群其他动物隔离观察，彻底消毒，必要时进行紧急免疫接种。

任务三　牛传染性鼻气管炎的检疫

传染性牛鼻气管炎（Infectious bovine rhinotracheitis，IBR）又称"坏死性鼻炎"、"红鼻病"，是由牛传染性鼻气管炎病毒引起牛的一种急性、热性、高度接触性传染病，以黏液性鼻漏和结膜炎为特征。

（一）临诊检疫

1. 流行病学 本病只发生于牛，各种年龄和品种的牛均易感，以 20～60 日龄的犊牛最易感，病死率较高。本病可通过直接接触或通过呼吸道、生殖道传染，在秋冬季节多发。

2. 临诊症状 潜伏期一般为 4～6d。

（1）呼吸道型。本病最常见的一种类型。病初高热（40～42℃），流泪，流涎，有黏脓性鼻液，高度呼吸困难。鼻黏膜高度充血，呈火红色，称为"红鼻病"。

（2）生殖道型。经交配传播，母畜表现外阴阴道炎，阴门、阴道黏膜充血，有时表面有散在性灰黄色、粟粒大的脓疱，重症者脓疱融合成片，形成伪膜。公畜表现为龟头包皮炎，龟头、包皮、阴茎充血、溃疡。

（3）流产型。多见初胎青年母牛妊娠期的任何阶段，亦发生于经产母牛。

（4）脑炎型。易发生于 4～6 月龄犊牛，病初表现为流涕、流泪，呼吸困难，之后肌肉痉挛，兴奋或沉郁，角弓反张，共济失调，发病率低但病死率高。

（5）眼炎型。常与呼吸道型合并发生。结膜充血、水肿，形成灰黄色颗粒状坏死膜，严重者外翻；角膜混浊呈云雾状；眼、鼻流浆液性脓性分泌物。

3. 病理变化 呼吸道黏膜发炎，有浅在溃疡，咽喉、气管及支气管黏膜表面有腐臭黏液性、脓性分泌物；眼结膜和角膜表面形成白斑；外阴和阴道黏膜有白斑、糜烂和溃疡。流产胎儿的肝、脾局部坏死，部分皮下有水肿；皱胃黏膜发炎及溃疡，大小肠有卡他性炎症。

（二）实验室检疫

1. 病原学检查 可采集呼吸道、生殖道或眼部分泌物、脑组织及流产胎儿心血、肺等作为病料，使用牛肾细胞培养物进行分离，利用荧光抗体技术（FAT）或血清中和试验（SN）鉴定病毒。也可用 DNA 限制性内切酶酶切分析和实时荧光聚合酶链式反应等方法进行分子病原学检测。

2. 血清学检查 可采用微量病毒中和试验（VN）、酶联免疫吸附试验（ELISA）等。

（三）检疫后处理

发现病牛，应用无血方式扑杀，尸体做无害化处理。同群动物隔离观察并全面彻底消毒。

宰前检疫发现本病，病牛用无血方式扑杀，尸体化制或销毁，同群牛隔离观察，确认无异常的，准予屠宰。宰后检疫发现本病，胴体及内脏做无害化处理。

任务四　小反刍兽疫的检疫

小反刍兽疫（Peste des petits ruminants，PPR）是由小反刍兽疫病毒引起小反刍动物的一种急性接触性传染病，以发热、口炎、腹泻、肺炎为特征。

2007年7月，小反刍兽疫首次传入我国。世界动物卫生组织（OIE）将其列为法定报告动物疫病，我国规定为一类动物疫病。

（一）临诊检疫

1. 流行特点　山羊及绵羊为主要易感动物；牛多呈亚临诊感染，并能产生抗体；猪表现为亚临诊感染，无症状，不排毒；鹿、野山羊、长角大羚羊、东方盘羊、瞪羚羊、驼可感染发病。本病可通过直接接触或间接接触传播，以呼吸道感染为主，一年四季均可发生，但多雨季节和干燥寒冷季节多发。

2. 临诊症状　山羊临诊症状比较典型，绵羊症状一般较轻微。潜伏期一般为4～6d，长的可达到10d。

突然发热，第2～3天体温达40～42℃，发热持续3d左右。病初有水样鼻液，此后变成大量的黏脓性卡他样鼻液，阻塞鼻孔造成呼吸困难。眼流分泌物，出现眼结膜炎。发热症状出现后，病羊口腔黏膜轻度充血，继而出现糜烂，初期多在下齿龈周围出现小面积坏死，严重病例迅速扩展到齿垫、硬腭、颊和颊乳头以及舌，坏死组织脱落形成不规则的浅糜烂斑。多数病羊发生严重腹泻，造成迅速脱水和体重下降。妊娠母羊可发生流产。

3. 病理变化　口腔和鼻腔黏膜糜烂坏死；支气管肺炎，尖叶肺炎；盲肠、结肠近端和直肠出现特征性条状充血、出血，呈斑马状条纹；有时可见淋巴结水肿，特别是肠系膜淋巴结；脾肿大并出现坏死病变。

（二）实验室检疫

1. 病原学检查　无菌采集呼吸道分泌物、血液、脾、肺、肠、肠系膜和支气管淋巴结等，获取病毒后做单层细胞培养，观察病毒致细胞病变作用。若发现细胞变圆、聚集，最终形成合胞体，合胞体细胞核以环状排列，呈"钟表面"样外观。病毒检测可采用血清中和试验（SN）、反转录-聚合酶链式反应（RT-PCR）结合核酸序列测定，亦可采用抗体夹心ELISA。

2. 血清学检查　可采用竞争酶联免疫吸附试验（C-ELISA）、琼脂扩散试验（AGID）等。

（三）检疫后处理

检出阳性或发病动物，立即上报疫情。确诊后，立即划定疫点、疫区（由疫点边缘向外延伸3km范围的区域）和受威胁区（由疫区边缘向外延伸10km的区域）。扑杀疫点内的所有山羊和绵羊，并对所有病死羊、被扑杀羊及羊鲜乳、羊肉等产品按国家规定标准进行无害化处理，并全面消毒。关闭疫区内羊、牛交易市场和屠宰场，停止活羊、活牛展销活动。必要时，对疫区和受威胁区羊群进行免疫，建立免疫隔离带。

疫点内最后一只羊死亡或扑杀，并按规定进行消毒和无害化处理后至少21d，疫区、受威胁区经监测没有新发病例时，经上一级农业农村主管部门组织验收合格，由农业农村主管部门向原发布封锁令的人民政府申请解除封锁，由该人民政府发布解除封锁令。

任务五　绵羊痘和山羊痘的检疫

绵羊痘和山羊痘（Sheeppox and Goatpox，SGP）分别是由绵羊痘病毒、山羊痘病毒引起的绵羊和山羊的急性热性接触性传染病。以发热和全身痘疹为特征。

世界动物卫生组织（OIE）将其列为必须报告的动物疫病，我国将其列为一类动物疫病。

（一）临诊检疫

1. 流行特点　本病主要通过呼吸道感染，也可通过损伤的皮肤或黏膜侵入机体。在自然条件下，绵羊痘病毒只能使绵羊发病，山羊痘病毒只能使山羊发病。本病传播快、发病率高，不同品种、性别和年龄的羊均可感染，羔羊较成年羊易感，细毛羊较其他品种的羊易感，粗毛羊和地方品种羊有一定的抵抗力。本病一年四季均可发生，多发于冬春季节。

2. 临诊症状　本病的潜伏期为5～14d。病羊体温升至40℃以上，食欲减少，精神不振，结膜潮红，有浆液、黏液或脓性分泌物从鼻孔流出。在眼周围、唇、鼻、乳房、外生殖器、四肢和尾腹侧等无毛或少毛的皮肤上形成痘疹，开始为红斑，1～2d后形成丘疹，随后丘疹逐渐扩大，变成灰白色或淡红色半球状的隆起结节。结节在几天之内变成水疱，后变成脓疱，如果无继发感染则在几天内干燥成棕色痂块，痂块脱落遗留一个红斑，后颜色逐渐变淡。

3. 病理变化　咽喉、气管、肺、胃等部位有痘疹，严重的形成溃疡和出血性炎症。

（二）实验室检疫

1. 病原学检查　采取丘疹组织涂片，经镀银染色法染色镜检，在感染胞质内可见深褐色的球菌样圆形小颗粒（原生小体）。也可用姬姆萨或苏木紫-伊红染色，镜检胞质内的包含体，前者包含体呈红紫色或淡青色，后者包含体呈紫色或深亮红色，周围绕有清晰的晕。也可用聚合酶链式反应（PCR）检测待检样品中的病原。

2. 血清学检查　可采用病毒中和试验（VN）、琼脂扩散试验（AGID）、间接荧光抗体技术（IFAT）、酶联免疫吸附试验（ELISA）等方法。

（三）检疫后处理

一旦发现病羊或者疑似本病的羊，立即上报疫情。确诊后，立即划定疫点、疫区（由疫点边缘向外延伸3km范围的区域）和受威胁区（由疫区边缘向外延伸5km的区域）。对疫区实行封锁，对疫点内的病羊及其同群羊彻底扑杀，对病死羊、扑杀羊及其产品无害化处理，对病羊排泄物和被污染或可能被污染的饲料、垫料、污水等均需通过焚烧、发酵等方法进行无害化处理。对疫区和受威胁区内的所有易感羊进行紧急免疫接种。

疫区内没有新的病例发生，疫点内所有病死羊、被扑杀的同群羊及其产品按规定处理21d后，对有关场所和物品进行彻底消毒，经上一级农业农村主管部门组织验收合格后，由当地农业农村主管部门提出申请，由原发布封锁令的人民政府发布解除封锁令。

任务六　片形吸虫病的检疫

片形吸虫病（Fascioliasis）是由片形属的片形吸虫寄生于动物胆管中引起的一种寄生虫

病。以肝炎和胆管炎为特征。

（一）临诊检疫

1. 流行特点　本病呈地方性流行，多发生在有中间宿主椎实螺的低洼和沼泽地带。夏秋两季为主要感染季节，秋末及冬季发病较多，多雨或久旱逢雨可促使本病流行。肝片形吸虫病在我国普遍发生，主要感染羊、牛；大片形吸虫病多见于南方，多感染牛特别是水牛，山羊等亦有感染。

2. 临诊症状　轻度感染往往无明显症状，感染严重时可出现症状，多呈慢性经过。急性型仅见于羊，幼畜易感，病死率也高。

（1）急性型。多发生于夏末、秋季及初冬季节，可出现突然倒毙。病羊精神沉郁，体温升高，食欲减退，腹胀，偶有腹泻，很快出现贫血，黏膜苍白，严重者多在几天内死亡。

（2）慢性型。多见于冬末初春季节，表现为食欲不振，消瘦，被毛粗乱，腹泻，贫血，水肿，奶牛产奶量显著减少，孕畜流产。

3. 病理变化　胆管内发现虫体。

（1）急性型。肝肿大、充血，表面有纤维素沉积，有 2~5mm 长的暗红色虫道，内有凝固的血液和很小的虫体。严重感染时，可见腹膜炎病变，有时腹腔内有大量血液。

（2）慢性型。早期肝肿大，以后萎缩硬化；胆管扩张、肥厚、变粗，呈绳索样突出于肝表面，胆管内壁有盐类沉积，内膜粗糙。

（二）实验室检疫

1. 病原检查　采用水洗沉淀法、片形吸虫虫卵定量计数法检查虫卵，也可通过肝虫体检查判定片形吸虫。

2. 血清学检查　主要应用酶联免疫吸附试验（ELISA）检测血清中的特异性抗体。

（三）检疫后处理

对发病动物实施隔离治疗，同场动物药物预防，粪便发酵处理；进行环境消毒，消灭中间宿主椎实螺。

宰后检疫发现本病，病变严重且肌肉有退行性变化的，整个胴体和内脏做无害化处理；病变轻微且肌肉无变化的，病变内脏化制或销毁，胴体一般不受限制。

知识拓展

种牛（羊）场主要疫病监测工作实施方案

（一）监测目的

掌握种牛、种羊重大动物疫病和主要垂直传播性疫病流行状况，跟踪监测病原变异特点与趋势，查找传播风险因素，加强种牛、种羊主要疫病预警监测和净化工作。

（二）样品采集

1. 采样数量　每个种牛/种羊场采集牛/羊血清样品 40 份，对应种牛眼/鼻/直肠拭子 40 份，对应种羊眼/鼻拭子 40 份，对应种公牛/种公羊精液 5 份，以及国外进口牛/羊冷冻精液 3 份。

2. 样品要求　所采集的血清和拭子样品应一一对应，样品来源原则上不少于 3 栋牛舍/羊舍，采样时应兼顾育成牛/羊和繁殖牛/羊的比例。

（1）血清样品。每份采集 3～5mL 全血，凝固后析出血清不少于 1.5mL，用 2mL 离心管冷冻保存。

（2）拭子样品。同一个体的拭子放在同一个 5mL 离心管中，加保存液约 2.5mL，冷冻保存。

（3）精液样品。每份采集 2mL，冷冻保存。

3. 样品编号　牛血清样品以"BX1～BXn"模式编写，牛眼/鼻/直肠拭子以"BS1～BSn"模式编写，牛精液样品以"BJ1～- BJn"模式编写，同一头牛的血清样品与眼/鼻/直肠拭子样品编号一一对应。羊血清样品以"CX1～CXn"模式编写，羊眼/鼻拭子以"CS1～CSn"模式编写，羊精液样品以"CJ1～CJn"模式编写，同一只羊的血清样品与眼/鼻拭子样品编号一一对应。

4. 样品信息　采样的同时填写"种牛场采样记录"（表 8-1）和"种羊场采样记录"（表 8-2）。

表 8-1　种牛场采样记录

省份：　　市：　　县：　　牛场名称：　　采样人：　　电话：　　采样时间：　　月　　日

序号	栋号	耳标号	性别	品种	月龄	胎次	母牛生产阶段	样品编号			末次免疫时间				
								血清	眼/鼻/直肠拭子	精液	口蹄疫（□O型；□亚Ⅰ型；□A型）	布鲁氏菌病	牛病毒性腹泻	牛传染性鼻气管炎（牛疱疹病毒Ⅰ型）	炭疽

注：1. 采样时兼顾育成牛和繁殖牛的比例。

　　2. 在相应亚型口蹄疫疫苗前画"√"。

　　3. 此单一式三份，采样单位和被采样单位各保存一份，随样品递交一份。

表 8-2　种羊场采样记录

省份：　　市：　　县：　　牛场名称：　　采样人：　　电话：　　采样时间：　　月　　日

序号	栋号	耳标号	性别	品种	月龄	胎次	母羊生产阶段	样品编号			末次免疫时间				
								血清	眼/鼻/拭子	精液	口蹄疫（□O型；□亚Ⅰ型；□A型）	布鲁氏菌病	小反刍兽疫	羊痘	羊三联四防

注：1. 采样时兼顾育成羊和繁殖羊的比例。

　　2. 在相应亚型口蹄疫疫苗前画"√"。

　　3. 此单一式三份，采样单位和被采样单位各保存一份，随样品递交一份。

（三）样品检测

检测布鲁氏菌病、小反刍兽疫和牛病毒性腹泻 3 种疫病 7 个项目，具体检测项目及方法见表 8-3。必要时抽取部分样品进行病毒分离鉴定和基因序列测定。

表 8-3　种牛、种羊场检测项目及其方法

序号	动物种类	检测病种	检测项目	样品类型	检测方法
1	牛	布鲁氏菌病	布鲁氏菌病抗体	血清	ELISA
2			布鲁氏菌	精液	PCR
3		牛病毒性腹泻	牛病毒性腹泻抗体	血清	ELISA
4			牛病毒性腹泻病毒	眼/鼻/直肠拭子、精液	RT-PCR
5	羊	布鲁氏菌病	布鲁氏菌病抗体	血清	ELISA
6			布鲁氏菌	精液	PCR
7		小反刍兽疫	小反刍兽疫病毒	眼/鼻拭子	RT-PCR

 练习题

一、判断题

（　　）1. 牛病毒性腹泻/黏膜病一年四季均可发生，但多发于夏秋季节。

（　　）2. 在自然条件下，绵羊痘病毒只能使绵羊发病，山羊痘病毒只能使山羊发病。

（　　）3. 根据《一、二、三类动物疫病病种名录》，小反刍兽疫属于二类动物疫病。

（　　）4. 羊的小反刍兽疫可在盲肠、结肠近端和直肠出现特征性条状充血、出血。

（　　）5. 牛海绵状脑病是一种神经性、进行性、致死性疾病。

（　　）6. 牛海绵状脑病主要通过血清学试验进行检查。

（　　）7. 片形吸虫的中间宿主为钉螺。

（　　）8. 传染性牛鼻气管炎只发生于牛，各种年龄和品种的牛均易感，其中犊牛最易感。

二、简答题

1. 养羊场检出小反刍兽疫时应采取哪些处理措施？

2. 如何防范牛海绵状脑病传入我国？

3. 羊痘的临诊检疫要点有哪些？

4. 某屠宰场宰后检出片形吸虫病时，应如何处理？

项目八练习题答案

兔疫病的检疫

项目指南

本项目的应用：检疫人员依据兔病毒性出血病、兔黏液瘤病、野兔热、兔球虫病的临诊检疫要点进行现场检疫；检疫人员对兔疫病进行实验室检疫；检疫人员根据检疫结果进行检疫处理。

完成本项目所需知识点：兔病毒性出血病、兔黏液瘤病、野兔热、兔球虫病的流行病学特点、临诊症状和病理变化；兔疫病的实验室检疫方法；兔疫病的检疫后处理；病死及病害动物的无害化处理。

完成本项目所需技能点：兔疫病的临诊检疫；兔病毒性出血病、野兔热、兔球虫病的实验室检疫；染疫兔尸体的无害化处理。

项目导入

养兔产业是我国新兴的一种小畜牧产业，具有投资小、见效快、繁殖效率高、用粮少等诸多优点，近几年随着集约化、规模化、专业化养殖的发展，形成了不同形式的产业化模式，同时兔疫病的科学防控也越来越重要。

农业农村部制定了兔的产地检疫和屠宰检疫规程，规范了检疫程序与内容，明确了兔的检疫对象。

本项目介绍兔病毒性出血病、兔黏液瘤病、野兔热和兔球虫病的检疫，旨在提高从业者们对兔疫病的现场检疫能力，并能够依据检疫结果进行规范处理。

认知与解读

任务一 兔病毒性出血病的检疫

兔病毒性出血病（Rabbit haemorrhagic disease，RHD）俗称兔瘟，是由兔出血病病毒引起的兔的一种急性、败血性、高度接触性传染病。其特征为突然发病，呼吸急促，猝死，出血性败血症。

（一）临诊检疫

1. 流行特点 家兔均有易感性，多发于2月龄以上的兔，病死率可达90%以上。可通过直接接触、消化道及呼吸道传播。一年四季均可发生，多发于冬、春寒冷季节。

2. 临诊症状 潜伏期为1～3d。根据病程可分为最急性型、急性型和慢性型。

（1）最急性型。多见于流行初期。病兔无任何先兆或仅表现短暂的兴奋即突然倒地，抽搐、尖叫而亡。有的鼻孔流出带泡沫样血液，肛门附近粘有胶冻样分泌物。

（2）急性型。病兔精神沉郁，体温升高到 41℃ 以上，渴欲增加，呼吸迫促，可视黏膜发绀；便秘或腹泻；临死前体温下降，四肢不断划动，抽搐，尖叫；部分病兔鼻孔流出带泡沫的液体，死后呈角弓反张。病程 1～2d。

（3）慢性型。多见于疫病流行后期。轻微发热，轻度神经症状，逐渐衰弱死亡。

3. 病理变化 以全身实质器官淤血、出血为主要特征，呼吸道病变最为典型。喉头、气管黏膜淤血、出血，气管、支气管内有许多淡红或血红色泡沫液体；肺严重淤血、水肿，并有散在的针尖至绿豆样大小的暗红斑点，切开肺叶流出大量红色泡沫状液体；肝、脾、肾淤血、肿大，多呈暗紫色；心内外膜有出血点；肠黏膜弥漫性出血，肠系膜淋巴结肿大、出血；脑和脑膜血管淤血。

（二）实验室检疫

1. 病原检查

（1）电镜观察。取肝病料制成 10％ 乳剂，超声波处理，高速离心，收集病毒，负染色后电镜观察。可发现一种直径 25～35nm，表面有短纤突的病毒颗粒。

（2）反转录-聚合酶链式反应（RT-PCR）。检测肝、脾、肺等脏器及鼻腔分泌物中的病原核酸。

（3）微量血凝试验（HA）。取肝病料制成 10％ 乳剂，高速离心后取上清液与用 PBS 配制的 1％ 人 O 型红细胞悬液进行微量血凝试验，在 2～8℃ 作用 45min，凝集价大于或等于 1∶160 判为阳性。

2. 血清学检查 常用微量血凝抑制试验（HI），被检血清的血凝抑制滴度大于或等于 1∶16 为阳性。此外，酶联免疫吸附试验（ELISA）也可用于本病抗体的检测。

（三）检疫后处理

发生该病时，扑杀发病兔和同群兔，尸体做无害化处理，污染的笼舍、场地、用具等彻底消毒。疫区内健康家兔进行紧急接种。

宰前检疫发现本病，病兔扑杀进行无害化处理，同群兔隔离观察，确认无异常的，准予屠宰。宰后检疫发现本病，胴体、内脏及副产品等全部做无害化处理。

任务二 兔黏液瘤病的检疫

兔黏液瘤病（Myxomatosis）是由黏液瘤病毒引起的一种高度接触性、致死性传染病。以全身皮下，特别是颜面部和天然孔周围皮下发生黏液瘤性肿胀为特征。

（一）临诊检疫

1. 流行特点 本病易感动物是家兔和野兔，主要通过蚊、蚤、蜱、螨等节肢动物传播，也可以通过直接或间接接触传播。本病一年四季均可发生，夏、秋季节多发，发病率和病死率均高。如果本病传入我国，其危害和造成的损失无法估量。

2. 临诊症状 本病潜伏期 3～7d。兔被带毒昆虫叮咬后，叮咬部位出现原发性肿瘤结节。然后病兔眼睑水肿、流泪，黏液性或脓性结膜炎，肿胀可蔓延整个头部和耳朵皮下，呈特征性的"狮子头"外观。病兔肛门、生殖器、口和鼻孔周围肿胀。病程一般 8～15d，病死率可达 100%。由弱毒株引起的黏液瘤，多局限于身体少数部位且不明显，病死率低。

3. 病理变化　主要是皮肤肿瘤，皮肤和皮下组织显著水肿，切开病变皮肤，见有黄色胶冻状液体，尤其颜面部和天然孔周围皮肤明显。

（二）实验室检疫

1. 病原检查　可采取病变组织制成切片检查包含体或电镜负染技术检测皮肤病变。也可将病料悬液接种原代兔肾细胞培养，通过间接荧光抗体技术（IFAT）证实。

2. 血清学检查　常用的方法有补体结合试验（CFT）、间接荧光抗体技术（IFAT）、酶联免疫吸附试验（ELISA）以及琼脂扩散试验（AGID）等。

（三）检疫后处理

1. 检出病兔　发现疑似本病发生时，应立即上报疫情，迅速做出确诊，及时扑杀病兔和同群兔，尸体无害化处理，污染场所彻底消毒。

2. 加强进境检疫　进境家兔检出阳性时，做扑杀、销毁或退回处理。对进境兔毛皮等产品实施熏蒸消毒等除害措施。

任务三　野兔热的检疫

野兔热（Tularaemia）又称土拉菌病，是由土拉热弗朗西斯菌引起的人畜共患的一种急性传染病。以淋巴结肿大、脾和其他内脏坏死为特征。

（一）临诊检疫

1. 流行特点　啮齿动物是主要易感动物和自然宿主，猪、牛、山羊、犬、猫等易感，人也可感染。本病主要通过蜱、螨、牛虻、蚊、虱、蝇等吸血昆虫传播，也可通过消化道、呼吸道、伤口和皮肤黏膜感染，春末夏初多发。

2. 临诊症状　潜伏期为 1～9d。病兔出现食欲废绝，体温 40℃以上，运动失调，高度消瘦和衰竭。颌下、颈下、腋下和腹股沟等处淋巴结肿大、质硬，鼻腔流浆液性鼻液，偶尔伴有咳嗽等症状。

3. 病理变化　淋巴结肿大；脾、肝肿大充血，有点状灰白色病灶；肺充血、肝变。

（二）实验室检疫

1. 病原检查

（1）触片检查。用肝、脾进行触片，采用直接或间接荧光抗体技术检查。

（2）分离培养。细菌培养以痰、脓液、血、支气管洗出液等标本接种于弗朗西斯培养基等特殊培养基上，可分离出致病菌。

（3）组织切片检查。采用荧光抗体技术（FAT）等方法检查。

（4）动物试验。取待检样品少量，豚鼠腹腔接种，病理变化明显。

（5）聚合酶链式反应（PCR）和荧光聚合酶链式反应。用于分离菌的鉴定或病料的直接检测。

2. 血清学检查　可采用酶联免疫吸附试验（ELISA）和试管凝集试验（TA），主要用于人土拉菌病的诊断，对兔等易感动物来说，在特异抗体出现前已经死亡。

（三）检疫后处理

发现发病动物，扑杀发病动物及同群动物，并进行无害化处理。被污染的场地、用具、场舍等彻底消毒，粪便深埋处理。疫区内健康家兔进行紧急接种或药物预防。

任务四　兔球虫病的检疫

兔球虫病（Rabbit coccidiosis）是由艾美耳属的多种球虫寄生于兔的小肠或肝、胆管上皮细胞内引起的一种常见的原虫病。特征是腹泻、贫血、消瘦。

（一）临诊检疫

1. 流行特点　各龄期的家兔都有易感性，以 1～3 月龄幼兔最易感，发病率和病死率高，成年兔发病轻微。病兔或带虫兔是主要的传染源，仔兔主要通过食入母兔乳房上沾有的卵囊而感染，幼兔主要通过食入污染卵囊的饲料、饲草和饮水而感染。多发于温暖多雨季节。

2. 临诊症状　病兔食欲减退或废绝，精神沉郁，眼鼻分泌物增多，眼结膜苍白或黄染，幼兔生长停滞。患肠球虫病时，腹泻或腹泻与便秘交替，肛门周围常被粪便沾污，腹围膨大。患肝球虫病时，肝区触诊疼痛，可视黏膜轻度黄染。幼兔多出现四肢痉挛、麻痹，常由于极度衰竭而死，病死率高达 80% 以上。

3. 病理变化　患肝球虫病时肝肿大，表面和实质内有许多粟粒至豌豆大白色或淡黄色结节，沿小胆管分布；切开结节，流出乳白色、浓稠物质，混有不同发育阶段的球虫。慢性病例的肝体积缩小，质地变硬。

急性肠球虫病主要见十二指肠扩张、壁厚，黏膜充血、出血；小肠内充满气体和大量微红色黏液。慢性肠球虫病可见肠黏膜呈灰色，肠黏膜上（尤其是盲肠蚓突部）有小而硬的白色结节，有时可见化脓性坏死灶。

（二）实验室检疫

1. 肠、肝组织病原检查　取病变明显的肠道，纵向剪开，取少许肠内容物，直接均匀涂抹在载玻片上，覆以盖玻片镜检，可看到卵囊。或取肝上的黄白色结节，放在研钵内，加适量磷酸盐缓冲液，充分研磨，取 1 滴研磨液滴在载玻片上，覆以盖玻片镜检，可发现大量的裂殖体、裂殖子、球虫卵囊。

2. 粪便内病原检查　采用饱和盐水漂浮法：取新鲜粪便 2g 放在研钵中，加入 10 倍量饱和盐水，搅拌混合均匀，用粪筛或纱布过滤，弃去粪渣，滤液静置 30min，使卵囊集中于液面，用直径 0.5～1cm 的金属圈水平蘸取液面，镜检可见大量球虫卵囊。

（三）检疫后处理

病兔隔离治疗，病死兔尸体销毁；被污染的兔笼、用具等消毒处理；粪便、垫草等焚烧或深埋处理。

宰后检疫发现本病，病变组织和内脏销毁处理，胴体做无害化处理。

 练 习 题

一、判断题

（　　）1. 兔病毒性出血病多发于 2 月龄以内的兔。

（　　）2. 兔病毒性出血病疫区内的健康家兔应进行紧急免疫接种。

（　　）3. 兔黏液瘤病临诊以全身皮下，特别是颜面部和天然孔周围皮下发生黏液瘤性

肿胀为特征。

（　　）4.野兔热为人畜共患病。

（　　）5.兔球虫病多发于冬春寒冷季节。

二、简答题

1.兔病毒性出血病的临诊检疫要点有哪些？

2.如何进行兔球虫病实验室检疫？

3.临诊检疫检出野兔热时，应如何处理？

项目九练习题答案

产 地 检 疫

项目指南

本项目的应用：养殖场或动物产品加工厂工作人员进行检疫申报；检疫人员进行申报受理；检疫人员现场检疫。

完成本项目所需知识点：动物检疫相关法律法规；动物产地检疫的申报；现场检疫；实验室检测；动物产地检疫出证条件；动物检疫处理等。

完成本项目所需技能点：动物检疫申报；动物产地现场检疫；动物检疫出证。

项目导入

2013年3月18日，央视《焦点访谈》节目以"关口开危险来"为题报道了河北、山东两省生猪产地检疫和屠宰检疫中存在的问题，包括口蹄疫"康复"猪正常出栏、检疫证明证物不符、生猪无耳标、检疫员签字不规范、屠宰场入场验收把关不严等现象。节目最后提到，只有管理健全了，关口筑牢了，才能真正堵住食品安全的漏洞，才能切实搞好动物疫病的防控。

可见，生猪出栏前规范实施产地检疫非常重要。2019年农业农村部修订了生猪产地检疫规程，明确了生猪产地检疫对象，规定了检疫合格标准、检疫程序、检疫结果处理和检疫记录等。

生猪出栏前如何进行检疫申报？官方兽医应如何实施产地检疫？如何规范填写动物检疫合格证明？

认知与解读

产地检疫是指动物、动物产品在离开饲养地或生产地之前进行的检疫，即在饲养场、饲养户或指定的地点检疫。

通过产地检疫可及时发现染疫动物、染疫动物产品及病死动物，将其控制在原产地，并在原产地安全处理，防止进入流通环节，保障动物及动物产品安全，保护人体健康，维护公共卫生安全。产地检疫是预防、控制和扑灭动物疫病的重要措施，是整个动物检疫工作的基础。

任务一　非乳用、种用动物产地检疫

非乳用、种用动物是指非乳用、种用的家畜、家禽及人工饲养、捕获的其他动物。非乳用、种用动物产地检疫包括检疫申报、查验资料及畜禽标识、临诊检查、实验室检测、检疫合格标准和检疫记录等内容。

一、检疫申报

动物产地检疫
申报

动物在离开饲养地之前，其经营单位和个人要向所在地动物卫生监督机构提出检疫申报。动物卫生监督机构本着有利生产、促进流通、方便群众、便于检疫的原则，在辖区内合理设置动物检疫申报点，并向社会公布动物检疫申报点、检疫范围和检疫对象。

1. 申报时限　出售、运输供屠宰、继续饲养的动物（包括实验动物），应当提前 3d 申报检疫；参加展览、演出和比赛的动物，应当提前 15d 申报检疫；向无规定动物疫病区输入相关易感动物，货主除应按规定向输出地动物卫生监督机构申报检疫外，还应当在起运 3d 前向输入地省级动物卫生监督机构申报检疫；捕获的野生动物，应当在捕获后 3d 内向捕获地县级动物卫生监督机构申报检疫。

2. 申报形式　申报检疫可到申报点填报，也可通过传真、电话等方式申报，实施检疫时，需补填检疫申报单。具备互联网申报条件的区域，也可通过具备动物检疫申报功能的信息管理系统，在电脑、手机等网络终端进行申报，检疫申报单以电子形式记录于信息管理系统，必要时可打印留存。报检内容含动物种类、数量、起运地点、到达地点、运输方式和约定检疫时间等。

3. 申报材料　申报检疫时，动物饲养者需根据不同情形，提供相应书面材料。

出售或运输动物的，提供动物饲养者身份证明（授权申报的，需同时提供授权书）、动物检疫申报单、动物养殖档案等一般性资料；向无疫区输入相关动物的，还需提供"无规定动物疫病区动物输入申请审批表"；农业农村部规定需进行实验室疫病检测的，还需提交专业性检测机构出具的动物疫病检测报告。

具备互联网条件提交书面材料扫描件的，可通过相应信息管理系统，对书面材料扫描件进行网络报送和审查。

4. 申报受理　动物卫生监督机构在接到检疫申报后，官方兽医对动物饲养者提供的材料齐全性、有效性进行初步审查。书面材料不全、无效的，书面审查不合格，告知动物饲养者补充相关材料后重新申报检疫。

书面审查合格、动物饲养者身份真实、动物在辖区生产、辖区为非封锁区或者未发生相关动物疫情的，予以受理，填写检疫申报受理单，及时派出官方兽医到现场或到指定地点实施检疫。出现不予受理情形的，向申报方说明不受理的理由。检疫申报单格式如图 10 - 1 所示。

检疫申报单 （货主填写）	申报处理结果 （动物卫生监督机构填写）	检疫申报受理单 （动物卫生监督机构填写）
编号：_____ 货主：_____ 联系电话：_____ 动物/动物产品种类：_____ 数量及单位：_____ 来源：_____ 用途：_____ 启运地点：_____ 启运时间：_____ 到达地点：_____ 　　依照《动物检疫管理办法》规定，现申报检疫。 货主签字（盖章）： 申报时间：_____年___月_____日	□受理。拟派员于_____年____月 ____日到_____ 实施检疫。 □不受理。理由：_____ _____。 经办人： 　　_____年___月___日 （动物卫生监督机构留存）	No._____ 处理意见： □受理。本所拟于_____年___月 _____日派员到_____实施检疫。 □不受理。理由：_____ _____。 经办人：　　　联系电话： 动物检疫专用章 　　_____年___月___日 （交货主）

图 10 - 1　动物产地检疫申报单

二、查验资料及畜禽标识

官方兽医到达现场后，查验饲养场（养殖小区）"动物防疫条件合格证"和养殖档案，了解生产、免疫、监测、诊疗、消毒、无害化处理等情况，确认饲养场（养殖小区）6 个月内未发生相关动物疫病，确认待检动物已按国家规定进行强制免疫，并在有效保护期内。确认没有使用未经国家批准使用的兽用疫苗，没有违反国家规定使用餐厨剩余物饲喂生猪。查验散养户防疫档案，确认待检动物已按国家规定进行强制免疫，并在有效保护期内。查验待检动物畜禽标识加施情况，确认其佩戴的畜禽标识与相关档案记录相符。

三、临诊检查

临诊检查是应用兽医临诊诊断学的方法，对动物进行群体检查和个体检查，以分辨病健，并得出是否为某种检疫对象的结论。

（一）检查方法

1. 群体检查　群体检查是指对待检动物群体进行的现场检查。

（1）群体检查的目的。通过检查，从大群动物中挑拣出病态的动物，隔离后进一步诊断处理。一方面及时发现患病动物，防止疫病在群体中蔓延；另一方面，根据整群动物的表现，评价畜群健康状况。

（2）群体检查的内容。主要检查被检动物群体的精神状态、外貌、营养、呼吸、运动、饮水饮食、反刍及排泄等状态。一般是先静态检查，再动态检查，后饮食状态检查。

①静态检查。在动物安静的情况下，观察其精神状态、外貌、营养、立卧姿势、呼吸、反刍状态等，注意有无咳嗽、气喘、呻吟、嗜睡、流涎、孤立一隅等反常现象，从中发现可疑病态动物。

②动态检查。静态检查后，先看动物自然活动，后看驱赶活动。检查运动时头、颈、腰、背、四肢的运动状态。注意有无行动困难、肢体麻痹、步态蹒跚、跛行、屈背弓腰、离群掉队及运动后咳嗽或呼吸异常现象。

③饮食状态检查。检查饮食、咀嚼、吞咽时反应状态，注意有无不食不饮、少食少饮、异常采食以及吞咽困难、呕吐、流涎、退槽、异常鸣叫等现象。同时应检查排便时姿势，粪尿的质度、颜色、含混物、气味。

2. 个体检查　个体检查是指对群体检查中检出的可疑病态动物进行系统的个体临诊检查。一般群体检查无异常的也要抽检 5%～20% 做个体检查，若个体检查发现患病动物，应再抽检 10%，必要时可全群复检。个体检查的方法内容，一般有视诊、触诊、叩诊、听诊和检查体温、脉搏、呼吸数等。

（二）猪的临诊症状检查

1. 群体检查

（1）静态检查。猪群在车船内或圈舍内休息时进行静态观察。检疫员应悄悄地接近猪群，站立在可全览的位置，观察猪只在安静状态中的各种表现。

①健康猪。站立平稳，不断走动和拱食，呼吸均匀、深长，被毛整齐有光泽，反应敏捷，见人接近时警惕凝视。睡卧常取侧卧，四肢伸展、头侧着地，爬卧时后腿屈于腹下。

②病猪。垂头委顿，倦卧呻吟，离群独立，全身颤抖，呼吸困难或喘息，被毛粗乱无光，肷窝凹陷，鼻盘干燥，颈部肿胀，眼有分泌物，尾部和肛门有粪污。

（2）动态观察。常在车船装卸、驱赶、放出或饲喂过程中观察。

①健康猪。起立敏捷，行动灵活，步态平稳，两眼前视，摇头摆尾或尾巴上卷，随群前进，偶发洪亮叫声。

②病猪。精神沉郁或兴奋，不愿起立，立而不稳。行动迟缓，步态踉跄，弓背夹尾，肷窝下陷，跛行掉队，咳嗽、气喘，叫声嘶哑。

（3）饮食观察。在猪群按时喂食饮水或有意给少量水、饲料饲喂时观察。

①健康猪。饿时叫唤，争先恐后奔向食槽抢食吃，嘴伸入槽底，大口吞食并发出声音，耳和鬣毛震动，尾巴自由甩动，时间不长即腹满而去。粪软尿清，排便姿势正常。

②病猪。食而无力，只吃儿口就退槽，或鼻闻而不吃，饮稀不吃稠，甚至不食，喂后肷窝仍下陷，粪便干燥或腹泻，尿呈黄色或红色。

2. 个体检查　由于猪易受惊，皮下脂肪厚而不易听诊和叩诊，所以猪的个体检查以精神外貌、鼻、眼、口、被毛、皮肤、肛门、排泄物、饮食以及体温为主要检查内容。

（三）牛的临诊症状检查

1. 群体检查

（1）静态观察。牛群在车、船、牛栏、牧场上休息时可以进行静态观察。主要观察站立和睡卧姿态，皮肤和被毛状况以及肛门有无污秽。

①健康牛。睡卧时常呈膝卧姿势，四肢弯曲。站立时平稳，神态安定。鼻镜湿润，眼无分泌物，嘴角周围干净，被毛整洁光亮，皮肤柔软平坦，肛门紧凑，周围干净，反刍正常有力，呼吸平稳，无异常声音，正常嗳气。

②病牛。睡卧时四肢伸开，横卧，久卧，眼流泪，有黏性分泌物，鼻镜干燥、龟裂，嘴角周围湿秽流涎，被毛粗乱，皮肤局部可有肿胀，反刍迟缓或消失，呼吸增数、困难，呻

吟，咳嗽，不嗳气。

（2）动态观察。牛群在车船装卸、赶运、放牛或有意驱赶时进行动态观察。主要观察牛的精神外貌、姿态、步样。

①健康牛。精神饱满，眼亮有神，步态平稳，腰背灵活，四肢有力，在行进牛群中不掉队。

②病牛。精神沉郁或兴奋，两眼无神，曲背弓腰，四肢无力，走路摇晃，跛行掉队。

（3）饮食观察。牛群在采食、饮水时观察。

①健康牛。争抢饲料，咀嚼有力，采食时间长。敢在大群中抢水喝，运动后饮水不咳嗽。粪不干不稀呈层叠状，尿清。

②病牛。厌食或不食，采食缓慢，咀嚼无力，采食时间短，不愿到大群中饮水，运动后饮水咳嗽。粪便或稀或干、或混有血液和黏液，血尿，肛门周围和臀部沾有粪便。

2. 个体检查 牛的个体检查除精神状态、姿态、步样、被毛皮肤等与群体检查基本相同外，还需检查可视黏膜、分泌物、体温和脉搏的变化。

（四）羊的临诊症状检查

1. 群体检查

（1）静态观察。羊群可在车、船、舍内或放牧休息时进行静态观察。观察的主要内容是姿态。

①健康羊。常于饱食后合群卧地休息、进行反刍，呼吸平稳，无异常声音，被毛整洁，口及肛门周围干净，人接近时立即起立走开。

②病羊。常独卧一隅，不见反刍，鼻镜干燥，呼吸促迫，咳嗽，打喷嚏，磨牙，流泪，口及肛门周围污秽，精神沉郁，颤抖，人接近时不起不走。被毛脱落，皮肤有痘疹或痂皮。

（2）动态观察。羊群在装卸、赶运及其他运动过程中进行动态观察。主要检查步态。

①健康羊。精神活泼，走路平稳，合群不掉队。

②病羊。精神不振、沉郁或兴奋不安，步态踉跄，跛行，前肢软弱跪地或后肢麻痹，突然倒地发生痉挛等。

（3）饮食观察。在羊群按时喂食饮水或有意给少量水、饲料饲喂时观察。

①健康羊。饲喂、饮水时互相争食，食后肷部臌起，放牧时动作轻快，边走边吃草，有水时迅速抢水喝。

②病羊。食欲不振或停食，放牧吃草时落在后面，吃吃停停，或不食呆立，不喝水，食后肷部仍下凹。

2. 个体检查 羊的个体检查除检查姿态、步样外，要对可视黏膜、体表淋巴结、分泌物和排泄物性状、皮肤和被毛、体温等进行检查。如羊群中发现羊痘和疥癣，需对同群羊逐只进行个体检查。

（五）禽的临诊症状检查

1. 群体检查

（1）静态观察。禽群在舍内或在运输途中休息时进行静态观察。主要观察站卧姿态、呼吸、羽毛、冠、髯、天然孔等。

①健康禽。卧时头叠于翅内，站时一肢高收，羽毛丰满光滑，冠髯色红，两眼圆睁，头

高举，常侧视，反应敏锐、机警。

②病禽。精神萎靡，缩颈垂翅，闭目似睡，反应迟钝或无反应，呼吸困难，冠髯发绀或苍白，羽毛蓬松，嗉囊虚软膨大，泄殖腔周围羽毛污秽，翅膀麻痹，两腿呈劈叉姿势。

（2）动态观察。可在家禽散放或舍内走动时观察。

①健康禽。行动敏捷，步态稳健。

②病禽。行动迟缓，跛行，摇晃，常落于群后。

（3）饮食观察。可在喂食时观察。若已喂过食，可触摸鸡嗉囊或鹅、鸭的食道膨大部。

①健康禽。啄食连续，嗉囊饱满，食欲旺盛。

②病禽。啄食异常，嗉囊空虚、充满气体或液体。

2. 个体检查　禽只个体检查的重点是精神状态、行走姿态、冠髯、鼻孔、眼、喙、嗉囊、翅膀、羽毛、皮肤、泄殖腔、粪便、呼吸及饮食状态的检查。

（六）兔的临诊症状检查

1. 群体检查

（1）静态观察。兔群在舍内或在运输途中休息时进行静态观察。主要观察精神状态、伏卧姿态、呼吸、被毛、天然孔等。

①健康兔。白天多静伏，闭目休息。稍有惊吓，立即抬头，两耳直立。被毛浓密、柔顺、有光泽。两眼有神，口、眼、鼻整洁。喜啃食物，有啮齿行为。

②病兔。精神委顿，低头垂耳，口、眼、鼻有分泌物流出，可视黏膜充血或贫血，被毛松乱无光泽，皮肤溃疡，脱毛，躯干、肛门等处粘有污物。

（2）动态观察。

①健康兔。精神饱满，活泼好动，跳跃敏捷，耳朵灵敏，眼睛有神。

②病兔。精神沉郁，不爱活动或行动缓慢，协调性不好，两眼无神，卧地不起。

（3）饮食观察。

①健康兔。夜间采食频繁，喜啃咬较硬食物，觅食定位良好，咀嚼有力，吞咽自然、顺畅，采食量较大。

②病兔。食欲不振或食欲废绝。白天常能在舍内发现软粪，粪球干硬细小或稀薄如水。

2. 个体检查　重点是精神状态、伏卧或行动姿态、被毛、天然孔、粪便、呼吸、体表淋巴结等的检查。

四、检疫对象

动物检疫对象是指动物检疫中政府规定的动物疫病。

根据农业农村部最新印发的动物产地检疫规程，各动物产地检疫对象如下。

1. 生猪　口蹄疫、猪瘟、非洲猪瘟、高致病性猪蓝耳病、炭疽、猪丹毒、猪肺疫。

2. 家禽　高致病性禽流感、新城疫、鸡传染性喉气管炎、鸡传染性支气管炎、鸡传染性法氏囊病、马立克病、禽痘、鸭瘟、小鹅瘟、鸡白痢、鸡球虫病。

3. 牛　口蹄疫、布鲁氏菌病、结核病、炭疽、牛传染性胸膜肺炎。

4. 羊　口蹄疫、布鲁氏菌病、绵羊痘和山羊痘、小反刍兽疫、炭疽。

5. 鹿　口蹄疫、布鲁氏菌病、结核病。

6. 骆驼　口蹄疫、布鲁氏菌病、结核病。

7. 马属动物 马传染性贫血病、马流行性感冒、马鼻疽、马鼻腔肺炎。

8. 兔 兔病毒性出血病（兔瘟）、兔黏液瘤病、野兔热、兔球虫病。

9. 犬 狂犬病、布鲁氏菌病、钩端螺旋体病、犬瘟热、犬细小病毒病、犬传染性肝炎、利什曼病。

10. 猫 狂犬病、猫泛白细胞减少症（猫瘟）。

五、实验室检测

农业农村部规定需进行实验室检测的疫病（鸡、鸭、鹅的 H7N9 流感，羊的小反刍兽疫，犬的狂犬病、犬瘟热、犬细小病毒病，猫的狂犬病、猫泛白细胞减少症），动物养殖场可委托经省级农业农村主管部门批准符合条件的实验室进行检测，并向申报检疫的动物卫生监督机构提供相应实验室检测报告。动物散养户由当地动物疫病预防控制机构按照规定组织实施疫病监测，并向申报检疫的动物卫生监督机构提供相应实验室检测报告。

对怀疑患有动物产地检疫规程规定疫病及临诊检查发现其他异常情况的，应按相应疫病防治技术规范进行实验室检测。

六、检疫合格标准

出售供屠宰、继续饲养的家畜、家禽，检疫结果符合下列条件的，判定为合格。

（1）来自非封锁区或未发生相关动物疫情的饲养场（养殖小区）、养殖户。

（2）按照国家规定进行了强制免疫，并在有效保护期内。

（3）养殖档案相关记录和畜禽标识符合规定。

（4）临诊检查健康。

（5）按规定需要进行实验室疫病检测的，检测结果合格。

七、检疫处理

动物检疫处理是指在动物检疫中根据检疫结果对被检动物、动物产品依法做出处理措施。

动物检疫处理是动物检疫工作中的重要内容之一，必须严格执行相关规定和要求，保证检疫后处理的法定性和一致性。只有合理地进行动物检疫处理，才能防止疫病的扩散，保障防疫效果和人类健康，真正起到检疫的作用。只有做好检疫后的处理，才算真正完成动物检疫任务。

1. 检疫合格 经检疫合格的，出具"动物检疫合格证明"。动物启运前，畜主或承运人应对运载工具进行有效消毒。

动物检疫合格证明的有效期，根据动物种类、用途、运输距离等情况来确定。省内运输（B证）一般为 1d，地域面积较大等特殊情况下可延长到 3d；跨省运输（A证）视到达地点所需时间填写，最长不超过 5d。

目前，检疫合格证明采用电子出证。动物检疫合格证明格式见图 10-2、图 10-3。

动物检疫合格证明（动物 A）

编号：

货　主			联系电话		第
动物种类			数量及单位		
启运地点	省　　市（州）　　县（市、区）　　乡（镇）　　村（养殖场、交易市场）				
到达地点	省　　市（州）　　县（市、区）　　乡（镇）　　村（养殖场、屠宰场、交易市场）				联
用　途		承运人		联系电话	
运载方式	□公路　□铁路　□水路　□航空		运载工具牌号		
运载工具消毒情况	装运前经_____消毒				
本批动物经检疫合格，应于_____日内到达有效。　　　　官方兽医签字：_____ 　　　　　　　　　　　　　　　　　　　　　　　签发日期：　　年　　月　　日 　　　　　　　　　　　　　　　　　　　　（动物卫生监督所检疫专用章）					共
牲畜耳标号					
动物卫生监督检查站签章					联
备　注					

注：1. 本证书一式两联，第一联由动物卫生监督所留存，第二联随货同行。

　　2. 跨省调运动物到达目的地后，货主或承运人应在24h内向输入地动物卫生监督机构报告。

　　3. 牲畜耳标号只需填写后3位，可另附纸填写，需注明本检疫证明编号，同时加盖动物卫生监督机构检疫专用章。

　　4. 动物卫生监督所联系电话：_____。

图 10-2 "动物检疫合格证明"（动物 A）

动物检疫合格证明（动物 B）

编号：

货　主			联系电话		第
动物种类		数量及单位		用　途	
启运地点	市（州）　　县（市、区）　　乡（镇）　　村（养殖场、交易市场）				
到达地点	市（州）　　县（市、区）　　乡（镇）　　村（养殖场、屠宰场、交易市场）				联
牲畜耳标号					
本批动物经检疫合格，应于当日内到达有效。 　　　　　　　　　　　　　　　　　　官方兽医签字：_____ 　　　　　　　　　　　　　　　　　　签发日期：　　年　月　日 　　　　　　　　　　　　　　　　（动物卫生监督所检疫专用章）					共
					联

注：1. 本证书一式两联，第一联由动物卫生监督所留存，第二联随货同行。

　　2. 本证书限省境内使用。

　　3. 牲畜耳标号只需填写后3位，可另附纸填写，并注明本检疫证明编号，同时加盖动物卫生监督所检疫专用章。

图 10-3 "动物检疫合格证明"（动物 B）

2. 检疫不合格 经检疫不合格的，出具"检疫处理通知单"（图10-4），并按照有关规定处理。

检疫处理通知单

编号：＿＿＿＿＿＿＿＿＿＿

＿＿＿＿＿＿＿＿＿＿＿＿＿＿＿：

　　按照《中华人民共和国动物防疫法》和《动物检疫管理办法》有关规定，你（单位）的＿＿＿＿＿＿＿＿＿＿
经检疫不合格，根据＿＿
＿＿＿

之规定，决定进行如下处理：

　　一、＿＿
　　二、＿＿
　　三、＿＿
　　四、＿＿

动物卫生监督所（公章）

年　　月　　日

官方兽医（签名）：

当事人签收：

备注：1. 本通知单一式二份，一份交当事人，一份动物卫生监督所留存。

　　　2. 动物卫生监督所联系电话：

　　　3. 当事人联系电话：

图10-4　检疫处理通知单

　　（1）发现动物未按规定进行免疫或已免疫但超过免疫有效期，应进行补免。发现使用未经国家批准的兽用疫苗和使用餐厨剩余物饲喂生猪的，不予出证；要求畜主对生猪隔离15d后，方可检疫出售。

　　（2）临诊检查发现患有动物产地检疫规程规定动物疫病的，扩大抽检数量并进行实验室检测。

　　（3）发现患有动物产地检疫规程规定检疫对象以外动物疫病，影响动物健康的，应按规定采取相应防疫措施。

　　（4）发现不明原因死亡或怀疑为重大动物疫情的，应按照《动物防疫法》、《重大动物疫情应急条例》和《农业农村部关于做好动物疫情报告等有关工作的通知》（农医发〔2018〕22号）的有关规定处理。

　　（5）病死动物应在农业农村主管部门监督下，由畜主按照《病死及病害动物无害化处理技术规范》（农医发〔2017〕25号）规定处理。

八、到达目的地后检疫

　　1. 跨省调运的动物 跨省、自治区、直辖市引进用于饲养的非乳用、种用动物到达目的地后，货主或者承运人应当在24h内向所在地县级动物卫生监督机构报告，并接受监督检查。

　　2. 需继续运输的动物 需继续运输到第二目的地的动物，货主可以向当地动物卫生监督机构重新申报检疫。当地动物卫生监督机构对符合下列条件的动物，出具"动物检疫合格证明"。

(1) 提供到达第一目的地的动物检疫证明，且证物相符。

(2) 按照国家和地方动物免疫制度进行免疫，并在有效保护期内。

(3) 临诊检查健康。

(4) 农业农村部规定需进行实验室疫病检测的，检测结果符合要求。

3. 输入到无规定动物疫病区的动物　输入到无规定动物疫病区的相关易感动物，应当在输入地省、自治区、直辖市农业农村主管部门指定的隔离场所，按照农业农村部规定的无规定动物疫病区有关检疫要求隔离检疫。大中型动物隔离检疫期为45d，小型动物隔离检疫期为30d。隔离检疫合格的，由输入地省、自治区、直辖市动物卫生监督机构的官方兽医出具"动物检疫合格证明"；不合格的，不准进入，并依法处理。

九、检疫记录

1. 检疫申报单　动物卫生监督机构须指导畜主填写检疫申报单。

2. 检疫工作记录　官方兽医必须填写检疫工作记录，详细登记畜主姓名、地址、检疫申报时间、检疫时间、检疫地点、检疫动物种类、数量及用途、检疫处理、检疫证明编号等，并由畜主签名。

3. 存档　检疫申报单和检疫工作记录应保存12个月以上。

任务二　乳用、种用动物产地检疫

乳用、种用动物携带病原体，可能会成为长期的传染源，甚至通过其精液、胚胎、种蛋垂直传播给后代，造成疫病的传播。加强调运种猪、种牛、奶牛、种羊、奶山羊、种鸡、种鸭、种鹅及精液、胚胎和种蛋的产地检疫，对动物疫病防控和公共卫生安全具有重要意义。

一、检疫申报

出售、运输乳用、种用动物及精液、胚胎和种蛋，应当提前15d申报检疫。

调运乳用、种用动物及其精液、胚胎、种蛋，货主提供身份证明、动物检疫申报单、动物疫病检测报告、"种畜禽生产经营许可证"及其供体动物养殖档案等资料。

二、查验资料及畜禽标识

官方兽医到达现场后，进行下列查验工作。

(1) 查验饲养场的"种畜禽生产经营许可证"和"动物防疫条件合格证"。

(2) 按《生猪产地检疫规程》《反刍动物产地检疫规程》《家禽产地检疫规程》要求，查验受检动物的养殖档案、畜禽标识及相关信息。确认饲养场（养殖小区）6个月内未发生相关动物疫病，确认动物已按国家规定进行强制免疫，并在有效保护期内；确认没有使用未经国家批准使用的兽用疫苗，没有违反国家规定使用餐厨剩余物饲喂生猪；所佩戴畜禽标识与相关档案记录相符。

(3) 调运精液和胚胎的，还应查验其采集、存储、销售等记录；调运种蛋的，查验其收集、消毒等记录；确认对应供体及其健康状况。

三、临诊检查

临诊检查包括群体检查和个体检查两个环节。

省内调运乳用、种用动物按《生猪产地检疫规程》《反刍动物产地检疫规程》《家禽产地检疫规程》要求开展疫病临诊检查，跨省调运乳用、种用动物还需增加以下疫病的检查。

1. 种猪　猪细小病毒病、伪狂犬病、猪支原体肺炎、猪传染性萎缩性鼻炎。

2. 种牛　牛白血病。

3. 奶牛　牛白血病、乳腺炎。

4. 种禽　鸡病毒性关节炎、禽白血病、禽传染性脑脊髓炎、禽网状内皮组织增殖症。

四、实验室检测

实验室检测必须由经省级农业农村主管部门批准符合条件的实验室承担，并出具检测报告。

按照乳用、种用动物产地检疫规程要求，主要开展下列疫病的实验室检测。

1. 种猪　口蹄疫、猪瘟、非洲猪瘟、高致病性猪蓝耳病、猪圆环病毒病、布鲁氏菌病。

2. 种牛　口蹄疫、布鲁氏菌病、结核病、副结核病、牛传染性鼻气管炎、牛病毒性腹泻/黏膜病。

3. 种羊　口蹄疫、布鲁氏菌病、蓝舌病、山羊病毒性关节炎-脑炎。

4. 奶牛　口蹄疫、布鲁氏菌病、结核病、牛传染性鼻气管炎、牛病毒性腹泻/黏膜病。

5. 奶山羊　口蹄疫、布鲁氏菌病。

6. 种鸡　高致病性禽流感、新城疫、禽白血病、禽网状内皮组织增殖症。

7. 种鸭　高致病性禽流感、鸭瘟。

8. 种鹅　高致病性禽流感、小鹅瘟。

9. 精液和胚胎　检测其供体动物相关动物疫病。

五、检疫合格标准

检疫结果符合下列条件的，判定为合格。

（1）符合农业农村部《生猪产地检疫规程》《反刍动物产地检疫规程》《家禽产地检疫规程》要求。

（2）符合农业农村部规定的种用、乳用动物健康标准。

（3）提供乳用、种用动物产地检疫规程规定动物疫病的实验室检测报告，检测结果合格。

（4）精液和胚胎采集、销售、移植记录完整，种蛋的收集、消毒记录完整，其供体动物符合乳用、种用动物产地检疫规程规定的标准。

（5）种用雏禽临诊检查健康，孵化记录完整。

六、检疫处理

1. 检疫合格　经检疫合格的，出具"动物检疫合格证明"，动物启运前，畜主或承运人应对运载工具进行有效消毒。

2. 检疫不合格　经检疫不合格的，出具"检疫处理通知单"，并按照有关规定处理。

无有效的"种畜禽生产经营许可证"和"动物防疫条件合格证"的，无有效的实验室检测报告的，检疫程序终止。

七、到达输入地后检疫

跨省、自治区、直辖市引进的乳用、种用动物到达输入地后，在所在地农业农村主管部门的监督下，应当在隔离场或饲养场（养殖小区）内的隔离舍进行隔离观察，大中型动物隔离期为 45d，小型动物隔离期为 30d。经隔离观察合格的方可混群饲养；不合格的，按照有关规定进行处理。隔离观察合格后需继续在省内运输的，货主应当申请更换"动物检疫合格证明"。

八、检疫记录

1. 检疫申报单　动物卫生监督机构须指导畜主填写检疫申报单。

2. 检疫工作记录　官方兽医须填写检疫工作记录，详细登记畜主姓名、地址、检疫申报时间、检疫时间、检疫地点、检疫动物种类、数量及用途、检疫处理、检疫证明编号等，并由畜主签名。

3. 存档　检疫申报单和检疫工作记录应保存 12 个月以上。

任务三　骨、角、生皮、原毛、绒等产品的检疫

骨、角、生皮、原毛、绒等动物产品可能携带病原体，随着动物产品的转运造成疫病的传播。加强骨、角、生皮、原毛、绒等动物产品的产地检疫，对动物疫病防控和公共卫生安全具有重要意义。

一、检疫申报

货主需要提前 3d 申报检疫，填检疫申报单。向无规定动物疫病区输入相关易感动物产品的，货主除应按规定向输出地动物卫生监督机构申报检疫外，还应当在起运 3d 前向输入地省级动物卫生监督机构申报检疫。

动物卫生监督机构在接到检疫申报后，根据当地相关动物疫情情况，决定是否予以受理。受理的，应当及时派出官方兽医到现场或到指定地点实施检疫；不予受理的，应说明理由。

二、现场检疫

官方兽医到现场或到指定地点实施检疫，检查动物产品是否符合下列条件。

（1）来自非封锁区，或者未发生相关动物疫情的饲养场（户）。

（2）按有关规定消毒合格。

（3）农业农村部规定需要进行实验室疫病检测的，检测结果符合要求。

三、检疫处理

经检疫合格的动物产品，由动物卫生监督机构根据动物产品流向情况，出具《动物检疫合格证明》，动物检疫合格证明格式见图 10-5、图 10-6。动物产品启运前，货主或承运人应对运载工具进行有效消毒。

动物检疫合格证明（产品 A）

编号：

货　主		联系电话	
产品名称		数量及单位	
生产单位名称地址			
目的地	省　市（州）　县（市、区）		
承运人		联系电话	
运载方式	□公路　□铁路　□水路　□航空		
运载工具牌号		装运前经	消毒
本批动物产品经检疫合格，应于________日内到达有效。 官方兽医签字：________ 签发日期：　年　月　日 （动物卫生监督所检疫专用章）			
动物卫生监督检查站签章			
备　注			

第　联　共二联

注：1. 本证书一式两联，第一联由动物卫生监督所留存，第二联随货同行。

2. 动物卫生监督所联系电话________。

图 10－5　动物检疫合格证明（产品 A）

动物检疫合格证明（产品 B）

编号：

货　主		产品名称	
数量及单位		产　地	
生产单位名称地址			
目的地			
检疫标志号			
备　注			
本批动物产品经检疫合格，应于当日到达有效。 官方兽医签字：________ 签发日期：　年　月　日 （动物卫生监督所检疫专用章）			

第　联　共二联

注：1. 本证书一式两联，第一联由动物卫生监督所留存，第二联随货同行。

2. 本证书限省境内使用。

图 10－6　动物检疫合格证明（产品 B）

动物检疫合格证明的有效期，根据动物产品种类、用途、运输距离等情况来确定。省内运输（产品 A）一般为 1d，地域面积较大等特殊情况下可延长到 3d；跨省运输（产品 B）视到达地点所需时间填写，最长不超过 7d。

经检疫不合格的动物产品，货主应当在农业农村主管部门的监督下按照国家有关规定处理，处理费用由货主承担。

四、检疫记录

官方兽医必须填写检疫工作记录，详细登记货主姓名、检疫日期、申报单编号、检疫时间、检疫地点、检疫动物产品种类、数量、检疫处理、检疫证明编号等。

 操作与体验

技能一　猪的临诊检疫

（一）教学目标

（1）学会猪的群体检疫方法。

（2）学会猪的个体检疫方法。

（二）材料设备

养猪场、屠宰场、保定用具、体温计、隔离服、胶靴、口罩、一次性手套等。

（三）方法步骤

猪的临诊检疫一般是在猪场（产地检疫）或屠宰场（宰前检疫）的现场检疫，包括群体检疫和个体检疫两个环节，先群体检疫，再个体检疫。

1. 群体检疫　一般以圈舍或车船为单位，从"静态、动态、饮食状态"三个方面进行全面检查，检出病猪和疑似病猪。

（1）静态检查。在车船或圈舍内休息时对猪群进行静态观察。在不惊扰猪群的情况下，观察猪只精神状态、被毛及营养状况、卧立姿势、呼吸情况，注意有无精神沉郁、被毛粗乱无光泽、消瘦、鼻盘干燥、呼吸困难、咳嗽、气喘、全身颤抖、呻吟、流涎、嗜睡和孤立一隅等现象。

（2）动态检查。在卸车过程中、圈舍活动时观察猪只起立姿势、行动姿势，注意有无精神沉郁或兴奋、起立困难、站立不稳、行动迟缓、步态踉跄、屈背弓腰、跛行、离群掉队、运动后咳嗽和气喘等现象。

（3）饮食状态检查。当猪群在圈舍吃食、饮水时或有意给少量饲料、饮用水时进行观察，注意有无不食不饮、少食少饮、吞咽困难、咀嚼困难、流涎等现象。

2. 个体检疫　对群体检疫中检出的病猪和疑似病猪进行详细的感官检查，确定被检猪只是否患有检疫对象，重点检疫口蹄疫、猪瘟、非洲猪瘟、高致病性猪蓝耳病、猪丹毒、猪肺疫、炭疽等疫病。

（1）视诊。

①精神。有无精神沉郁或兴奋不安。

②被毛和皮肤。看被毛有无光泽，有无脱落或粗乱现象；观察皮肤色泽有无异常，有无

肿胀、溃烂、皮疹、出血等现象。

③姿态步样。观察静止时的姿势和运动时的步样，有无姿势异常、跛行、运步不协调等情况。

④鼻盘和呼吸动作。看鼻盘是否湿润，有无干燥或干裂；检查其呼吸节律、呼吸式是否正常，有无呼吸困难等。

⑤可视黏膜。检查眼结膜、鼻腔黏膜和口腔黏膜有无苍白、潮红、黄染、发绀以及分泌物流出等情况。

⑥排泄物。注意观察有无便秘、腹泻、血便、血尿等。

（2）触诊。用手触摸猪的耳根、皮肤、浅表淋巴结、胸廓、腹部，检查皮肤的弹性、完整性、温湿度；感知胸腹部的状态及敏感性；了解淋巴结的大小、活动性等。

（3）听诊。利用听诊器听诊心音、呼吸音和胃肠蠕动音。

（4）体温检查。测量体温，注意有无体温升高现象。

（四）考核标准

序号	考核内容	考核要点	分值	评分标准
1	群体检疫 （30分）	静态检查	10	方法正确，内容全面
		动态检查	10	方法正确，内容全面
		饮食状态检查	10	方法正确，内容全面
2	个体检疫 （50分）	视诊	20	方法正确，内容全面
		触诊	10	方法正确，内容全面
		听诊	10	方法正确，内容全面
		体温检查	10	正确测量
3	安全意识（10分）	个人消毒、防护	10	按要求穿戴防护用品
4	实训态度（10分）	实训认真负责情况	10	服从安排，积极主动，认真负责
	总分		100	

技能二　养殖场肉鸡产地检疫

（一）教学目标

（1）通过参与肉鸡产地检疫，学会动物产地检疫的程序和内容。

（2）熟悉检疫合格证明的电子出证过程。

（二）体验环境

提前联系当地动物卫生监督所，根据当地肉鸡出栏安排及报检情况，随官方兽医到不同养殖场实施产地检疫。

（三）体验内容

1. 报检　肉鸡饲养场场主提前3d到当地动物卫生监督机构设置的报检点报检，并通过电子申报系统填写检疫申报单。动物卫生监督机构根据当地疫情情况，决定是否受理。受理的，动物卫生监督机构填写检疫受理单，按约定时间指派官方兽医到现场或指定地点实施检疫；不予受理的，应说明理由。

2. 产地检疫的程序 官方兽医到现场实施检疫时需着装整洁，携带证件及必备的检疫用品及工具。到场后先向畜主出示证件，表明身份。

（1）查验资料。查验肉鸡饲养场"动物防疫条件合格证"和养殖档案，了解生产、免疫、监测、诊疗、消毒、无害化处理等情况，确认饲养场 6 个月内未发生相关动物疫病，无违禁药物使用及休药期符合规定，确认待检动物已按国家规定进行强制免疫，并在有效保护期内。

（2）临诊健康检查。分别进行群体检查和个体检查。群体检查从静态、动态和食态等方面进行检查。主要检查鸡群的精神状况、外貌、呼吸状态、运动状态、饮水饮食及排泄物状态等。个体检查通过视诊、触诊、听诊等方法检查家禽个体精神状况、呼吸、羽毛、天然孔、冠、髯、爪、粪、嗉囊内容物性状等。

（3）结果判定。对来自非疫区、免疫在有效期内、临诊检查健康、养殖档案相关记录符合规定的判定为合格。

（4）处理。合格的出具检验合格证明，不合格的出具检疫处理通知单，按国家相关规定处理。

（5）填写动物产地检疫工作记录单，并由畜主签字。

（四）考核标准

序号	考核内容	考核要点	分值	评分标准
1	报检 （20分）	检疫申报	10	正确填写检疫申报单
		检疫受理	10	正确填写检疫受理单
2	产地检疫的程序 （80分）	查验资料	20	检查项目、内容正确
		临诊健康检查	20	群体检查方法、内容正确，个体检查方法、内容正确
		结果判定	10	根据动物产地检疫合格条件正确判定
		处理	20	合法出具检疫合格证明或检疫处理通知单
		填写动物产地检疫 工作记录单	10	规范填写检疫工作记录单
	总分		100	

知识拓展

"动物检疫合格证明"（动物 A）的规范填写

（一）适用范围

用于跨省境出售或者运输动物。

（二）项目填写

1. 货主　货主为个人的，填写个人姓名；货主为单位的，填写单位名称。联系电话：填写移动电话；无移动电话的，填写固定电话。

2. 动物种类　填写动物的名称，如猪、牛、羊、马、骡、驴、鸭、鸡、鹅、兔等。

3. 数量及单位　数量和单位连写，不留空格。数量及单位以汉字填写，如叁头、肆只、陆匹、壹佰羽。

4. 启运地点　饲养场（养殖小区）、交易市场的动物填写生产地的省、市、县名和饲养场（养殖小区）、交易市场名称；散养动物填写生产地的省、市、县、乡、村名。

5. 到达地点　填写到达地的省、市、县名以及饲养场（养殖小区）、屠宰场、交易市场或乡镇、村名。

6. 用途　视情况填写，如饲养、屠宰、种用、乳用、役用、宠用、试验、参展、演出、比赛等。

7. 承运人　填写动物承运人的名称或姓名；公路运输的，填写车辆行驶证上法定车主名称或名字。联系电话：填写承运人的移动电话或固定电话。

8. 运载方式　根据不同的运载方式，在相应的"□"内画"√"。

9. 运载工具牌号　填写车辆牌照号及船舶、飞机的编号。

10. 运载工具消毒情况　写明消毒药物名称。

11. 到达时效　视运抵到达地点所需时间填写，最长不得超过5d，用汉字填写。

12. 牲畜耳标号　由货主在申报检疫时提供，官方兽医实施现场检疫时进行核查。牲畜耳标号只需填写顺序号的后3位，可另附纸填写，并注明本检疫证明编号，同时加盖动物卫生监督所检疫专用章。

13. 动物卫生监督检查站签章　由途经的每个动物卫生监督检查站签章，并签署日期。

14. 签发日期　用简写汉字填写。

15. 备注　有需要说明的其他情况可在此栏填写。

练习题

一、名词解释

产地检疫　群体检查　个体检查　检疫对象　检疫处理

二、单项选择

1. 出售、运输供屠宰、继续饲养的动物，应当提前（　　）申报检疫。

A. 6h　　　　　　　　B. 3d　　　　　　　　C. 10d　　　　　　　　D. 15d

2. 参加展览、演出和比赛的动物，应当提前（　　）申报检疫。

A. 6h　　　　　　　　B. 3d　　　　　　　　C. 10d　　　　　　　　D. 15d

3. 根据生猪产地检疫规程，下列疫病不是生猪产地检疫对象的是（　　）。

A. 口蹄疫　　　　　B. 高致病性猪蓝耳病　C. 猪副伤寒　　　　　D. 炭疽

4. 根据家禽产地检疫规程，下列疫病不是家禽产地检疫对象的是（　　）。

A. 鸡马立克病　　　B. 鸭瘟　　　　　　　C. 鸡球虫病　　　　　D. 鸭病毒性肝炎

5. 根据动物产地检疫规程，产地检疫对象中没有布鲁氏菌病的动物是（　　）。

A. 犬   B. 生猪   C. 牛   D. 羊

6. 动物检疫合格证明的有效期，省内运输的动物、动物产品一般为（   ）。

A. 1d   B. 3d   C. 5d   D. 7d

7. 动物检疫合格证明的有效期，省内运输的动物、动物产品在地域面积较大等特殊情况下可延长到（   ）。

A. 1d   B. 3d   C. 5d   D. 7d

8. 动物检疫合格证明的有效期，跨省运输动物最长不超过（   ）。

A. 1d   B. 3d   C. 5d   D. 7d

9. 输入到无规定动物疫病区的相关易感动物，大中型动物隔离检疫期为（   ）。

A. 7d   B. 15d   C. 30d   D. 45d

10. 检疫申报单和检疫工作记录应保存（   ）以上。

A. 3个月   B. 6个月   C. 9个月   D. 12个月

11. 根据种用、乳用动物产地检疫规程，下列疫病不是奶牛临床检疫对象的是（   ）。

A. 炭疽   B. 乳腺炎   C. 牛流行热   D. 牛白血病

12. 跨省、自治区、直辖市引进的乳用、种用动物到达输入地后，小型动物隔离检疫期为（   ）。

A. 7d   B. 15d   C. 30d   D. 45d

三、判断题

（   ）1. 产地检疫是预防、控制和扑灭动物疫病的重要措施，是整个动物检疫工作的基础。

（   ）2. 动物在离开饲养地之前，其经营单位和个人应主动向所在地动物卫生监督机构提出检疫申报。

（   ）3. 动物检疫合格证明（产品A）的有效期，最长不超过为5d。

（   ）4. 产地检疫时，官方兽医到达检疫现场，需要查验动物饲养者身份证明。

（   ）5. 出售骨、角、生皮、原毛、绒等动物产品需要提前3d申报检疫。

四、简答题

1. 非乳用、种用动物产地检疫时，出具"动物检疫合格证明"的条件有哪些？

2. 乳用、种用动物产地检疫时，出具"动物检疫合格证明"的条件有哪些？

3. 跨省调运乳用、种用动物时，现场查验的资料有哪些？

4. 跨省引进的乳用、种用动物到达输入地后，如何处理？

项目十练习题答案

项目十一

动物屠宰检疫

项目指南

本项目的应用：屠宰场工作人员检疫申报；检疫人员在屠宰场进行动物宰前检疫；检疫人员在屠宰场进行动物宰后检疫。

完成本项目所需知识点：动物检疫相关法律法规；动物宰前检疫的程序与内容；宰前检疫的处理；动物宰后检疫的方法；宰后检疫的程序与内容；宰后检疫的处理。

完成本项目所需技能点：动物宰前"瘦肉精"的检验；猪宰后检疫及处理；屠宰检疫出证。

项目导入

屠宰场是不同产地动物的聚集地，是动物疫病防控的关键环节，同时也是严把食品安全关的主阵地。

2018年8月16日，农业农村部新闻办公室发布，河南省郑州市经济开发区某食品公司屠宰场发生一起生猪非洲猪瘟疫情，共260头生猪，发病30头，死亡30头，检疫证明显示生猪来自黑龙江省佳木斯市汤原县鹤立镇交易市场。疫情发生后，农业农村部立即派出督导组分赴河南、黑龙江。河南省按照要求，启动应急响应机制，采取封锁、扑杀、无害化处理、消毒等处置措施，禁止所有生猪及易感动物和产品运入或流出封锁区，黑龙江省开展了排查和流行病学调查工作。

生猪进入屠宰场时如何进行监督查验？官方兽医如何开展宰前临床检查和宰后同步检疫？检疫合格肉品除由官方兽医出具"动物检疫合格证明"外，还需要对肉品加盖、加施何种印章或标志？

认知与解读

动物屠宰检疫是指对被宰动物所进行的宰前检疫和在屠宰过程中所进行的同步检疫。做好动物屠宰检疫是保障市场肉品安全和让人民群众真正吃上"放心肉"的重要手段，防止动物疫病传播和保护人民身体健康的重要措施。

根据农业农村部最新印发的动物屠宰检疫规程，屠宰检疫对象如下。

1. 生猪　口蹄疫、猪瘟、非洲猪瘟、高致病性猪蓝耳病、炭疽、猪丹毒、猪肺疫、猪副伤寒、猪Ⅱ型链球菌病、猪支原体肺炎、副猪嗜血杆菌病、丝虫病、猪囊尾蚴病、旋毛虫病。

2. 家禽 高致病性禽流感、新城疫、禽白血病、鸭瘟、禽痘、小鹅瘟、马立克病、鸡球虫病、禽结核病。

3. 牛 口蹄疫、牛传染性胸膜肺炎、牛海绵状脑病、布鲁氏菌病、结核病、炭疽、牛传染性鼻气管炎、日本血吸虫病。

4. 羊 口蹄疫、痒病、小反刍兽疫、绵羊痘和山羊痘、炭疽、布鲁氏菌病、肝片吸虫病、棘球蚴病。

5. 兔 病毒性出血症（兔瘟）、兔黏液瘤病、野兔热、兔球虫病。

任务一 动物宰前检疫

动物宰前检疫是对待宰动物进行活体检疫，也是动物在屠宰之前最后一次认真、仔细的检疫，是屠宰检疫的前提和保障。

一、宰前检疫的目的和意义

1. 及时查出患病动物 通过宰前检疫，及时查出患病动物，做到早发现，早处理，防止疫病扩散。尤其对口蹄疫、猪水疱病、狂犬病、破伤风、李氏杆菌病、流行性乙型脑炎、羊痘等临诊症状明显的疫病有重要意义。宰前检疫减轻了宰后检疫的压力，对保障肉品安全起到重要作用。

2. 及时剔出患病动物和伤残动物 实行宰前检疫，及时发现和剔出患病动物和伤残动物，有利于做到病、健分宰，减轻肉品污染，提高肉品卫生质量，减少经济损失。

3. 发现和纠正违法行为 宰前检疫通过查证验物，发现和纠正违反动物防疫法律法规的行为，维护《动物防疫法》的权威，促进动物免疫接种和动物产地检疫工作的实施。

二、宰前检疫的程序和内容

（一）入场监督查验

1. 查证验物 动物到屠宰场后，在没有卸离运载工具之前，官方兽医先查验《动物检疫合格证明》和佩戴有农业农村部规定的畜禽标识，验证的同时核对动物种类、数量，确认证物是否相符，畜禽标识是否符合农业农村部的规定等。

2. 疫情调查 询问在运输过程中是否有动物发病、死亡等异常情况，发现动物疫情时，要根据畜禽标识，通知产地动物卫生监督机构调查疫情，及时追查疫源，采取对策。

3. 临诊健康检查 检查动物的精神状况、外貌、呼吸状态及排泄物状态等情况。将可疑患病动物移入隔离栏，并进行详细的个体临诊检查，必要时进行实验室检查。

4. 结果处理

（1）合格。"动物检疫合格证明"有效、证物相符、畜禽标识符合要求、临诊检查健康，方可入场，并回收"动物检疫合格证明"。场（厂、点）方必须按产地分类将动物送入待宰圈，不同货主、不同批次的动物不得混群。

（2）不合格。无"动物检疫合格证明"，实施补检；"动物检疫合格证明"过期失效或证物不相符的，实施重检。其他不符合条件的，按国家有关规定处理。

（二）检疫申报

场方在屠宰前 6h 申报检疫，填写检疫申报单。官方兽医接到检疫申报后，根据相关情况决定是否予以受理。受理的，应当及时实施宰前检查；不予受理的，应说明理由。

（三）宰前检查

屠宰前 2h 内，官方兽医按照《动物产地检疫规程》中"临床检查"部分实施检查。

（四）检疫结果处理

1. 合格动物 准予屠宰，出具准予屠宰通知书（图 11-1）。

动物准予屠宰通知书

No. _____

_____：

你（单位）申报屠宰的动物_____（猪、牛、羊、禽），共计_____头（只、羽、匹），经宰前检查合格，可以屠宰。本通知在_____小时内有效。

官方兽医：　　年 月 日 时

动物卫生监督所（盖章）

图 11-1 动物准予屠宰通知书

2. 不合格动物 按以下规定处理。

（1）发现有口蹄疫、猪瘟、非洲猪瘟、高致病性猪蓝耳病、炭疽等疫病症状的生猪，有高致病性禽流感、新城疫等疫病症状的家禽，有口蹄疫、牛传染性胸膜肺炎、牛海绵状脑病及炭疽等疫病症状的牛，有口蹄疫、痒病、小反刍兽疫、绵羊痘和山羊痘、炭疽等疫病症状的羊，限制移动，并按照《动物防疫法》《重大动物疫情应急条例》《农业农村部关于做好动物疫情报告等有关工作的通知》（农医发〔2018〕22 号）和《病死及病害动物无害化处理技术规范》（农医发〔2017〕25 号）等有关规定处理。

（2）发现有猪丹毒、猪肺疫、猪Ⅱ型链球菌病、猪支原体肺炎、副猪嗜血杆菌病、猪副伤寒等疫病症状的生猪，有鸭瘟、小鹅瘟、禽白血病、禽痘、马立克病、禽结核病等疫病症状的家禽，有布鲁氏菌病、结核病、牛传染性鼻气管炎等疫病症状的牛，有布鲁氏菌病症状的羊，患病动物按国家有关规定处理，同群动物隔离观察，确认无异常的，准予屠宰；隔离期间出现异常的，按《病死及病害动物无害化处理技术规范》（农医发〔2017〕25 号）等有关规定处理。

（3）怀疑患有屠宰检疫规程规定疫病及临诊检查发现其他异常情况的，按相应疫病防治技术规范进行实验室检测，并出具检测报告。实验室检测必须由经省级农业农村主管部门批准符合条件的实验室承担。

（4）发现患有屠宰检疫规程规定以外疫病的，隔离观察；确认无异常的，准予屠宰；隔离期间出现异常的，按《病死及病害动物无害化处理技术规范》（农医发〔2017〕25 号）等有关规定处理。

（5）确认为无碍于肉食安全且濒临死亡的猪、牛、羊，视情况进行急宰。

任务二　动物宰后检疫

宰后检疫是指动物在放血解体的情况下，直接检查肉尸、内脏，根据其病理变化和异常现象进行综合判断，得出检疫结论。

一、动物宰后检疫的意义

动物宰后，充分暴露肉尸和内脏，能直观、快捷、准确地发现肉尸和内脏的病理变化，对临诊症状不明显在宰前难发现的疫病较容易检出，如猪慢性咽炭疽、猪旋毛虫病、猪囊尾蚴病等，弥补了宰前检疫的不足，从而防止疫病的传播和人畜共患病的发生。

宰后检疫还可以及时发现畜禽胴体和内脏的某些非传染性病变，如黄疸肉、黄脂肉、脓毒症、尿毒症、肿瘤、水肿、局部化脓、异色、异味等有碍肉品卫生的情况，以便及时剔除，保证肉品卫生安全。

二、宰后检疫的基本方法和要求

（一）宰后检疫的基本方法

宰后检疫主要是通过感官检验，必要时辅以实验室检验。

1. 检疫工具及使用方法　宰后检疫使用的工具主要是检疫刀、检疫钩和锉棒（图 11-2）。使用时，左手持检疫钩固定组织，右手持检疫刀切开检验部位。检疫人员应准备两套检疫工具，以便随时更换，一旦被污染，应彻底消毒后方可使用。

2. 感官检验　感官检验包括视检、剖检、触检和嗅检，以视检和剖检为主。

（1）视检。通过视觉器官直接观察胴体皮肤、肌肉、脂肪、胸腹膜、骨骼、关节、天然孔及各种脏器浅表暴露部位的色泽、形状、大小、组织状态等，判断有无病理变化或异常，为进一步剖检提供方向。

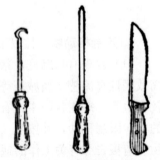

图 11-2　宰后检疫工具

（2）剖检。用检疫刀切开肉尸或脏器的深部组织或隐蔽部分，观察其有无病理变化，对淋巴结、肌肉、脂肪、脏器的检查非常重要，尤其是对淋巴结的剖检。

（3）触检。即通过触摸受检组织和器官，感觉其弹性、硬度以及深部有无隐蔽或潜在性的变化。触检可减少剖检的盲目性，提高剖检效率，必要时将触检可疑的部位剖开视检，这对发现深部组织或器官内的硬块很有意义。

（4）嗅检。嗅闻被检胴体及组织器官有无异常气味，借以判定肉品质量和食用价值，为实验室检验提供指导。生前动物患有尿毒症，宰后肉中有尿臊味；生前用药时间较长，宰后肉品有残留的药味；病猪、死猪冷宰后肉有一定的尸腐味等，都可通过嗅闻检查出来。

3. 实验室检验　经过感官检验，对屠宰畜禽的胴体或内脏，不能确诊其所患疾病以及是否有碍于肉食卫生，或已发现有异味的胴体、脏器，从感官上难以辨别性质时，必须进行实验室检验。实验室检验包括细菌学检验、组织病理学检验、血清学检验、理化检验和寄生虫学检验等。

（二）宰后检疫的要求

1. 对检疫环节的要求　检疫环节应密切配合屠宰加工工艺流程，不能与生产的流水作业相冲突，所以宰后检疫常被分作若干环节安插在屠宰加工过程中。

2. 对检疫内容的要求　严格按屠宰检疫规程规定的检疫内容、检查部位进行。为保证检验的顺利和正确作出卫生评价，必须把每一个动物的胴体、头、内脏及其皮张编上同一号码，以便发现疑问时及时追踪检查。

3. 对剖检的要求　为保证肉品的卫生质量和商品价值，剖检时只能在一定的部位按一定的方向剖开，肌肉应顺肌纤维方向切开，受检的淋巴结应纵切，切口的大小、深浅要适度，不能乱切和拉锯式的切割，以免破坏胴体、头、内脏的完整性。

4. 对环境保护的要求　为防止肉品污染和环境污染，切开脏器、脓肿或血肿等病变组织时，一定要防止脓、血等病变材料污染胴体、地面、器具以及检验人员。当发现重大疫病时，立即停宰，上报疫情，封锁现场，按相关规定处理。

5. 对检疫人员的要求　检疫人员应做好个人防护，同时每年应体检，发现患有人畜共患病或体表有化脓性伤口时，应停止工作。

三、宰后检疫的内容

（一）猪宰后检疫的内容

猪的宰后检疫程序：头蹄部检查→皮肤检查→内脏检查→旋毛虫检查→胴体检查→复检。

1. 头蹄部检查

（1）头部检查。猪的头部检查分两步进行：第一步在放血之后，烫毛、脱毛或剥皮之前，剖检颌下淋巴结，视检有无肿大、坏死灶（紫、黑、灰、黄），切面是否呈砖红色，周围有无水肿、胶样浸润等，检查有无咽炭疽、猪瘟、非洲猪瘟、结核病等，并设专人摘除甲状腺。第二步在割头后，在左、右侧下颌骨平行处切开咬肌，检查猪囊尾蚴；同时观察鼻盘、唇和口腔黏膜，检查有无口蹄疫、猪传染性萎缩性鼻炎等疫病。

（2）蹄部检查。观察蹄部有无水疱、溃疡、烂斑等。检查有无口蹄疫等疫病。

2. 皮肤检查　在烫毛、脱毛之后，开膛取内脏之前，主要观察皮肤表面有无出血斑点、疹块、坏死、溃疡等病变，检查有无猪瘟、非洲猪瘟、猪丹毒、猪肺疫等疫病。

3. 内脏检查　取出内脏前，观察胸腔、腹腔有无积液、粘连、纤维素性渗出物。

（1）胃、肠、脾的检查。首先视检脾，观察其形态、大小、颜色，重点看脾边缘有无出血性梗死区，触摸脾的弹性、硬度，必要时剖开脾髓观察，检查猪瘟、非洲猪瘟、炭疽、猪丹毒等疫病。视检胃肠浆膜，观察大小、色泽、质地，检查有无淤血、出血、坏死、胶冻样渗出物和粘连。然后剖检肠系膜淋巴结，检查肠炭疽、猪瘟、非洲猪瘟、猪丹毒、猪肺疫等疫病。

（2）肺、心、肝的检查。视检肺外表、色泽、大小，触检弹性，剖检支气管淋巴结，检查结核病、肺丝虫病、猪肺疫、气喘病及各种肺炎病变；视检心外形、心包和心外膜，剖开左心室，视检心肌、心内膜及血液凝固状态，检查慢性猪丹毒（二尖瓣有菜花样赘生物）、猪囊尾蚴、口蹄疫（"虎斑心"）；视检肝形态、色泽、大小，触检被膜和实质的弹性，剖检肝门淋巴结、肝实质和胆管，检查有无寄生虫、肝脓肿、肝硬化以及肝脂肪变性、淤血等。

4. 胴体检查 包括整体检查、腰肌检查、肾检查和淋巴结检查。

（1）整体检查。检查皮肤、皮下组织、脂肪、肌肉、淋巴结、骨骼以及胸腔、腹腔浆膜有无淤血、出血、疹块、黄染、脓肿和其他异常等。检查放血程度，检出黄疸肉、黄脂肉、红膘肉、羸瘦肉、消瘦肉以及白肌肉等。

（2）腰肌检查。沿荐椎与腰椎结合部两侧肌纤维方向切开 10cm 左右切口，检查有无猪囊尾蚴。

（3）肾检查。剥离两侧肾被膜，视检肾形状、大小、色泽，触检质地，观察有无贫血、出血、淤血、肿胀等病变。必要时纵向剖检肾，检查切面皮质部有无颜色变化、出血及隆起等。检查猪瘟、非洲猪瘟、猪丹毒等疫病。

（4）淋巴结检查。主要剖检腹股沟浅淋巴结，其位于最后一个乳头上方（肉尸倒挂时）的皮下脂肪内。检查有无淤血、水肿、出血、坏死、增生等病变。必要时剖检腹股沟深淋巴结、髂下淋巴结及髂内淋巴结。

5. 旋毛虫检查 取左右膈脚各 30g 左右，与胴体编号一致，撕去肌膜，感官检查后镜检。

6. 复检 对上述检疫情况进行复查，防止错检、漏检。重点对"三腺"（甲状腺、肾上腺和病变淋巴结）的摘除情况进行检查。

（二）家禽的宰后检疫

家禽主要是胴体检查和内脏检查。

1. 胴体检查

（1）判断放血程度。放血良好的健康家禽的皮肤为白色或淡黄色，有光泽，看不到皮下、翅下、胸部等部位的血管，肌肉切面颜色均匀，无血液渗出。放血不良的家禽，皮肤呈红色，胴体切面有血液流出，肌肉颜色不均匀。

（2）体表检查。检查色泽、气味、光洁度、完整性及有无水肿、痘疮、化脓、外伤、溃疡、坏死灶、肿物等。

（3）冠和肉髯。检查有无出血、水肿、结痂、溃疡及形态有无异常等。

（4）眼。检查眼睑有无出血、水肿、结痂，眼球是否下陷等。

（5）爪。检查有无出血、淤血、增生、肿物、溃疡及结痂等。

（6）肛门。观察肛门的清洁度，注意是紧闭还是松弛，有无炎症。

2. 内脏检查 日屠宰量在 1 万只以上（含 1 万只）的，按照 1% 的比例抽样进行内脏检查；日屠宰量在 1 万只以下的抽检 60 只。抽检发现异常情况的，应适当扩大抽检比例和数量。

（1）鼻孔和口腔。检查有无淤血、出血、异常分泌物或干酪样伪膜。

（2）喉头和气管。检查有无水肿、淤血、出血、糜烂、溃疡和异常分泌物等。

（3）肺和气囊。检查有无结节，肺有无颜色异常、囊壁有无增厚浑浊、纤维素性渗出物等。

（4）肾。检查有无肿大、出血、苍白、尿酸盐沉积、结节等。

（5）腺胃和肌胃。检查浆膜面有无异常。剖开腺胃，检查腺胃黏膜和乳头有无肿大、淤血、出血、坏死灶和溃疡等；切开肌胃，剥离角质膜，检查肌层内表面有无出血、溃疡等。

（6）肝和胆囊。检查肝形状、大小、色泽及有无出血、坏死灶、结节、肿物等。检查胆囊有无肿大等。

（7）肠道。检查浆膜有无异常。剖开肠道，检查小肠黏膜有无淤血、出血等，检查盲肠黏膜有无枣核状坏死灶、溃疡等。

（8）脾。检查形状、大小、色泽及有无出血和坏死灶、灰白色或灰黄色结节等。

（9）心脏。检查心包和心外膜有无炎症变化等，心冠状沟脂肪、心外膜有无出血点、坏死灶、结节等。

（10）法氏囊。检查有无出血、肿大等。剖检有无出血、干酪样坏死等。

3. 复检　对上述检疫情况进行复查，防止错检、漏检。

四、检疫合格标准

检疫结果符合下列条件的，判定为合格。

（1）无规定的传染病和寄生虫病。

（2）需要进行实验室疫病检测的，检测结果合格。

（3）符合农业农村部规定的相关屠宰检疫规程要求。

省份
编号
肉　检
验　讫
年份
月日

五、宰后检疫的处理

1. 合格动物产品　由官方兽医出具"动物检疫合格证明"，加盖检疫验讫印章（图11-3），对分割包装肉品加施检疫标志（图11-4）。

图11-3　滚花检疫印章示意

2. 不合格动物产品　由官方兽医出具"动物检疫处理通知单"，并按以下规定处理。

（1）发现患有屠宰检疫规程规定疫病的，按屠宰检疫规程和有关规定处理。

（2）发现患有屠宰检疫规程规定以外疫病的，监督场方对染疫动物胴体及副产品按《病死及病害动物无害化处理技术规范》（农医发〔2017〕25号）处理，对污染的场所、器具等按规定实施消毒，并做好"生物安全处理记录"。

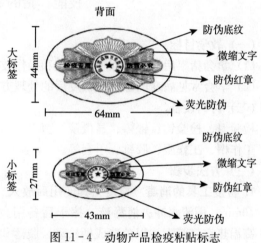

图11-4　动物产品检疫粘贴标志

六、到达目的地后检疫

1. 直接在当地分销　经检疫合格的动物产品到达目的地后，需要直接在当地分销的，货主可以向输入地动物卫生监督机构申请换证，换证应当符合下列条件。

（1）提供原始有效"动物检疫合格证明"，检疫标志完整，且证物相符。

（2）在有关国家标准规定的保质期内，无腐败变质。

2. 贮藏后继续调运或者分销　经检疫合格的动物产品到达目的地，贮藏后需继续调运或者分销的，货主可以向输入地动物卫生监督机构重新申报检疫。输入地县级以上动物卫生监督机构对符合下列条件的动物产品，出具"动物检疫合格证明"。

（1）提供原始有效"动物检疫合格证明"，检疫标志完整，且证物相符。

（2）在有关国家标准规定的保质期内，无腐败变质。

（3）有健全的出入库登记记录。

（4）农业农村部规定进行必要的实验室疫病检测的，检测结果符合要求。

3. 输入到无规定动物疫病区　输入到无规定动物疫病区的相关易感动物产品，应当在输入地省、自治区、直辖市动物卫生监督机构指定的地点，按照农业农村部规定的无规定动物疫病区有关检疫要求进行检疫。检疫合格的，由输入地省、自治区、直辖市动物卫生监督机构的官方兽医出具"动物检疫合格证明"；不合格的，不准进入，并依法处理。

七、检疫记录

1. 场方记录　官方兽医监督指导屠宰场做好待宰、急宰、生物安全处理等环节的各项记录。

2. 检疫工作记录　官方兽医填写入场监督查验、检疫申报、宰前检查、同步检疫等环节记录。

3. 存档　检疫工作记录应保存 12 个月以上。

技能　猪的宰后检疫

（一）教学目标
（1）学会猪宰后检疫的程序、要点和操作技术。
（2）学会常见病变的鉴别和检疫后的处理方法。

（二）材料设备
检验刀、检验钩、锉棒、显微镜、剪刀、镊子、二氯异氰尿酸钠、来苏儿、检疫记录表格、工作帽、工作服、胶靴、手套等。

（三）方法步骤

1. 检疫工具的消毒　检疫工具使用后放入二氯异氰尿酸钠或来苏儿消毒液中浸泡消毒 30～40min，用清水冲去消毒液，擦干后备用。检疫工具不可用水煮沸，不可用火焰、蒸汽、高温热空气消毒，以免造成柄松动、脱落和影响刀刃的锋利。

2. 头部检查

（1）颌下淋巴结检查（图 11-5）。将宰杀放血后的猪体，倒悬在架空轨道上，腹面朝向检查者或仰卧在检验台上待检。

剖检颌下淋巴结时，一般由两人操作。助手以右手握住猪的右前蹄，左手持检验钩，钩住颈部放血口右侧壁中间部分，向右拉；检验者左手持检验钩，钩住放血口左侧壁中间部分，向左侧拉开切口，右手持检验刀从放血口向深部并向下方纵切一刀，

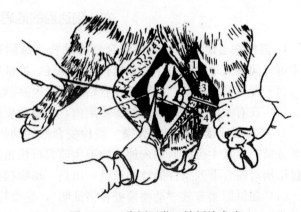

图 11-5　猪颌下淋巴结剖检术式
1. 咽喉头隆起　2. 下颌骨切迹　3. 颌下腺　4. 颌下淋巴结

使放血口扩大至喉头软骨和下颌前端。然后再以喉头为中心，朝向下颌骨的内侧，左右下颌角各作一平行切口，即可在下颌骨内侧、颌下腺下方（胴体倒挂时）找出该淋巴结进行剖检。同时摘除甲状腺。如在流水生产线上进行操作，则由一人操作，左手持检验钩钩住放血口，右手持检验刀按上述方法切开放血口下颌角内侧，找到淋巴结即可。

（2）咬肌检查（图11-6）。首先观察鼻盘、唇部有无水疱，必要时检查口腔、舌面、喉头黏膜，注意有无水疱、糜烂及其他病变，以检出口蹄疫、猪水疱病等。然后用检验钩钩住头部一定部位，固定猪头，右手持检验刀从左、右下颌角外侧沿与咬肌纤维垂直方向平行切开两侧咬肌，观察有无猪囊尾蚴寄生。

（3）蹄部检查。持检疫刀轻触蹄部，观察蹄部有无水疱、溃疡、烂斑等。检查有无口蹄疫等疫病。

3. 皮肤检查　烫毛后开膛前进行体表皮肤检查。主要观察全身皮肤的完整性及其色泽的改变，特别注意耳根、四肢内外侧、胸腹部、背部及臀部等处，观察有无点状、斑状出血性变化或弥漫性发红；有无疹块、痘疮、黄染等；有无鞭伤、刀伤等异常情况。

4. 内脏检查

（1）胃、肠、脾检查。受检脏器必须与胴体同步编号。先检查胃、肠的外形和色泽，看其浆膜有无粘连、出血、水肿、坏死及溃疡等变化，再观察肠系膜上有无细颈囊尾蚴寄生；然后观察脾的外形、大小、色泽，触检其硬度，观察其边缘有无楔形梗死。必要时再剖检脾、胃、肠，观察脾实质性状，沿胃大弯与肠管平行方向切开胃、肠，检查胃、肠黏膜和胃、肠壁有无出血、水肿、纤维素渗出、坏死、溃疡和结节形成。再将胃放在检验者左前方，大肠放在正前方，用手将小肠部分提起，使肠系膜铺开，可见一串珠状隆起，先观察其外表有无肿胀、出血，周围组织有无胶样浸润；检验者用刀在肠系膜上作一条与小肠平行的切口，切开串珠状隆起，即可在脂肪中剖检肠系膜淋巴结，重点注意有无猪肠型炭疽（图11-7）。

（2）肺、心脏、肝检查（图11-8）。

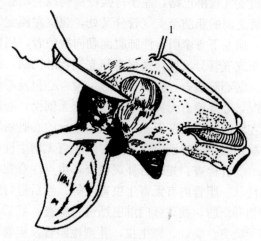

图11-6　猪的咬肌检疫术式（离体猪头）
1. 检疫钩钩住的部位　2. 被切开的咬肌

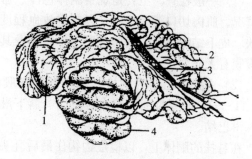

图11-7　猪胃、肠检疫术式
1. 胃　2. 小肠　3. 肠系膜淋巴结　4. 大肠

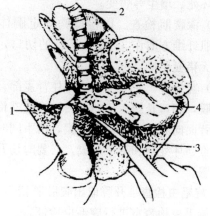

图11-8　猪心脏、肝、肺检疫术式
1. 右肺尖叶　2. 气管　3. 右肺膈叶　4. 心脏

①肺检查。先进行外观和肺实质检查，用长柄钩将肺悬挂，观察肺的色泽、形状、大小，触检其弹性及有无结节等变化；或将肺平放在检验台上，使肋面朝上，肺纵沟对着检验员进行检验。然后进行剖检，切开咽喉头、气管和支气管，观察喉头、气管和支气管黏膜有无变化，再观察肺实质有无异常变化，主要观察有无炎症、结核结节和寄生虫寄生等。最后剖检支气管淋巴结，左手持检疫钩钩住主动脉弓，向左牵引，右手持检疫刀切开主动脉弓与气管之间的脂肪至支气管分叉处，观察左侧支气管淋巴结，并剖检；再用检疫钩钩住右肺尖叶，向左下方牵引，使肺腹面朝向检验者，用检疫刀在右肺尖叶基部和气管之间紧贴气管切开至支气管分叉处，观察右侧支气管淋巴结，并剖检。

②心脏检查。先观察外形，检查心包及心包液有无变化，注意心脏的形状、大小及表面情况，心外膜有无炎性渗出物，有无创伤，心肌内有无猪囊尾蚴寄生。然后用检疫钩钩住心脏左纵沟，用检疫刀在与左纵沟平行的心脏后缘纵剖心脏，观察心肌、心内膜、心瓣膜及血液凝固状态，特别应注意心瓣膜上有无增生性变化及心肌内有无猪囊尾蚴寄生。

③肝检查。先进行外观检查，重点注意观察肝的大小、形状、硬度、颜色及肝门淋巴结的性状、胆管内有无寄生虫寄生等；然后进行肝的剖检，用检疫钩牵起肝门处脂肪，用检疫刀切开脂肪，找到肝门淋巴结进行检查；然后观察肝切面的血液量、颜色、肝小叶的性状，有无隆突、病灶、寄生虫，并剖检胆管及胆囊，观察有无异常变化。

5. 胴体检查

（1）一般检查。主要是观察胴体色泽、血管中血液潴留情况、肌肉切口湿润程度，以判定放血程度。分别观察皮肤、皮下结缔组织、脂肪、肌肉、骨骼及其断面、胸膜和腹膜有无病变。

（2）主要淋巴结的剖检。重点剖检腹股沟浅淋巴结（图11-9），必要时剖检髂内淋巴结、髂下淋巴结和腹股沟深淋巴结。

在悬挂的胴体上，以检疫钩钩住最后乳头稍上方的皮下组织，向外侧拉开，用检疫刀从脂肪层正中部纵切，即可找到被切开的腹股沟浅淋巴结，观察有无淤血、水肿、出血、坏死、增生等病变。

（3）深腰肌检查。以检疫钩固定胴体，在深腰肌部位，顺肌纤维方向作3~5个平行的切口，仔细检查每个切面有无猪囊尾蚴寄生。

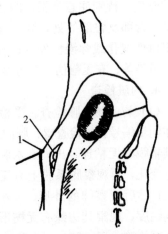

图11-9　猪腹股沟浅淋巴结
检疫术式
1. 检疫钩钩住的部位
2. 剖检切口与切口中的淋巴结

（4）肾检查。先用检疫钩钩住肾盂部，右手持检疫刀沿肾边缘处，顺着肾纵轴轻轻地切开肾包膜，切口长约3.5cm，然后将检疫钩一边向左下方牵引，一边向外转动，与此同时，以刀尖背面向右上方挑起肾包膜，两手同时配合，将肾包膜剥离，迅速视检其表面，观察有无出血点、坏死灶和结节形成，必要时切开肾检验，观察其颜色等情况。在检查肾的同时摘除肾上腺。

6. 旋毛虫检查　开膛取出腹腔脏器后，取左右膈脚各30g左右，编上与胴体一致的号码，送旋毛虫检疫室进行旋毛虫检疫。

7. 复检　对"三腺"的摘除情况进行检查和畜禽标识的回收。

8. 检疫处理 检疫合格的，胴体加盖检疫滚筒印章，动物产品包装加封检疫合格标志，出具"动物检疫合格证明"。检出病害的，填写"检疫处理通知单"给屠宰场业主，并监督其按照《病死及病害动物无害化处理技术规范》（农医发〔2017〕25号）要求处理。

9. 检疫记录表填写 填写屠宰检疫工作情况日记录表和屠宰检疫无害化处理情况日汇总表。做好动物检疫档案材料归档工作（回收的检疫证明、现场检疫记录表、检疫处理通知单、出具检疫证明存根、其他应归档材料）。

（四）考核标准

序号	考核内容	考核要点	分值	评分标准
1	检疫工具的消毒（5分）	检疫刀钩的消毒	5	刀钩用后消毒并清洗擦干
2	头部检验 （15分）	鼻唇部视检	5	正确识别鼻唇部病变
		颌下淋巴结检查	5	正确剖检淋巴结并识别病变
		咬肌检查	5	正确剖检咬肌并检查猪囊尾蚴
3	皮肤检查（5分）	皮肤完整性和色泽判断	5	根据皮肤变化做出疫病初步判定
4	内脏检查 （30分）	胃、肠、脾检查	15	正确视检胃、肠、脾，规范剖检肠系膜淋巴结并判定
		肺检查	5	操作正确、判定正确
		心脏检查	5	操作正确、判定正确
		肝检查	5	操作正确、判定正确
5	胴体检查 （30分）	一般检查	5	全面检查肉尸病变及判定放血程度
		主要淋巴结的剖检	15	正确剖检淋巴结并判定病变
		深腰肌检查	5	正确剖检腰肌并检查猪囊尾蚴
		肾检查	5	操作正确、判定正确
6	复检（5分）	全面复检及摘除"三腺"	5	检查有无漏检并摘除"三腺"
7	检疫处理（5分）	检疫结果处理	5	依据检疫结果规范处理
8	填写检疫记录表（5分）	填写检疫记录表	5	正确填写检疫记录表
	总分		100	

禁止屠宰的生猪

1. 依法应当检疫而未经检疫或者检疫不合格的。

2. 染疫、疑似染疫的。

3. 病死或者死因不明的。

4. 注水或者注入其他物质的。

5. 尚在用药期、休药期内或者含有禁用药物和其他化合物的。

6. 其他不符合国家法律、法规和有关规定的。

 练习题

一、单项选择题

1. 根据生猪屠宰检疫规程，下列疫病不是生猪屠宰检疫对象的是（　　）。

A. 猪肺疫　　　　　B. 猪囊尾蚴病　　　C. 猪副伤寒　　　　D. 结核病

2. 根据牛屠宰检疫规程，下列疫病不是牛屠宰检疫对象的是（　　）。

A. 炭疽　　　　　　B. 牛流行热　　　　C. 牛结核病　　　　D. 布鲁氏菌病

3. 屠宰场应在动物屠宰前（　　）申报检疫，填写检疫申报单。

A. 2h　　　　　　　B. 6h　　　　　　　C. 3d　　　　　　　D. 5d

4. 生猪屠宰前（　　）内，官方兽医应按照《生猪产地检疫规程》中"临床检查"部分实施检查。

A. 2h　　　　　　　B. 6h　　　　　　　C. 3d　　　　　　　D. 5d

5. 宰前检疫发现有（　　）症状的生猪，患病猪按国家有关规定处理，同群猪隔离观察，确认无异常的，准予屠宰。

A. 猪丹毒　　　　　B. 猪囊尾蚴病　　　C. 口蹄疫　　　　　D. 猪瘟

6. 猪宰后头部检查时，在左、右侧下颌骨平行处切开咬肌，检查的疫病是（　　）。

A. 猪瘟　　　　　　B. 炭疽　　　　　　C. 猪囊尾蚴病　　　D. 口蹄疫

7. 旋毛虫检查时，采样的部位是（　　）。

A. 咬肌　　　　　　B. 腰肌　　　　　　C. 膈肌脚　　　　　D. 心肌

8. 猪宰后检疫时，要摘除的"三腺"不包括（　　）。

A. 甲状腺　　　　　B. 肾上腺　　　　　C. 胸腺　　　　　　D. 病变淋巴结

9. 猪宰后检疫时，肠系膜淋巴结做长度不少于（　　）的弧形切口。

A. 5cm　　　　　　B. 10cm　　　　　　C. 15cm　　　　　　D. 20cm

10. 对检疫合格肉品加盖的验讫印章印油，颜色统一使用（　　）。

A. 紫色　　　　　　B. 蓝色　　　　　　C. 红色　　　　　　D. 绿色

二、判断题

（　　）1. 确认为无碍于肉食安全且濒临死亡的生猪，可以正常屠宰。

（　　）2. "三腺"是指甲状腺、肾上腺和淋巴结。

（　　）3. 宰后检疫剖检时，只能在一定的部位按一定的方向剖开，肌肉应顺肌纤维方向切开。

（　　）4. 猪腹股沟浅淋巴结位于最后一个乳头上方（肉尸倒挂时）的皮下脂肪内。

（　　）5. 放血良好的健康家禽的皮肤为白色或淡黄色，有光泽，看不到翅下、胸部等部位的血管，肌肉切面颜色均匀，无血液渗出。

三、简答题

1. 实施动物宰前检疫有什么意义？

2. 动物宰前检疫的程序和内容有哪些?

3. 如何进行猪宰后检疫处理?

4. 猪宰后检疫需要检查哪些淋巴结?

5. 猪宰后头蹄部检疫包括哪些内容?

项目十一练习题答案

动物及动物产品检疫监督

 项目指南

本项目的应用：官方兽医进行运输检疫监督；官方兽医进行市场检疫监督；从业人员依法进行动物及动物产品的运输与经营。

完成本项目所需知识点：检疫监督相关法律法规；运输检疫监督的程序；运输检疫监督的处理；市场检疫监督的程序；市场检疫监督的处理。

完成本项目所需技能点：公路运输动物及动物产品的检疫监督；农贸市场动物及动物产品的检疫监督。

 项目导入

检疫监督包括运输检疫监督和市场检疫监督，属于流通环节的检疫，特点是流量大、时间短、任务重。做好运输和市场检疫监督，对动物疫病的有效防控意义重大。

2018年10月30日，农业农村部接到中国动物疫病预防控制中心报告，新疆巴音郭楞蒙古自治州和硕县公路动物卫生监督检查站拦截了一批由乌鲁木齐米东区调往巴州若羌县的牛，经国家口蹄疫参考实验室确诊发生O型口蹄疫疫情，该批牛271头，发病20头。

为什么要设置公路动物卫生监督检查站？为什么把检疫监督工作的重点放在查证验物上？监督检查过程中发现未经检疫的动物或产品应该如何处理？

 认知与解读

任务一　运输检疫监督

运输检疫监督是指对通过铁路、道路、水路、航空运输的动物及动物产品，在运输前、运输过程中及到达运输地后的检疫情况进行监督检查，并做出处理的一种行政执法行为。

一、运输检疫监督的意义

1. 防止动物疫病的传播　运输过程中，由于动物集中，相互接触，感染疫病的机会增多。同时运输时动物又受到许多不良因素的刺激，抗病能力下降，极易暴发疫病。因此，搞好运输检疫监督，及时查出不合格的动物、动物产品，对防止动物疫病远距离传播有重要

作用。

2. 促进产地检疫工作　凡是未经过产地检疫的动物及动物产品运出饲养地和生产地时，均为不合格，要给予处罚。因此，运输检疫监督可以促进经营者主动办理产地检疫合格证明，使产地检疫工作得到保证，也为市场检疫监督奠定了良好的基础。

二、运输检疫监督的程序

（一）查证验物

动物及动物产品运输时，应附有"动物检疫合格证明"。官方兽医查验检疫证明是否合法有效，是否加盖印章，填写是否规范（条件具备的在网上查验电子证明），证物是否相符。查验动物是否佩戴有农业农村部规定的畜禽标识，动物产品是否有验讫印章或检疫标志。

（二）动物、动物产品检查

官方兽医对动物进行临诊检查，动物产品进行感官检查。必要时，对疑似染疫的动物、动物产品采样进行实验室检查。

（三）运输检疫监督的处理

1. 准许运输　持有合法有效检疫证明，动物佩戴有农业农村部规定的畜禽标识，动物产品附有验讫印章或检疫标志，证物相符，动物或动物产品无异常，准许运输。

2. 补检　对未经检疫进入流通领域的动物及其产品进行的检疫。

（1）未经检疫的动物。对未检疫的动物进行补检，并依法处罚，补检合格的出具"动物检疫合格证明"，不合格的按照农业农村部有关规定处理。

（2）未经检疫的动物骨、角、生皮、原毛、绒等产品。对未检疫的动物骨、角、生皮、原毛、绒等产品进行补检和依法处罚。补检合格的（外观检查无腐烂变质、按有关规定重新消毒、实验室检测结果符合要求）出具"动物检疫合格证明"；不合格的，予以没收销毁。

（3）未经检疫的精液、胚胎、种蛋等。对未检疫的精液、胚胎、种蛋等进行补检和依法处罚。补检合格的（货主在5d内提供输出地动物卫生监督机构出具的来自非封锁区的证明和供体动物符合健康标准的证明、在规定的保质期内且外观检查无腐败变质、实验室检测结果符合要求）出具"动物检疫合格证明"；不合格的，予以没收销毁。

（4）未经检疫的肉、脏器、脂、头、蹄、血液、筋等。对未经检疫的肉、脏器、脂、头、蹄、血液、筋等进行补检和依法处罚。补检合格的（货主在5d内提供输出地动物卫生监督机构出具的来自非封锁区的证明、外观检查无病变和腐败变质、实验室检测结果符合要求）出具"动物检疫合格证明"；不合格的，予以没收销毁。

3. 重检　动物及动物产品的检疫证明过期，或虽在有效期内，但发现有异常情况时所做的重新检疫。重检合格的出具"动物检疫合格证明"，不合格的按照农业农村部有关规定处理。

三、运输检疫监督的要求

货主或者承运人应当在装载前和卸载后，对动物、动物产品的运载工具以及饲养用具、装载用具等，按照农业农村部规定的技术规范进行消毒，并对清除的垫料、粪便、污物等进行无害化处理。

运输途中不准宰杀、销售、抛弃染疫动物和病死动物以及死因不明的动物。染疫和病死以及死因不明的动物及产品、粪便、垫料、污物等必须在当地动物卫生监督机构监督下在指定地点进行无害化处理。

任务二　市场检疫监督

市场检疫监督是指对市场交易的动物及动物产品，在进入市场前和市场交易过程中的检疫情况进行监督检查，并做出处理的一种行政执法行为。

一、市场检疫监督的意义

市场是动物及动物产品的集散地，市场内的动物及动物产品交易具有由分散到集中、再由集中到分散的特点，疫病也就容易通过市场交易而扩散。

搞好市场检疫监督，能有效地防止未经检疫检验的动物、动物产品和染疫动物、病害胴体的上市交易，防止疫病扩散，保护人畜健康。同时进一步促进产地检疫、屠宰检疫工作的开展和运输检疫监督工作的实施，使产地检疫、屠宰检疫、运输检疫监督和市场检疫监督环环相扣，保证消费者的肉类食品卫生安全，促进畜牧业经济发展和市场经济贸易。

二、市场检疫监督的程序

（一）查证验物

进入市场的动物及其产品，畜（货）主必须持有相关的"动物检疫合格证明"。官方兽医应仔细查验检疫证明是否合法有效，然后检查动物、动物产品的种类、数量（重量）与检疫证明是否一致，核实证物是否相符。查验动物是否佩戴有合格的畜禽标识；检查胴体、内脏上有无验讫印章或检疫标志以及检验刀痕，加盖的印章是否规范有效，核实交易的动物、动物产品是否经过检疫。

（二）动物、动物产品检查

以感官检查为主，力求快速准确。

1. 动物检查　结合疫情调查和体温测定，通过观察动物全身状态如营养、精神、姿势，确定动物是否健康。

2. 动物产品检查　鲜肉产品采用感官检查结合剖检，必要时进行实验室检验，重点检查病死动物肉，尤其注意一类动物疫病的查出，检查肉的新鲜度，检查"三腺"摘除情况。其他动物产品（如骨、蹄、角、皮、毛、绒）多数带有包装，注意观察外包装是否完整、有无霉变等现象。

（三）市场检疫监督的处理

1. 合格　持有合法有效检疫证明，动物佩戴有农业农村部规定的畜禽标识，动物产品附有验讫印章或检疫标志，证物相符，动物或动物产品检查结果符合检疫要求，准许交易。

2. 不合格　发现动物、动物产品异常的，隔离（封存）留验；检查发现畜禽标识、检疫标志、检疫证明等不全或不符合要求的，要依法补检或重检（具体内容见运输检疫监督的处理）；对涂改、伪造、转让检疫合格证明的，依照《动物防疫法》等有关规定予以处罚。

三、市场检疫监督的要求

动物、动物产品应在指定的地点进行交易，同时建立消毒制度以及病死动物无害化处理制度，防止疫情传入和传出。在交易前、交易后要对交易场所进行清扫、消毒，保持清洁卫生。粪便、垫草、污物采取发酵等方法处理，病死动物按国家有关规定进行无害化处理。

建立市场检疫监督报告制度，定期向当地动物卫生监督机构报告检疫情况。

 操作与体验

技能 农贸市场肉类检疫监督

（一）教学目标

（1）学会市场肉类卫生监督的程序。

（2）充分认识肉食安全的重要性。

（二）体验环境

城区某农贸市场，提前联系当地动物卫生监督所，随官方兽医进行市场监督检查。

（三）体验内容

1. 验证 官方兽医仔细查验"动物检疫合格证明"是否合法有效，是否加盖印章，填写是否规范（条件具备的在网上查验电子证明）。

2. 查物

（1）查验印章。检查被检胴体是否盖有验讫印章或加封检疫标志。如已盖有验讫印章，则应观察验讫印章的真伪。检疫标志与检疫证明是否相符。

（2）检验胴体。检查头、胴体和内脏的应检部位有无检验刀痕，"三腺"是否摘除干净，然后检查胴体的放血程度和放血部位的状态，再检查皮肤、脂肪、肌肉、胸腹膜等，注意观察胴体的卫生状况，有无腐败变质。在检验中，若发现漏检、误检、局部有病变，以及病、死畜禽肉或某种传染病可疑时，应进行全面认真的检查，并取材进行实验室检验。当发现胴体放血不良、皮下和肌间组织有浆液性或出血性胶样浸润时，必须做炭疽杆菌和沙门菌等致病菌检验。

3. 处理

（1）检查各项均合格，可以出售。

（2）未进行检疫的肉，一律不得上市，必须到指定地点补检，合格后可上市，不合格的按有关规定处理。

（3）经过检疫但有异常情况的肉，需要重检，合格后方可上市，不合格的按有关规定处理。

4. 检疫记录 登记内容主要包括肉品的种类、数量、产地，经营者和生产者的姓名、

地址、证件、检验结果和处理意见。

(四) 考核标准

序号	考核内容	考核要点	分值	评分标准
1	验证 (20分)	查验"动物检疫合格证明"	20	正确识别"动物检疫合格证明"是否合法有效
2	查物 (40分)	验讫印章	10	正确检查胴体所盖验讫印章
		检疫标志	10	正确检查产品包装所贴检疫标志
		检验胴体	20	正确检验胴体
3	处理 (20分)	准许交易	10	正确判定准许交易
		不许交易	10	正确判定补检和重检
4	检疫记录 (10分)	填写市场检疫监督工作记录单	10	规范填写工作记录单
5	实习表现 (10分)	实习态度及安全意识	10	听从安排、注重生物安全
总分			100	

动物检疫验讫印章和相关标志样式

(一) 生猪屠宰检疫验讫印章

为解决生猪胴体上检疫验讫印章规格大小、印油颜色不一致等问题，农业农村部组织对各地使用的生猪屠宰检疫验讫印章进行了研究，在基本保持原有样式的基础上，对尺寸等进行了统一规范，自 2019 年 3 月开始启用（图 12 - 1、图 12 - 2）。同时规定，对检疫合格肉品加盖的验讫印章印油，颜色统一使用蓝色；对检疫不合格的肉品加盖的"高温"或"销毁"章印油，颜色统一使用红色。印油必须使用符合食品级标准的原料。已经得到批准使用针刺检疫验讫印章、激光灼刻检疫验讫印章的，其印章印迹应与规定的检疫验讫印章的尺寸、规格、内容一致，所用原材料材质必须符合国家规定，不能对生猪产品产生污染。

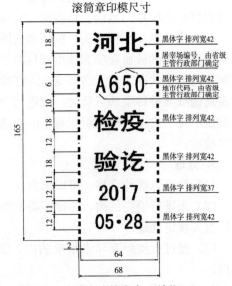

滚筒章印模尺寸

河北——黑体字 排列宽42
屠宰场编号，由省级主管行政部门确定
A650——黑体字 排列宽42
地市代码，由省级主管行政部门确定
检疫——黑体字 排列宽42
验讫——黑体字 排列宽42
2017——黑体字 排列宽37
05·28——黑体字 排列宽42

图 12 - 1　检疫滚筒印章（单位：mm）

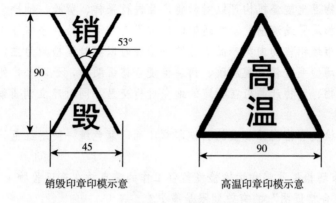

销毁印章印模示意　　　　　　　　高温印章印模示意

图 12-2　无害化处理印章（单位：mm）

（二）牛、羊肉塑料卡环式检疫验讫标志

由于牛、羊肉检疫后不易加盖检疫验讫印章，农业农村部于 2016 年在部分地方开展了牛、羊肉塑料卡环式检疫验讫标志使用试点工作，该验讫标志参照了国际标准，并设计了防伪识别码，能有效防止伪造变造。该检疫验讫标志已通过鉴定，自 2019 年 3 月开始启用（图 12-3、图 12-4）。

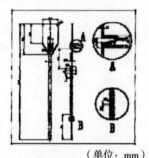

（单位：mm）

图 12-3　塑料卡环式检疫验讫标志
扎带、锁扣、标牌示意

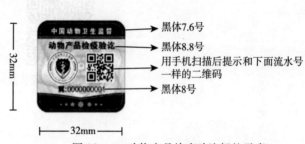

图 12-4　动物产品检疫验讫标签示意

（三）动物产品检疫粘贴标志

新型动物产品检疫粘贴标志增加了防水珠光膜，具有经冷冻不易脱落、不褪色等优点，正面与原标志相同，背面增加了图案设计，提高了防伪水平。大标签用在动物产品包装箱上，小标签用在动物产品包装袋上，式样一致（图 11-4）。新型标志自 2019 年 3 月开始启用。

 练习题

一、名词解释

运输检疫监督　市场检疫监督　补检　重检

二、判断题

（　　）1. 运输途中，可以自行对死因不明的动物进行无害化处理。

（　　）2. 动物卫生监督机构可以对动物产品进行采样、留验、抽检。

（　　）3. 参加展览或演出的动物运输时，应附有"动物检疫合格证明"。

（　　）4. 对市场销售的肉类产品进行监督检查时以实验室检验为主。

（　　）5. 市场检疫监督发现涂改、伪造检疫合格证明的，予以补检处理，无须处罚。

（　　）6. 动物、动物产品应在指定的地点进行交易，同时建立消毒制度以及病死动物无害化处理制度。

（　　）7. 对检疫合格肉品加盖的验讫印章印油，颜色统一使用红色。

三、简答题

1. 为什么把市场检疫监督和运输检疫监督工作的重点放在查证验物上？

2. "动物检疫合格证明"的有效期限是多少？

3. 在检疫监督过程中，如何处理应当检疫而未经检疫的动物及动物产品？

4. 实施运输检疫监督有什么意义？

项目十二练习题答案

白文彬，于康震，等，2002. 动物传染病诊断学 ［M］. 北京：中国农业出版社.

陈溥言，2006. 家畜传染病学 ［M］. 5 版. 北京：中国农业出版社.

陈继明，2008. 重大动物疫病监测指南 ［M］. 北京：中国农业科学技术出版社.

陈杖榴，2009. 兽医药理学 ［M］. 3 版. 北京：中国农业出版社.

胡新岗，桂文龙，2012. 动物防疫技术 ［M］. 北京：中国农业出版社.

鞠兴荣，2008. 动植物检验检疫学 ［M］. 北京：中国轻工业出版社.

李长友，秦德超，肖肖，2011. 一二三类动物疫病释义 ［M］. 北京：中国农业出版社.

李舫，2014. 动物微生物与免疫技术 ［M］. 2 版. 北京：中国农业出版社.

刘秀梵，2012. 兽医流行病学 ［M］. 3 版. 北京：中国农业出版社.

刘跃生，2011. 动物检疫 ［M］. 杭州：浙江大学出版社.

陆承平，2013. 兽医微生物学 ［M］. 5 版. 北京：中国农业出版社.

宁宜宝，2008. 兽用疫苗学 ［M］. 北京：中国农业出版社.

潘洁，2014. 动物防疫与检疫技术 ［M］. 3 版. 北京：中国农业出版社.

汪明，2003. 兽医寄生虫学 ［M］. 3 版. 北京：中国农业出版社.

王功民，马世春，2011. 兽医公共卫生 ［M］. 北京：中国农业出版社.

王志亮，陈义平，单虎，2007. 现代动物检验检疫方法与技术 ［M］. 北京：化学工业出版社.

徐百万，2010. 动物疫病监测技术手册 ［M］. 北京：中国农业出版社.

闫若潜，2014. 动物疫病防控工作指南 ［M］. 3 版. 北京：中国农业出版社.

张苏华，刘佩红，沈素芳，2007. 动物产地检疫员手册 ［M］. 上海：上海科学技术出版社.

朱俊平，2019. 动物防疫与检疫技术 ［M］. 北京：中国农业出版社.

读者意见反馈

亲爱的读者：

感谢您选用中国农业出版社出版的职业教育教材。为了提升我们的服务质量，为职业教育提供更加优质的教材，敬请您在百忙之中抽出时间对我们的教材提出宝贵意见。我们将根据您的反馈信息改进工作，以优质的服务和高质量的教材回报您的支持和爱护。

地　　址：北京市朝阳区麦子店街 18 号楼（100125）
　　　　　中国农业出版社职业教育出版分社
联系方式：QQ（1492997993）

教材名称：　　　　　　　　　ISBN：

个人资料

姓名：＿＿＿＿＿＿＿＿＿＿所在院校及所学专业：＿＿＿＿＿＿＿＿＿＿＿

通信地址：＿＿＿＿＿＿＿＿＿＿＿＿＿＿＿＿＿＿＿＿＿＿＿＿＿＿＿＿＿

联系电话：＿＿＿＿＿＿＿＿＿＿＿＿电子信箱：＿＿＿＿＿＿＿＿＿＿＿＿

您使用本教材是作为：□指定教材□选用教材□辅导教材□自学教材

您对本教材的总体满意度：

　从内容质量角度看□很满意□满意□一般□不满意

　　改进意见：＿＿＿＿＿＿＿＿＿＿＿＿＿＿＿＿＿＿＿＿＿＿＿＿＿＿

　从印装质量角度看□很满意□满意□一般□不满意

　　改进意见：＿＿＿＿＿＿＿＿＿＿＿＿＿＿＿＿＿＿＿＿＿＿＿＿＿＿

本教材最令您满意的是：

□指导明确□内容充实□讲解详尽□实例丰富□技术先进实用□其他＿＿＿＿＿＿

您认为本教材在哪些方面需要改进？（可另附页）

□封面设计□版式设计□印装质量□内容□其他＿＿＿＿＿＿＿＿＿＿＿

您认为本教材在内容上哪些地方应进行修改？（可另附页）

＿＿＿＿＿＿＿＿＿＿＿＿＿＿＿＿＿＿＿＿＿＿＿＿＿＿＿＿＿＿＿＿＿＿

＿＿＿＿＿＿＿＿＿＿＿＿＿＿＿＿＿＿＿＿＿＿＿＿＿＿＿＿＿＿＿＿＿＿

本教材存在的错误：（可另附页）

第＿＿＿＿页，第＿＿＿＿行：＿＿＿＿＿＿应改为：＿＿＿＿＿＿＿＿

第＿＿＿＿页，第＿＿＿＿行：＿＿＿＿＿＿应改为：＿＿＿＿＿＿＿＿

第＿＿＿＿页，第＿＿＿＿行：＿＿＿＿＿＿应改为：＿＿＿＿＿＿＿＿

您提供的勘误信息可通过 QQ 发给我们，我们会安排编辑尽快核实改正，所提问题一经采纳，会有精美小礼品赠送。非常感谢您对我社工作的大力支持！

欢迎访问"全国农业教育教材网"http：//www.qgnyjc.com（此表可在网上下载）

欢迎登录"中国农业教育在线"http：//www.ccapedu.com 查看更多网络学习资源

图书在版编目（CIP）数据

动物防疫与检疫技术／朱俊平主编. —4版. —北京：中国农业出版社，2019.10（2024.6重印）

中等职业教育国家规划教材　全国中等职业教育教材审定委员会审定　中等职业教育农业农村部"十三五"规划教材

ISBN 978-7-109-26206-5

Ⅰ.①动… Ⅱ.①朱… Ⅲ.①兽疫－防疫－中等专业学校－教材②兽疫－检疫－中等专业学校－教材　Ⅳ.①S851.3

中国版本图书馆CIP数据核字（2019）第251861号

中国农业出版社出版

地址：北京市朝阳区麦子店街18号楼

邮编：100125

责任编辑：李　萍　文字编辑：马晓静

版式设计：张　宇　责任校对：周丽芳

印刷：中农印务有限公司

版次：2001年12月第1版　2019年10月第4版

印次：2024年6月第4版北京第4次印刷

发行：新华书店北京发行所

开本：787mm×1092mm　1/16

印张：12.75

字数：320千字

定价：36.00元